青年技工
问答丛书 5
QINNIANJIGONG
WENDACONGSHU

液压气动技术问答

主　　编◎张能武　　邱立功

编写人员◎薛国祥　　王　荣　　陈　伟　　任志俊　　张道霞
　　　　　杨小荣　　余玉芳　　张　洁　　胡　俊　　刘　瑞
　　　　　吴　亮　　王春林　　邓　杨　　张茂龙　　高　佳
　　　　　王燕玲　　李端阳　　周小渔　　张婷婷

湖南科学技术出版社

图书在版编目（CIP）数据

液压气动技术问答 / 张能武，邱立功主编. -- 长沙 ： 湖南科学技术出版社，2014.6
（青年技工问答丛书5）
ISBN 978-7-5357-8121-5

Ⅰ．①液… Ⅱ．①张… ②邱… Ⅲ．①液压传动－问题解答②气压传动－问题解答 Ⅳ．①TH137-44②TH138-44

中国版本图书馆 CIP 数据核字(2014)第 073250 号

青年技工问答丛书 5
液压气动技术问答

主　　编：张能武　邱立功
责任编辑：杨　林　龚绍石
出版发行：湖南科学技术出版社
社　　址：长沙市湘雅路 276 号
　　　　　http://www.hnstp.com
湖南科学技术出版社天猫旗舰店网址：
　　　　　http://hnkjcbs.tmall.com
印　　刷：长沙瑞和印务有限公司
　　　　　（印装质量问题请直接与本厂联系）
厂　　址：长沙市井湾路 4 号
邮　　编：410004
出版日期：2014 年 6 月第 1 版第 1 次
开　　本：710mm×1020mm　1/16
印　　张：22
字　　数：409000
书　　号：ISBN 978-7-5357-8121-5
定　　价：45.00 元

丛书前言

随着我国科学技术的飞速发展，对工人技术素质的要求越来越高，企业对技术工人的需求也日益迫切。从业人员必须熟练地掌握本行业、本岗位的操作技能，才能胜任本职工作，把工作做好，为社会做出更大的贡献，实现人生应有的价值。然而，技能人才缺乏已是不争的事实，并日趋严重，这已引起全社会的广泛关注。

为满足在职职工和广大青年学习技术，掌握操作本领的需求；社会办学机构、农村举办短期职业培训班的需求；下岗职工转岗、农村劳动力进城务工的需求，我们精心策划组织编写了这套通俗易懂的问答式培训丛书。该套丛书将陆续出版《车工技能问答》、《铣工技能问答》、《钳工技能问答》、《焊工技能问答》、《液压气动技术问答》、《数控机床操作工问答》、《钣金工技能问答》、《维修电工技能问答》等，以飨读者。

本套丛书的编写以企业对高技能人才的需要为导向，以岗位职业技能要求为标准，丛书以一问一答的形式把本岗位工人操作技能和必须掌握的知识点引导出来。

本套丛书主要有以下特点：

（1）标准新。本丛书采用了最新国家标准、法定计算单位和最新名词术语。

（2）图文并茂，浅显易懂。本丛书在写作风格上力求简单明了，以图解的形式配以简明的文字说明具体的操作过程和操作工艺，读者可大大提高阅读效率，并且容易理解、吸收。

（3）内容新颖。本丛书除了讲解传统的内容之外，还加入了一些新技术、新工艺、新设备、新材料等方面的内容。

（4）注重实用。在内容组织和编排上特别强调实践，书中的大量实例来自生产实际和教学实践，实用性强，除了必需的基础知识和专业理论以外，还包括许多典型的加工实例、操作技能及最新技术的应用，兼顾先进性与实用性，尽可能地反映现代新的技术工人应了解的实用技术和应用经验。

本套丛书便于广大技术工人、初学者、技工学校、职业技术院校广大师生实习自学、掌握基础理论知识和实际操作技能；同时，也可用为职业院校、培训中心、企业内部的技能培训教材。我们真诚地希望本套丛书的出版对我国高技能人才的培养起到积极的推动作用，能成为广大读者的"就业指导、创业帮手、立业之本"，同时衷心希望广大读者对这套丛书提出宝贵意见和建议。

丛书编写委员会

前　言

　　液压与气动技术广泛应用于机械、冶金、军工、轻工、化工、汽车、船舶、石油、农业以及食品等行业中，在国民经济各个领域发挥着越来越重要的作用。随着液压气动技术的发展和普及，它已经成为工程技术人员所应掌握的重要基础技术。

　　本书主要内容包括：基础知识、液压泵和液压马达、液压缸、液压与气动控制阀、液压辅件、液压和气动基本回路、典型液压与气压系统分析、液压系统的维护与密封等知识。本书以一问一答的形式把本岗位工人操作技能和必须掌握的知识点引导出来，由浅入深、通俗易懂地介绍了元件图、回路图、系统图的识读方法。同时，为了满足机械类不同行业的需要，引导读者更好更快地掌握液压与气动的识读方法和技巧，书中穿插介绍了较多典型的液压传动和控制系统的结构、工作原理和特点，供读者学习时参考。在内容安排上，突出重点，详解难点，力求深入浅出、条理清楚。

　　本书主要面向初级液压工程技术人员、高级技术工人，也可作为高职院校、技工学校机械制造专业的培训教材和工矿企业液压传动与控制技术相关人员的参考用书。

　　本书由张能武、邱立功主编。参加编写的人员还有：薛国祥、王荣、陈伟、刘文花、张道霞、杨小荣、余玉芳、张洁、胡俊、任志俊、刘瑞、吴亮、王春林、邓杨、张茂龙、高佳、王燕玲、李端阳、周小渔、张婷婷等。我们在编写过程中参考了相关图书出版物，并得到江南大学机械工程学院、江苏机械学会、无锡机械学会等单位大力支持和帮助。在此表示感谢。

　　由于时间仓促，编者水平有限，书中如有不妥之处，敬请广大读者批评指正。

编　者

目　录

第五章　液压辅件

第六章　液压和气动基本回路

第七章　典型液压与气压系统分析

第八章　液压系统的维护与密封

第一章 基础知识

1. 什么是液体传动？什么是液力传动？什么是液压技术？

答：以液体为工作介质进行能量传递、转换与控制的传动方式称为液体传动。按其工作原理的不同，可分为液力传动和液压传动。

液力传动主要是以液体的动能来传递动力，其工作原理是基于流体力学的动量矩定理，所以称为动力式液体传动。

液压技术是液压传动与控制的简称，它是指以液体为工作介质，利用液体的静压能实现信息、运动和动力的传递与工程控制的技术，其工作原理基于流体力学的帕斯卡原理，所以又称为容积式液体传动或静液传动。

2. 何谓气液传动与控制技术？

答：气液传动与控制技术是指依靠受压液体和压缩空气为工作介质实现运动及动力的传递工程控制的技术。

3. 什么是气动技术和射流技术？

答：气动技术是气压传动与控制的简称，它是指以压缩空气为介质实现的运动和动力的传递与工程控制的技术，其工作原理也是基于液体力学的帕斯卡原理。

与利用逻辑控制及流体束相互作用产生控制信号有关的技术称为射流技术。

4. 液压传动系统的主要应用如何？

答：液压传动具有很多优点，最近二三十年来液压技术在各行各业中的应用越来越广泛。在机床上，液压传动常应用在以下的一些装置中：

（1）进给运动传动装置。磨床砂轮架和工作台的进给运动大部分采用液压传动；车床、六角车床、自动车床的刀架或转塔刀架；铣床、刨床、组合机床的工作台等的进给运动也都采用液压传动。这些部件有的要求快速移动，有的要求慢速移动；有的则既要求快速移动，也要求慢速移动。这些运动多半要求有较大的调速范围，要求在工作中无级调速；有的要求持续进给，有的要求间歇进给；有的要求在负载变化下速度恒定，有的要求有良好的换向性能等。所有这些要求都是可以用液压传动来实现的。

（2）往复主体运动传动装置。龙门刨床的工作台、牛头刨床或插床的滑枕，由于要求作高速往复直线运动，并且要求换向冲击小、换向时间短、能耗

1

低，因此都可以采用液压传动。

（3）仿形装置。车床、铣床、刨床上的仿形加工可以采用液压伺服系统来完成。其精度可达 0.01～0.02mm。此外，磨床上的成型砂轮修正装置亦可采用这种系统。

（4）辅助装置。机床上的夹紧装置、齿轮箱变速操纵装置、丝杠螺母间隙消除装置、垂直移动部件平衡装置、分度装置、工件和刀具装卸装置、工件输送装置等，在采用液压传动后，简化了机床结构，提高了机床自动化程度。

（5）静压支承。重型机床、高速机床、高精度机床上的轴承、导轨、丝杠螺母机构等处采用液体静压支承后，可以提高工作平稳性和运动精度。

液压传动在各类机械行业中的应用情况见表 1-1。

表 1-1　　　　　　　　　液压传动在各类机械行业中的应用

行业名称	应 用 实 例
工程机械	挖掘机、装载机、推土机、压路机、铲运机等
起重运输机械	汽车吊、港口龙门吊、叉车、装卸机械、皮带运输机等
矿山机械	凿岩机、开掘机、开采机、破碎机、提升机、液压支架等
建筑机械	打桩机、液压千斤顶、平地机等
农业机械	联合收割机、拖拉机、农具悬挂系统等
冶金机械	轧钢机、压力机等
轻工机械	打包机、注塑机、校直机、橡胶硫化机、造纸机等
汽车工业	自卸式汽车、平板车、高空作业车和汽车中的转向器、减振器等
智能机械	折臂式小汽车装卸器、数字式体育锻炼机、模拟驾驶舱、机器人等

5. 液压传动系统的工作原理如何？

答：如图 1-1 所示是液压千斤顶的工作原理图。大油缸（举升缸）9 和大活塞 8 组成举升液压缸。杠杆手柄 1、小油缸 2、小活塞 3、单向阀 4 和 7 组成手动液压泵。如提起手柄使小活塞向上移动，小活塞下端油腔容积增大，形成局部真空，这时单向阀 4 打开，通过吸油管 5 从油箱 12 中吸油；用力压下手柄，小活塞下移，小活塞下腔压力升高，单向阀 4 关闭，单向阀 7 打开，下腔的油液经管道 6 输入举升油缸 9 的下腔，迫使大活塞 8 向上移动，顶起重物。再次提起手柄吸油时，单向阀 7 自动关闭，使油液不能倒流，从而保证了重物不会自行下落。不断地往复扳动手柄，就能不断地把油液压入举升缸下腔，使重物逐渐地升起。如果打开截止阀 11，举升缸下腔的油液通过管道 10、截止阀 11 流回油箱，重物就向下移动。这就是液压千斤顶的工作原理。

通过对液压千斤顶工作过程的分析，可以初步了解到液压传动的基本工作

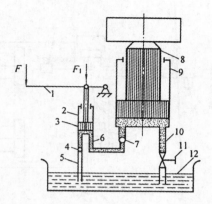

1. 杠杆手柄；2. 小油缸；3. 小活塞；4、7. 单向阀；5. 吸油管；
6、10. 管道；8. 大活塞；9. 大油缸；11. 截止阀；12. 油箱

图 1-1　液压千斤顶工作原理图

原理。

（1）液压传动以液体（一般为矿物油）作为传递运动和动力的工作介质，而且传动中必须经过两次能量转换。首先压下杠杆时，小油缸 2 输出压力油，是将机械能转换成油液的压力能，压力油经过管道 6 及单向阀 7，推动大活塞 8 举起重物，是将油液的压力能又转换成机械能。

（2）油液必须在密闭容器（或密闭系统）内传送，而且必须有密闭容积的变化。如果容器不密封，就不能形成必要的压力；如果密闭容积不变化，就不能实现吸油和压油，也就不可能利用受压液体传递运动和动力。

液压传动利用液体的压力能工作，它与在非密闭状态下利用液体的动能或位能工作的液力传动有根本的区别。

6. 气压传动的工作原理如何？

答： 如图 1-2 所示为用于铜管管端挤压胀形的胀管机气动系统，空气压缩机 1 及储气罐 3 经过滤器 4 和油雾器 6 向合模汽缸 13 和胀形汽缸 9 提供压缩空气，二汽缸的活塞杆在压缩空气作用下推动负载运动；汽缸 9 和汽缸 13 的动作方向变换分别由换向阀 7 和 11 控制。而汽缸 9 的伸出速度可通过单向流量控制阀 8 的开度调节，汽缸工作压力可以根据负载大小通过减压阀 5 调节；整个系统的最高压力由安全阀 2 限定。消声器 10 和 12 用于降低换向阀的排气噪声。如将图 1-2 所示中的汽缸 9 垂直安装，驱动压力机则可实现压头的升降运动控制；也可将汽缸换为气马达用于回转运动的控制。

气压传动与液压传动的主要差别为：前者的工作介质来自大气，工作完毕气体一般直接排向大气而不回收，通常工作压力较低（一般≤1MPa）；而后者的工作压力较高（一般为几兆帕甚至几十兆帕）。

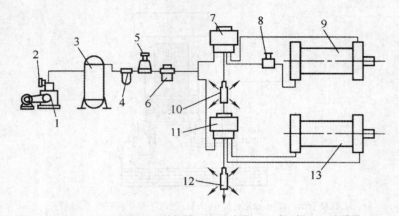

1. 空压机；2. 安全阀；3. 储气罐；4. 过滤器；5. 减压阀；6. 油雾器；

7、11. 换向阀；8. 单向流量控制阀；9. 胀形汽缸；10、12. 消声器；13. 合模汽缸

图 1－2　胀管机气动系统原理示意图

7. 液压和气动的工作特征如何？

答：（1）液压和气动的工作介质都是在受调节和控制下工作，故不仅能作为"传动"之用，而且还能作为"控制"之用，二者很难截然分开。

（2）液压和气动中，与外负载力相对应的流体参数是压力，与运动速度相对应的流体参数是流量，故压力和流量是液压和气动中两个最基本的参数。

（3）如果忽略各种损失，液压和气动的力与速度彼此无关，既可实现与负载无关的任何运动规律，也可借助各种控制机构实现与负载有关的各种运动规律。

（4）液压与气动可以省力但不省功。

8. 什么是液压与气动元件、回路和系统？

答：（1）能源装置、执行装置、控制调节装置、辅助装置统称为液压与气动的元件。这些元件多数是通用的、标准化的。

（2）一般而言，能够实现某种特定功能的液压与气动元件的组合，称为回路。

（3）为了实现对某一机器或装置的工作要求，将若干特定的基本功能回路按一定方式连接或复合而成的总体称为系统。

9. 液压系统与气动系统主要由哪些部分组成？有何功用？

答：液压系统或气动系统一般都是由能源装置、执行装置、控制调节装置、辅助装置四部分组成，各部分的功用如表 1－2 所列。

表 1 – 2　　　　　　　　　液压系统与气动系统的组成部分及功用

组成部分	液压系统	气动系统	功能作用
能源装置	液压泵	空气压缩机	将原动机（电动机或内燃机）供给的机械能转变为流体的压力能，输出具有一定压力的油液或空气
执行装置	液压缸、液压马达和摆动液压马达	汽缸、摆动汽缸和气马达	将工作介质（液体或气体）的压力能转变为机械能，用以驱动工作机构的负载做功，实现往复直线运动、连续回转运动或摆动
控制调节装置	各种压力、流量、方向控制阀及其他控制元件	各种压力、流量、方向控制阀、逻辑控制元件及其他控制元件	控制调节系统中从动力源到执行器的流体压力、流量和方向，从而控制执行器输出的力（转矩）、速度（转速）和方向，以保证执行器驱动的主机工作机构完成预定的运动规律
辅助装置	油箱、过滤器、管件、热交换器、蓄能器及指示仪表等	过滤器、管件、油雾器、消声器及指示仪表等	用来存放、提供和回收介质（液压油液）；滤除介质中的杂质、保持系统正常工作所需的介质清洁度；实现元件之间的连接及传输载能介质；显示系统压力、温度等

10. 什么是液压气动系统原理图？有哪两种表示方法？

答：（1）描述液压系统或气动系统的基本组成、工作原理、功能、工作循环及控制方式的说明性原理图称为液压系统原理图或气动系统原理图。

（2）液压气动系统原理图有两种表示法：一是如图 1 – 3 所示的半结构形式表示法，其特点是表达形象、直观，元件的结构特点清楚明了，但对于复杂系统，图形绘制麻烦、繁杂难辨；二是标准图形符号表示法，此法由于图形符号仅表示液压、气动元件的功能、操作（控制）方法及外部连接口，并不表示液压、气动元件的具体结构、性能参数、连接口的实际位置及元件的安装位置，因此，用来表达系统中各类元件的作用和整个系统的组成、油路联系和工作原理，简单明了，便于绘制和技术交流。利用专门开发的计算机图形库软件，还可大大提高液压、气动系统原理图的设计、绘制效率及质量。

用图形符号绘制的液压系统原理图如图 1 – 4 所示；用图形符号绘制的气动系统原理图如图 1 – 5 所示。

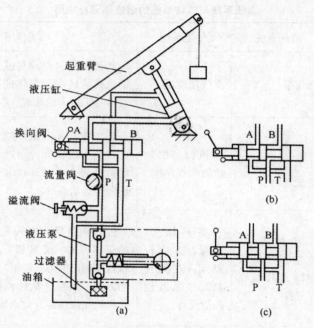

图 1-3 起重机举升液压系统原理结构示意图

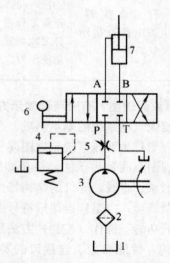

1. 油箱;2. 过滤器;3. 液压泵;4. 溢流阀;5. 流量阀;6. 换向阀;7. 液压缸

图 1-4 用图形符号绘制的液压系统原理图

11. 液压气技术的应用状况怎样?

答:由于液压与气动独特的技术优势,使其成为现代机械工程的基本技术

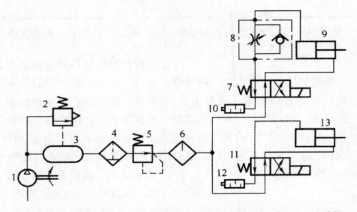

1. 空压机；2. 安全阀；3. 储气罐；4. 过滤器；5. 减压阀；6. 油雾器；
7. 换向阀；8. 单向流量控制阀；9. 胀形汽缸；10、12. 消声器；13. 合模汽缸

图 1－5　用图形符号绘制的气动系统原理图

构成和现代控制工程的基本技术要素，并在国民经济各行业得到了广泛应用，表 1－3 列举了近年来液压气动技术的一些应用实例。

表 1－3　　　　　　　　　　液压与气动技术的应用

应用领域	采用液压技术的机器设备和装置	采用气动技术的机器设备和装置
机械制造	离心铸造机、液压机、焊接机、淬火机、金属切削机床及数控加工中心、机械手及机器人等	造型机、压力机、组合机床、动力头、真空吸附工作台、工业机械手和机器人等
能源与冶金工业	电站锅炉、煤矿液压支架及钻机、海洋石油钻井平台及石油钻机、高炉液压泥炮、轧机及板坯连铸机、铝型材连续挤压生产线等	热电站锅炉房通风设备、核电站的燃料和吸收器进给装置、露天和地下矿场的矿石开采的辅助设备，轧钢机、捆绑机、熔炉辅助设备、切断机和锯机的夹紧和驱动装置、卷线机、打标机等
铁路和公路交通	铺轨机、隧道工程衬砌台车、汽车维修举升机、架桥机等	公共交通车门启闭、喷砂控制、紧急制动锁、十字门控制和驱动器、入口门控制、路标装置、车轮防空转装置等

续表

应用领域	采用液压技术的机器设备和装置	采用气动技术的机器设备和装置
建材、建筑、工程机械及农林牧机械	陶瓷高压注浆成型机、钢筋弯箍机及校直切断机、混凝土泵、液压锤、碎石器、打桩机、越野起重机、各类挖掘机械、联合收割机、球果采集机器人、饲草打包机及压块机等	砖块、毛坯石和瓷砖的成型机、吹型机、喷漆装置，挖掘机、推土机、穿孔器，田间作业设备的倾斜、提升和旋转装置，农作物保护和杂草控制设备，动物饲养饲料计量和传送装置，粪便收集和清除装置，蛋类分选系统，通风设备、剪羊毛和屠宰设备，收割机、水果和蔬菜分选设备等
家用电器与五金制造	显像管玻壳剪切机、电冰箱压缩机、电机转子叠片机、冰箱箱体折弯机、电冰箱内胆热成型机、制冷热交换器管件成型机、制钉机、门锁成型压机等	印刷电路板自动上料机、阴极套筒切口机、显像管转运机械手、穿芯电容测试仪、钢制家具的装配辅助设备、冲压机、切断机、压边机等
轻工、纺织及化工	表壳热冲压成型机、皮革熨平机、人造板热压机、木家具多向压机、纸张复卷机、骨肉分割机、纺丝机、印花机、卷染机、轧光机、注塑机、吹塑机、橡胶硫化机、乳化炸药装药机等	伐木机、家具制造机及试验机、造纸机、印刷机、皮革加工机、制鞋机、纺纱机和编织机、混合器和硫化压机中的关闭装置、测试设备等
航空航天工程、河海工程及武器装备	大型客机、飞机场地面设备、卫星发射等航空航天设备、河流穿越设备、舵机、水下机器人及钻孔机、波浪补偿起重机、炮塔仰俯装置、地空导弹发射装置等	飞机供油车气动联锁装置、飞行体主推力喷嘴摆角控制系统、船舶前进倒车的转换装置、导弹自动爬行气动系统、气动布雷装置及鱼雷发射管系统
计量质检装置、特种设备及公共设施	万能试验机、电梯、纯水灭火机，客运索道、剧院升降舞台、游艺机、捆钞机、医用牵引床，垃圾破碎机和压榨机、污泥自卸车、万吨高层建筑物的整体平移工程等	计量和称量控制、供水系统水位控制，教育、广告策划可视系统、投影屏幕和黑板操作、示范及训练模型，包装灌装机和挤压机、废金属打包机，眼玻璃体注吸切割器等

12. 什么是动力黏度、运动黏度和相对黏度？

答：（1）动力黏度是表征液体黏度的内摩擦系数，它的物理意义为：单位速度梯度下单位面积上产生的内摩擦力。动力黏度又称绝对黏度，用 η 表示，η 值越大，液体的黏性越大。

动力黏度 η 的法定计量单位是 Pa·s（帕·秒）或 N·s/m^2（牛·秒/米^2）。在以前所用的厘米克秒单位制中，η 的单位为 dyn·s/cm^2（达因·秒/厘米^2），又称为 P（泊）。P 的百分之一称为 cP（厘泊）。两种单位制的换算关系为：

$$1\text{Pa·s}=10\text{P}=10^3\text{cP}$$

（2）运动黏度是动力黏度 η 和该液体密度 ρ 的比值，用 ν 表示。即：

$$\nu=\eta/\rho$$

运动黏度 ν 没有明确的物理意义。因为在其单位中只含运动学量纲（长度和时间），故称为运动黏度。

运动黏度的法定计量单位是 m^2/s（米^2/秒）。在厘米克秒制中，ν 的单位是 cm^2/s（厘米^2/秒），通常称为 St（斯）。1St（斯）＝100cSt（厘斯）。两种单位制的换算关系为：

$$1\text{m}^2/\text{s}=10^4\text{St}=10^6\text{cSt}$$

就物理意义而言，ν 并不是一个黏度的量，但工程中常用它来标志液体的黏度。例如，液压油的牌号，就是这种油液在 40℃时的运动黏度（mm^2/s）的平均值。如 L−HL32 液压油就是指这种液压油在 40℃时的运动黏度的平均值为 32mm^2/s。

动力黏度和运动黏度无法直接测量，仅用于理论计算。

（3）相对黏度是采用特定的黏度计在规定的条件下测得的液体黏度。我国和俄罗斯等国采用恩氏黏度（°E）。

恩氏黏度由恩氏黏度计（如图 1−6 所示）测定。恩氏黏度计的底部带有锥管 3（出口小孔直径为 $\phi2.8\text{mm}$）的储液器 1 放置在水槽 2 中，被测液体自储液器小孔引出。在某一特定温度 t℃下，200cm^3 的被测液体在自重作用下流过小孔所需的时间 t_1，与同体积的蒸馏水在 20℃时流过上述小孔所需的时间 t_2 之比值，便是该液体在 t℃时的恩氏黏度，并用符号°E 表示，它是一个无量纲数。

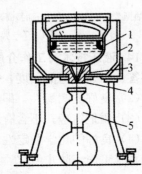

1. 储液器；2. 水槽；3. 锥管；
4. 出口小孔；5. 量筒

图 1−6　恩氏黏度计

$$°E=t_1/t_2$$

一般以 20℃、50℃、100℃作为测定恩氏黏度的标准温度，相应恩氏黏度

分别用 $°E_{20}$、$°E_{50}$ 和 $°E_{100}$ 表示。

13. 温度压力和对液压工作介质的黏度有何影响？

答：温度对液压油液的黏度影响很大，温度升高，黏度降低，液体的流动性增大。不同的液体，其黏度-温度特性不同（如图 1-7 所示）。通常，低压时，压力对液压油液黏度的影响很小，可以忽略不计；而高压（＞50MPa）时液体黏度会随压力增大而增大，其影响逐渐明显（如图 1-8 所示）。

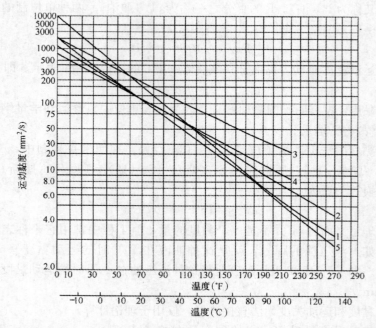

1. 石油型普通液压油；2. 石油型高黏度指数液压油；3. 水包油乳化液；4. 水-乙二醇液；5. 磷酸酯液

图 1-7 典型液压工作介质的黏度-温度特性曲线

14. 液压技术对工作介质有哪些基本要求？

答：（1）合适的黏度，受温度的变化影响小。

（2）良好的润滑性，即油液润滑时产生的油膜强度高，以免产生干摩擦。

（3）质地纯净，不含有腐蚀性物质等杂质。

（4）良好的化学稳定性。油液不易氧化、不易变质，以防产生黏质沉淀物影响系统工作，防止氧化后油液变为酸性，对金属表面起腐蚀作用。

（5）抗泡沫性和抗乳化性好，对金属和密封件有良好的相容性。

（6）体积膨胀系数低，比热容和传热系数高；流动点和凝固点低，闪点和燃点高。

（7）对人体无害，价廉。

（8）可滤性好，即工作介质中的颗粒污染物等容易通过滤网过滤，以保证

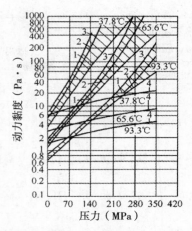

1. 石油型润滑油；2. 磷酸酯液；3. 磷酸酯为基础的液体；4. 水-乙二醇液

图 1-8　典型液压工作介质恒温下的黏度-压力特性曲线

较高的清洁度。

15. 影响液压油选用的最重要因素是什么？

答：液压油选用中需要考虑的因素很多，其中，黏度是最重要的考虑因素，因为黏度过大，将增大液压系统的压力损失和发热，导致系统效率下降，反之，将会使泄漏增大也使系统效率下降，所以，必须正确合理地选择液压油液的黏度。

16. 如何选择液压油液？

答：一般各种液压元件产品都指定了应使用的液压油液，但由于液压泵是整个液压系统中工作条件最严峻的部分，所以通常可根据泵的类型、额定压力和系统工作温度范围，选用液压油液的品种和黏度及牌号（见表 1-4），按照泵选择的油液一般对液压阀及其他液压元辅件也适用。也可根据液压系统的工作环境和使用工况（工作压力及温度）选择液压油液的品种（见表 1-5）。

表 1-4　　　　　　根据液压泵选用液压油液的品种和黏度

液压泵类型	压力 (MPa)	40℃时的运动黏度 ν (mm^2·s^{-1})		适用品种和黏度等级
		5℃～40℃	40℃～80℃	
叶片泵	<7	30～50	40～75	HM 油，32、46、68
	>7	50～70	55～90	HM 油，46、68、100

续表

液压泵类型	压力(MPa)	40℃时的运动黏度 ν(mm² · s⁻¹)		适用品种和黏度等级
		5℃～40℃	40℃～80℃	
螺杆泵		30～50	40～80	HL 油，32、46、68
齿轮泵		30～70	95～165	HL 油，（中、高压用 HM），32、46、68、100、150
径向柱塞泵		30～50	65～240	HL 油，（高压用 HM），32、46、68、100、150
轴向柱塞泵		40	70～150	HL 油，（高压用 HM），32、46、68、100、150

表 1-5　　　根据工作环境和使用工况选择液压油（液）的品种

环境 ＼ 工况	压力 7MPa 以下 温度 50℃ 以下	压力 7～14MPa 温度 50℃ 以下	压力 7～14MPa 温度 50℃～80℃	压力 14MPa 以上 温度 80℃～100℃
室内固定 液压设备	HL	HL 或 HM	HM	HM
寒天寒区 或严寒区	HR	HV 或 HS	HV 或 HS	HV 或 HS
地下水上	HL	HL 或 HM	HM	HM
高温热源 明火附近	HFAE HFAS	HFB HFC	HFDR	HFDR

17. 什么是液压油液的换油期？如何确定换油期？

答：（1）液压油液使用中其性能劣化到一定程度时，就必须换油。液压油液的使用寿命即为换油期。换油期因油液品种、工作环境和系统运行工况不同而有较大差别。若油液选择合理、油液品质优良，并且维护管理良好，则换油期可大大延长。

（2）确定换油期的常用方法有如下三种：

①定期更换法。按液压设备的环境条件、工作条件和所用介质品种规定换油周期，例如半年、一年或运转若干小时，到期则进行更换，此法科学性差，有可能油液已变质或严重污染，但因换油期未到仍继续使用；也有可能油液尚未变质，但因换油期已到而当成废油换掉了。

②经验判断更换法。按介质颜色、气味、透明或浑浊度、有无沉淀物等，

对比新介质或凭经验确定是否更换。此法因人而异，具有很大主观性和局限性。

③化验确定更换法。介质老化变质，其理化指标有变化，定期对介质取样化验，对比相关标准所列指标确定是否更换，这是一种客观和科学的方法。当运行中的液压油已超出规定的技术要求时则已到了换油期，应及时更换介质。对于一般运行条件的液压装置可在 6 个月后检验，运行条件苛刻的液压装置应在 1～3 个月后检查。

18. 气动工作介质有哪些主要物理性能？

答：气动工作介质主要物理性能有密度、黏性、温度、可压缩性和膨胀性等。

19. 什么是空气的黏性？空气的黏度与温度之间的关系怎样？

答：①空气运动时产生摩擦阻力的性质称为黏性，黏性大小常用运动黏度 ν 表示。

②空气黏度受压力变化的影响极小，通常可忽略。而空气黏度随温度升高而增大。压力在 0.1013MPa 时，空气的运动黏度与温度之间的关系见表 1-6。

表 1-6　　　　　　　　空气的运动黏度与温度之间的关系

T（℃）	0	5	10	20	30	40	60	80	100
ν（$10^{-6}\,\mathrm{m^2 \cdot s^{-1}}$）	13.6	14.2	14.7	15.7	16.6	17.6	19.6	21.0	23.8

20. 什么叫流体静力学？流体静力学的基本方程如何表示？

答：不流动的流体叫静止流体，研究静止流体的力学规律叫流体静力学。流体静力学基本方程见表 1-7。

表 1-7　　　　　　　　流体静力学基本方程与说明

项目	说　　　明
重力	质量为 m 的流体受地球引力产生的力： $$G = mg$$ 式中　m——质量（kg） 　　　　g——重力加速度（m/s）
密度 ρ、重度 γ	单位体积的流体质量叫密度，单位体积的流体重量叫重度 $$\rho = m/V \ (\mathrm{kg/m^3})$$ $$\gamma = \rho g \ (\mathrm{N/m^3})$$ 式中　V——流体体积（m³）

项目	说　　明
液体静压力及其特性	液压传动是靠静压力传动的，所谓静压力就是液体处于静止状态下液体单位面积上所受的垂直作用力，在工程上称为压力，在物理学中通常称为压强 $$p=F/A \text{（N/m}^2\text{）}$$ 式中　F——总作用力（N） 　　　A——承压面积（m^2） 液体静压力有两个重要的特性： ①静压力方向永远沿着作用面的内法线方向 ②液体任何一点所受到的各个方向的液体压力都相等，如液体中某一点所受到各个方向的压力不等，那么液体就要运动，破坏了静止的条件 压力的法定计量单位是 Pa（帕，N/m^2），由于此单位很小，使用不方便，因此常采用 MPa（兆帕），$1MPa=10^6 Pa$。还可以用 bar（巴）。压力的单位换算关系为： $$1bar=10^5 Pa=10^5 N/m^2=0.1MPa$$
静力学基本方程——压力的产生	如图 1-9 所示，当容器内密度为 ρ 的液体处于静止状态时，任意深度 h 处的压力 p，考虑一个底面积为 ΔA、高为 h 的垂直小液柱，小液柱的上顶面与液面重合，由于小液柱在重力及周围液体的压力作用下处于平衡状态，由该小液柱的力学平衡方程式（$p\Delta A=p_0 \Delta A+\rho gh\Delta A$）可得出液体静力学基本方程为： 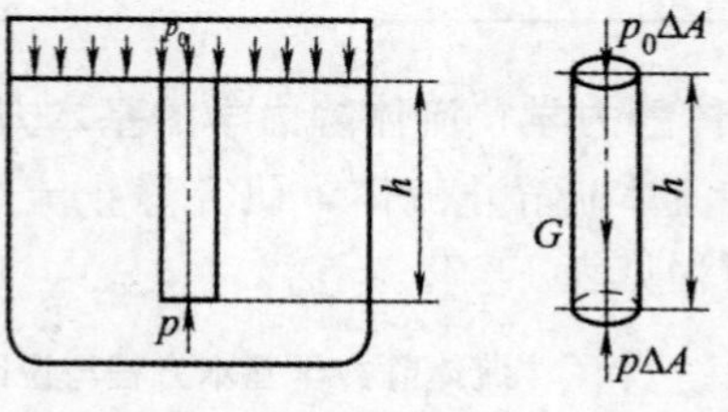 图 1-9　示意图
静力学基本方程——压力的产生	$$p=p_0+\rho gh$$ 在液压技术中，由外力引起的表面压力 p_0 往往是很大的，一般在数兆帕到数十兆帕，液重所引起的压力 γgh 与 p_0 比较则很小，如液压油平均重度为 $8829 N/m^3$，液压设备高度一般不超过 10m，此时油的自重产生的静压力一般不超过 0.088MPa，因此可以忽略不计

项　目	说　　　　明
压力的表示方法	①绝对压力。以没有气体存在的绝对真空为测量基准测得的压力叫绝对压力（如图 1-10 所示） ②相对压力，以大气压力 p_a 为基准零线，在此基准线以上的压力称为相对压力，即由压力表测得的压力，故又称为表压力。在液压传动中，一般所说的压力 p 都是指表压力，绝对压力与相对压力的关系为： $$绝对压力＝相对压力（表压力）＋大气压力（Pa）$$ ③真空度，若液体中某点的绝对压力小于大气压力，那么在这个点上的绝对压力比大气压力小的那部分数值叫作真空度。即以大气压力 p_a 为基准零线，在此零线以下的压力称为真空度，真空度也为表压力。真空度＝大气压力－绝对压力（Pa）。如图 1-11 所示中，泵吸油腔要能形成 $h=(p_a-p)/\gamma$ 的真空度，大气压 p_a 方能将油箱内油液压上至安装在高度为 h 的泵吸口处，泵方可吸入油 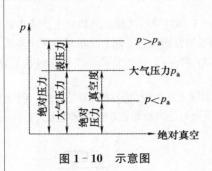 图 1-10　示意图　　　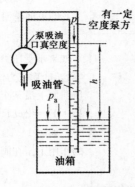 图 1-11　示意图
流体对平面的作用力	在液压系统中，静止油液中的压力可以认为是处处相等的。所以，可把作用在固体壁面 R 的液体压力看作是均匀分布的压力 如图 1-12 所示液压缸活塞底面的承压表面为平面，则压力油 p 作用在此面上的力 F 等于油的压力 p 与承压面积 A 的乘积，即： $$F=pA=p\pi D^2/4$$

续表3

项目	说　　明

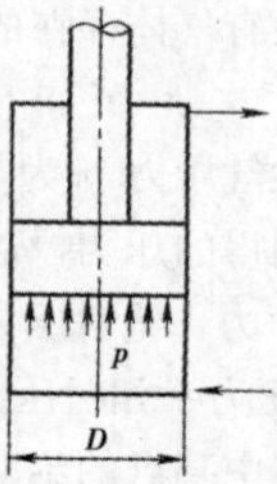

图 1-12　活塞上受力示意图

式中　F——压力油作用在平面上的力（N）

　　　p——油的压力（Pa）

　　　D——液压缸活塞直径（m）

F 的方向垂直指向活塞下端面，其作用点在该面的形心即圆心上

如果承受压力表面如图 1-13（a）所示的曲面（如管壁、液压缸壁、阀芯等），计算压力油在整个曲面上的作用力。工程上往往只需要计算压力油在受压曲面上沿某个方向的作用力，例如图（a）中所示的 X 方向或 Y 方向，有：

$F_X = F_Y = 2pLR$

如图 1-13（b）所示为钢球式压力阀的钢球阀芯受力图。钢球在弹簧力的作用下压在阀座上，阀座下面与压力油相通，则钢球受力为：$F = p\pi d^2/4$

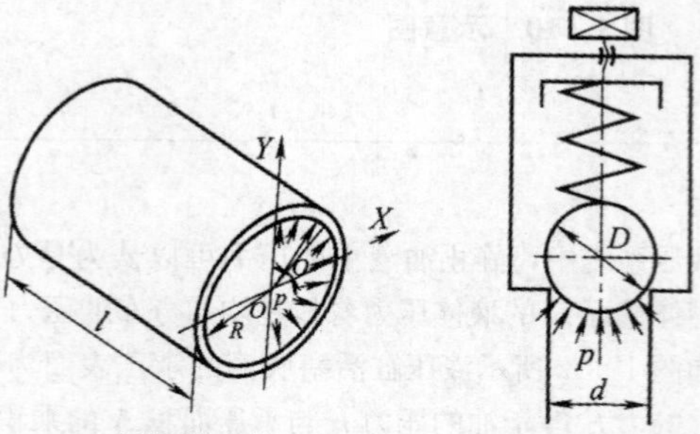

流体对曲面的作用力

(a) 圆管壁上的力　　　　(b) 钢球阀芯的力

图 1-13　流体对曲面的作用力示意图

结论　力的传递靠流体压力实现，系统工作压力取决于负载的大小而与流入的流体多少无关

16

21. 什么叫流体动力学？流体动力的基本概念是什么？流体动力学的基本方程如何表示？

答：流体动力学是研究流体在外力作用下的运动规律即研究流体动力学物理量和运动学物理量之间的关系的科学，也就是研究流体所受到的作用力与运动的速度之间的关系式。所应用的主要物理定律包括牛顿第二定律、机械能守恒定律等。

液体运动的基本概念见表1-8。流体动力学基本方程表示见表1-9。

表1-8 液体运动的基本概念

类别	说　　　明
理想流体	理想流体是没有黏性的流体
稳定流和非稳定流	在流动空间内，任一点处流体的运动要素（压力、速度、密度等）不随时间变化的流动称为稳定流；若流动中，任何一个或几个运动要素随时间变化则称为非稳定流
迹线与流线	迹线是注体质点在一段时间内的运动轨迹；流线是流动空间中某一瞬间的一条空间曲线，该曲线上流体质点所具有的速度方向与曲线在该点的切线方向一致 　流线和迹线有以下一些性质：流线是某一瞬间的一条线，而迹线则一定要在一段时间内才能形成；流线上每一点都有一个流体质点，因此每条流线上都有无数个流体质点，而迹线是一个流体质点的运动轨迹；非稳定流中，流速随时间而变，不同瞬间有不同的流线形状，流线与迹线不能重合而稳定流中，流速不随时间变化，流线形状不变，流线与迹线完全重合；流线不能相交（奇点除外）
流管、流束及总流	①流管。通过流动空间内任一封闭周线各点作流线所形成的管状曲面称为流管。因为在流管法向没有速度分量，流体不能穿过流管表面，故流管作用类似于管路 　②流束。充满在流管内部的全部流体称为流束，断面为无穷小的流束称为微小流束。微小流束断面上各点的运动要素都是相同的，当断面面积趋近于0时，微小流束以流线为极限，因此有时也可用流线来代表微小流束 　③总流。在流动边界内全部微小流束的总和称为总流

类别	说　　明
有效断面、湿周和水力半径	①有效断面。和断面上各点速度相垂直的横断面称为有效断面，以 A 表示 ②湿周。有效断面上流体与固体边界接触的周长称为湿周，以 χ 表示，如图 1-14 所示 ③水力半径。有效断面与湿周之比称为水力半径，以 R 表示 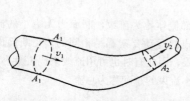 $\chi=\pi D$　　　$\chi=AB+BC+CD$　　　$\chi=\overset{\frown}{ABC}$ **图 1-14　湿周**

表 1-9　　　　　　　　　　流体动力学基本方程

项目	基　本　方　程
连续性方程	连续性方程是质量守恒定律在流体力学中的表达形式。如图 1-15 所示为管路中任选两个有效断面 A_1 和 A_2，其平均流速分别为 v_1 与 v_2，流体的密度分别为 ρ_1 及 ρ_2，则单位时间内流入两断面所截取的空间内的流体质量为 $\rho_1 A_1 v_1$，而相同时间流出的流体质量为 $\rho_2 A_2 \rho_2$。对于稳定流动，流入流出 A_1 和 A_2 两断面间控制体积的质量相等，即： $$\rho_1 A_1 v_1 = \rho_2 A_2 v_2 = 常量$$ 对不可压缩流体，上式可写成： $$A_1 \rho_1 = A_2 v_2 = 常量$$ 速度与断面的乘积等于流量，即： $$q = Av$$ 故式 $A_1 v_1 = A_2 v_2 = 常量$，可写成： $$q_1 = q_2 = 常量$$ 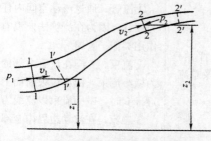 **图 1-15　连续性议程用图示意　　图 1-16　伯努利方程式推导示意图**

项目	基 本 方 程
伯努利方程式及应用	（1）理想流体伯努利方程 伯努利方程是能量守恒定律在流体力学中的表达形式，它反映了流体在运动过程中能量之间相互转化的规律。如图 1-16 所示，在管路中任选断面 1—1 和 2—2，并选定基准面 OO（水平面），$z1$ 及 $z2$ 分别表示两断面中心离基准面的垂直高度，$p1$ 和 $p2$ 分别表示两断面处的压力 ρ_1 与 ρ_2 表示两断面处的平均流速。 在 dt 时间内，1—2 段流体流到 $1'—2'$。1—1 断面移到 $1'—1'$断面，2—2 断面移到 $2'—2'$断面。运动的距离分别为 $ds_1 = v_1 dt$ 及 $ds_2 = v_2 dt$。 在 1—1 断面处合外力 $F_1 = p_1 A_1$，方向为断面 1—1 的内法线方向，与 ds_1 方向一致。F_1 对流体所作的功为： $$W_1 = \vec{F} d\ \vec{s}_1 = p_1 A_1 v_1 dt$$ 在断面 2—2 处合外力 $F2$ 在 dt 时间内对流体所作的功为： $$W_2 = \vec{F}_2 d\ \vec{s}_2 = -p_2 A_2 v_2 dt$$ 所以在 dt 时间内外力对于 1—2 这段流体所作的功为： $$W = W_1 + W_2 = p_1 A_1 v_1 dt - p_2 A_2 v_2 dt$$ 引入流体为不可压缩的条件，由式（$A_1\rho_1 = A_2\rho_2 = $ 常量）有： $$A_1 v_1 = A_2 v_2 = q$$ 则 $$W = (p_1 - p_2)\ q dt$$ 在 dt 时间内 1—2 这段流体变为 $1'—2'$，因此出时间内机械能的增量为 $\Delta E = E_{1'-2'} - E_{1-2}$。 而 $E_{1'-2'} = E_{1'-2} + E_{2-2'}$ $E_{1-2} = E_{1-1'} + E_{1'-2}$ 则 $\Delta E = E_{1'-2} + E_{2-2'} - (E_{1-1'} + E_{1'-2})$ 对于稳定流动，在空间内任何一点的运动要素不随时间而变化。因此，在 dt 前的 $E_{1'-2}$ 和 dt 后的 $E_{1'-2}$ 是相等的 所以 $\Delta E = E_{2-2'} - E_{1-1'}$ 而 $E_{2-2'} = \dfrac{1}{2} m_2 v_2^2 + m_2 g z_2$ $\quad\quad\quad = \dfrac{1}{2} p_2 A_2 v_2 dt v_2^2 + p_2 A_2 v_2 dt g z_2$ $\quad\quad\quad = p_2 q dt \left(\dfrac{1}{2} v_2^2 + g z_2\right)$ 同理 $E_{1-1'} = p_1 q dt \left(\dfrac{1}{2} v_1^2 + g z_1\right)$ 对于不可压缩流体 $\rho_1 = \rho_2$ 故： $$\Delta E = \rho q dt \left(\dfrac{1}{2} v_2^2 + g z_2\right) - \rho q dt \left(\dfrac{1}{2} v_1^2 + g z_1\right)$$ 根据能量守恒定理，外力对 1—2 段流体所作的功 W 应等于 1—2 段流体机械能的增加 ΔE，所以：

项目	基 本 方 程

$$(p_1 - p_2)\,qdt = \rho qdt\left(\frac{1}{2}v_2^2 + gz_2 - \frac{1}{2}v_1^2 - gz_1\right)$$

以 1—1′ 或 2—2′ 段流体所受的重力 $\rho gqdt$ 除上式，即对单位重力液体有：

$$\frac{p_1}{\rho g} - \frac{p_2}{\rho g} = \frac{v_2^2}{2g} + z_2 - \frac{v_1^2}{2g} - z_1$$

$$\frac{v_1^2}{2g} + \frac{p_1}{\rho g} + z_1 = \frac{v_2^2}{2g} + \frac{v_2^2}{2g} + \frac{p_2}{\rho g} + z_2$$

在推导中，断面 1—1 和 2—2 是任意选的，因此可以写成在管道的任一断面有：

$$\frac{v^2}{2g} + \frac{p}{\rho g} + z = 常数$$

以上两式就是理想流体的伯努利方程式。在应用上两式时，必须满足下述四个条件：

①质量力只有重力作用。

②流体是理想流体。

③流体是不可压缩的。

④流动是稳定流动。

（2）伯努利方程的几何意义和能量意义

①几何意义

a. 位置水头 Z。Z 代表断面上的流体质点离基准面的平均高度，也就是该断面中心点离基准面的高度，称为位置水头

b. 压力水头 $p/\rho g$。$p/\rho g$ 在流体力学中称为压力水头

c. 速度水头 $v^2/2g$。$v^2/2g$ 从几何上看，代表液体以速度 v 向上喷射时所能达到的垂直高度，称为速度水头。

三项水头之和称为总水头，以 H 表示。由公式 $\left(\frac{v^2}{2g} + \frac{p}{\rho g} + z = 常数\right)$ 说明，在理想流体中，管道各处的总水头都相等

②能量意义

a. 比位能 Z。重力为 G 的流体离基准面高度为 Z 时，则其位能为 GZ，因此，单位重力流体所具有的位能为 Z。所以 Z 代表所研究的断面上单位重力流体对基准面所具有的位能，称为比位能

b. 比压能 $p/\rho g$。$p/\rho g$ 当重力为 G 的流体质点在管子断面上时，它受到的压力为 p，在其作用下流体质点由玻璃管中上升 hp，位能提高 Ghp，而压力则由 p 变为 0，也就是说，流体质点的位能所以能提高是由于压力 p 作功而达到的。这说明压力也是一种能量，一旦放出来可以作功而使流体质点 G 的位能提高。$p/\rho g$ 流体力学中称之为比压能

伯努利方程式及应用

项目	基 本 方 程
伯努利方程式及应用	c. 比动能矿 $v^2/2g$。$v^2/2g$ 称为比动能，它代表单位重力流体所具有的动能。因为重力为 G，速度为。的流体所具有的动能为白 $Gv^2/2g$，故单位重力流体所具有的动能为 $v^2/2g$ 三项比能之和称为总比能，代表单位重力流体所具有的总机械能，而式（$\frac{v^2}{2g}+\frac{p}{\rho g}+z=$常数）则表示在不可压缩理想流体稳定流中，虽然在流动的过程中各断面的比位能，比压能和比动能可以互相转化，但三者的总和即总比能是不变的。这就是理想流体伯努利方程的能量意义 （3）实际流体伯努利方程式 实际上所有的流体都是有黏性的，在流动的过程中由于黏性而产生能量损失，使流体的机械能降低，另外流体在通过一些局部地区过流断面变化的地方，也会引起流体质点互相冲撞产生旋涡等而引起机械能的损失。因此，在实际流体的流动中，单位重力流体所具有的机械能在流动过程中不能维持常数不变，而是要沿着流动方向逐渐减小。 （4）缓变流及其特性。缓变流必须满足下述两个条件： ①流线与流线之间的夹角很小，即流线趋近于平行。 ②流线的曲率半径很大，即流线趋近于直线。 因此缓变流的流线趋近于平行的直线。不满足上述两条件之一时就称为急变流。 （5）实际流体总流的伯努利方程 实际流体总流的伯努利方程为： $$\frac{\alpha_1 v_1^2}{2g}+\frac{p_1}{\rho g}+z_1=\frac{\alpha_2 v_2^2}{2g}+\frac{p_2}{\rho g}+z_2+h_w$$ 式中：v_1、v_2 为动能修正系数，对紊流 $v=1.05\sim1.1$，对层流 $v=2.0$；h_w 为损失水头。 上式各项的物理意义与式（$\frac{v^2}{2g}+\frac{p}{\rho g}+z=$常数）相同，但式（$\frac{v^2}{2g}+\frac{p}{\rho g}+z=$常数）中各项是代表断面上各点比能的平均值。 上式有着广泛的应用，在应用时要注意以下几点： ①应用时必须满足推导时所用的五个条件，即 a. 质量力只有重力作用。 b. 稳定流。 c. 不可压缩流体。 d. 缓变流断面。 e. 流量为常数。

项目	基 本 方 程
伯努利方程式及应用	②缓交流断面在数值上没有一个精确的界限，因此有一定的灵活性。如一般大容器的自由面，孔口出流时的最小收缩断面，管道的有效断面等都可当作缓变流断面。 ③一般在紊流中 v 与 1 相差很小，故工程计算中取 $v=1$，而层流中 $v=2$。 ④A_1 与 A_2 尽量选为最简单的断面（如自由面）或各水头中已知项最多的断面。 ⑤解题时往往与其他方程如连续性方程，静力学基本方程等联立
动量方程式	由动量定理，即物体的动量变化等于作用在该物体上的外力的总冲量得： $$\sum \vec{F} \mathrm{d}t = \mathrm{d}\left(\sum m\vec{v}\right)$$ 在稳定流动中，取一段流体 1122，如图 1-17 所示。$\vec{v}_1$ 及 $\vec{v}_2$ 分别代表 1—1 及 2—2 处的平均速度。$\vec{F}_1$ 及 $\vec{F}_2$ 代表 1—1 和 2—2 上的总压力，$\vec{F}_R$ 为周围边界对 1122 这一段流体的作用力（包括压力及摩擦力），G 为 1122 这段流体的重力。 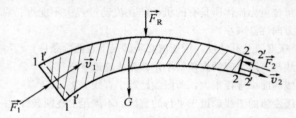 **图 1-17 动量方程式推导用图** 经时间 $\mathrm{d}t$ 后，1122 流到 $1'1'2'2'$。其动量变化为： $$\mathrm{d}\vec{K} = \vec{K}_{1'1'2'2'} + \vec{K}_{1122}$$ $$= (\vec{K}_{1'1'22} + \vec{K}_{222'2'}) - (\vec{K}_{111'1'} + \vec{K}_{1'1'22})$$ 在 $\mathrm{d}t$ 时间前后，$1'1'22$ 这一段空间中的流体质点虽然不一样，但由于是稳定流，所以各点的速度、密度等仍相同。因此，$1'1'22$ 这一段流体的动量 $\vec{K}_{1'1'22}$ 在 $\mathrm{d}t$ 前后是相等的。因此上式可写成： $$\mathrm{d}\vec{K} = \vec{K}_{222'2'} - \vec{K}_{111'1'}$$ 而 $\quad \vec{K}_{222'2'} = m\vec{v}_2 = \rho q \mathrm{d}t\, \vec{v}_2$ $\quad\quad\quad \vec{K}_{111'1'} = m\vec{v}_1 = \rho q \mathrm{d}t\, \vec{v}_1$ 所以 $\quad \mathrm{d}\vec{K} = \rho q \mathrm{d}t\,(\vec{v}_2 - \vec{v}_1)$ 上式可写成 $\quad \sum \vec{F} \mathrm{d}t = \rho q \mathrm{d}t(\vec{v}_2 - \vec{v}_1)$

项目	基 本 方 程
动量方程式	或 $$\sum \vec{F} = \rho q(\vec{v_2} - \vec{v_1})$$ 式（$\sum \vec{F} = \rho q(\vec{v_2} - \vec{v_1})$）就是稳定流动的动量方程，写成在各坐标轴方向的投影，则成为： $$\sum F_x = \rho q(\vec{v_{2x}} - \vec{v_{1x}})$$ $$\sum F_y = \rho q(\vec{v_{2y}} - \vec{v_{1y}})$$ $$\sum F_z = \rho q(\vec{v_{2z}} - \vec{v_{1z}})$$ 动量方程、连续性方程和伯努利方程是流体力学中三个重要的方程式。在计算流体与限制其流动的固体边界之间的相互作用力时常常用到动量方程。在应用动量方程式（$\sum \vec{F} = \rho q(\vec{v_2} - \vec{v_1})$）或上式时，必须注意以下两点： （1）式（$\sum \vec{F} = \rho q(\vec{v_2} - \vec{v_1})$）中 $\sum \vec{F}$ 是以所研究的流体段为对象的，是周围介质对该流体段的作用力，而不是该段流体对周围介质的作用力 （2）$\sum \vec{F}$ 应当包括作用在被研究的流体段上的所有外力

液体的流态有两种：层流和紊流。层流是指液体质点呈互不混杂的线状或层状流动。其特点是液体中各质点是平行于管道轴线运动的，流速较低，受黏性的制约不能随意运动，黏性力起主导作用。紊流是指液体质点呈混杂紊乱状态的流动。其特点是液体质点除了做平行于管道轴线运动外，还或多或少具有横向运动，流速较高，黏性的制约作用减弱，惯性力起主导作用。

液体流态的判据是临界雷诺数对于光滑的金属圆管＝2320。当所计算的雷诺数 $Re<Rec$ 时，液体为层流；当 $Re>2320$ 时，液体为紊流。

22. 什么是液体流动中的压力损失？

答：由于液体具有黏性，在管路中流动时又不可避免地存在着摩擦力，所以液体在流动过程中必然要损耗一部分能量。这部分能量损耗主要表现为压力损失。

压力损失有沿程损失和局部损失两种。沿程损失是当液体在直径不变的直管中流过一段距离时，因摩擦而产生的压力损失。局部损失是由于管子截面形状突然变化、液流方向改变或其他形式的液流阻力而引起的压力损失。总的压力损失等于沿程损失和局部损失之和。

由于压力损失的必然存在，所以泵的额定压力要略大于系统工作时所需的最大工作压力，一般可将系统工作所需的最大工作压力乘以一个 1.3～1.5 的系数来估算。

23. 何谓沿程压力损失？其计算公式如何？

答：流体在管道中流动时，由于流体与管壁之间有黏附作用，以及流体质点间存在着内摩擦力等，沿流程阻碍着流体的运动，这种阻力称为沿程阻力。克服沿程阻力要消耗能量，一般以压力降的形式表现出来，称为沿程压力损失 Δp_λ，可按达西（Darcy）公式计算：

$$\Delta p_\lambda = \frac{l}{d} \times \frac{\rho v^2}{2}$$

或以沿程压头（水头）损失 h_λ 表示：

$$h_\lambda = \frac{l}{d} \times \frac{v^2}{2g}$$

式中　λ——沿程阻力系数，它是雷诺数 Re 和相对粗糙度 Δ/d（见表 1-10）的函数，其计算公式见表 1-11；

　　　l——圆管的沿程长度，m；

　　　d——圆管内径，m；

　　　v——管内平均速度，m/s；

　　　ρ——流体密度，kg/m³。

表 1-10　　　　　　　　　管材内壁绝对粗糙度△

材料	管内壁状态	绝对粗糙度 A（mm）
铜	冷拔铜管、黄铜管	0.0015～0.01
铝	冷拔铝管、铝合金管	0.0015～0.06
钢	冷拔无缝钢管	0.01～0.03
	热拉无缝钢管	0.05～0.1
	轧制无缝钢管	0.05～0.1
	镀锌钢管	0.12～0.15
	涂沥青的钢管	0.03～0.05
	波纹管	0.75～7.5
铸铁	铸铁管	0.05
塑料	光滑塑料管	0.0015～0.01
	d＝100mm 的波纹管	5～8
	d≥200mm 的波纹管	15～30
橡胶	光滑橡胶管	0.006～0.07
	含有加强钢丝的胶管	0.3～4

表 1 - 11   圆管的沿程阻力系数 A 的计算公式

流动区域	雷诺数范围		计算公式
层 流	$Re \leqslant 2320$		$\lambda = \dfrac{64}{Re}$
紊流 水力光滑管	$Re < 22 \left(\dfrac{d}{\Delta} \right)$	$3000 < Re < 10^5$	$\lambda = 0.3164 / Re^{0.25}$
		$10^5 < Re < 10^8$	$\lambda = 0.308 / (0.842 - \lg Re)^2$
水力粗糙管	$22 \left(\dfrac{d}{\Delta} \right) < Re < 597 \left(\dfrac{d}{\Delta} \right)$		$\lambda = \left[1.14 - 2\lg \left(\dfrac{d}{\Delta} + \dfrac{21.25}{Re^{0.9}} \right) \right]$
阻力平方区	$Re > 597 \left(\dfrac{d}{\Delta} \right)^{\frac{9}{8}}$		$\lambda = 0.11 \left(\dfrac{\Delta}{d} \right)^{0.25}$

24. 何谓局部压力损失？其计算公式如何？

答：流体在管道中流动时，当经过弯管、流道突然扩大或缩小、阀门、三通等局部区域时，流速大小和方向被迫急剧地改变，因而发生流体质点的撞击，出现涡旋、二次流以及流动的分离及再附壁现象。此时由于黏性的作用，质点间发生剧烈的摩擦和动量交换，从而阻碍着流体的运动。这种在局部障碍处产生的阻力称为局部阻力。克服局部阻力要消耗能量，一般以压力降的形式表现出来，称为局部压力损失 Δp_ξ 表示：

$$\Delta p_\xi = \frac{\rho v^2}{2}$$

或以局部压头（水头）损失 h_ξ 表示：

$$h_\xi = \frac{v^2}{2g}$$

式中 ξ——局部阻力系数，它与管件的形状、雷诺数有关；

        v——平均流速，m/s，除特殊注明外，一般均指局部管件后的过流断面上的平均速度。

25. 何谓局部阻力系数？其计算公式如何？

除了突然扩大管件的局部阻力系数外，一般局部阻力系数 ξ 都是由实验测得，或用一些经验公式计算。而且大部分的局部阻力系数都是指紊流的。层流时的局部阻力系数资料较少。

①突然扩大局部阻力系数。管道突然扩大的结构简图如图 1 - 18 所示。

a. 层流。当 $Re < 2320$ 时，对大管的平均流速而言的突然扩大的局部阻力系数，可用下面的公式：

$$\xi_L = \frac{2}{3} \left(3 \frac{A_2}{A_1} - 1 \right) \left(\frac{A_2}{A_1} - 1 \right)$$

b. 紊流。对大管平均流速而言的突然扩大局部阻力系数为：

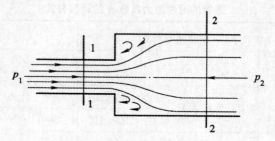

图 1-18　管道突然扩大的结构简图

$$\xi_T = \left(\frac{A_2}{A_1} - 1\right)$$

其中的 A_1 和 A_2 分别为管道扩大前和扩大后所对应的过流断面面积。

突然扩大局部阻力系数亦可查表 1-12。

表 1-12　　　　　　突然扩大局部阻力系数

A_2/A_1	1.5	2	3	4	5	6	7	8	9	10
ξ_L	1.16	3.33	10.6	22	37.33	56.66	80	107.33	138.6	174
ξ_T	0.25	1	4	9	16	25	36	49	64	81

②管道入口与出口处的局部阻力系数。见表 1-13 和表 1-14。

表 1-13　　　　　　管道出口处的局部阻力系数

出口形式	局部阻力系数 ξ
从直管流出（紊流）	紊流时，$\xi = 1$
从直管流出（层流）	层流时，$\xi = 2$
从锥形喷嘴流出 $Re > 2 \times 10^3$	$\xi = 1.05(d_0/d_1)^4$

d_0/d_1	1.05	1.1	1.2	1.4	1.6	1.8	2.0	2.2	2.4	2.6	2.8	3.0
ξ	1.28	1.54	2.18	4.03	6.88	11.0	16.8	24.8	34.8	48.0	64.6	85.0

26

续表

出口形式	局部阻力系数 ξ									
	ξ									
	l/d_0	α (°)								
		2	4	6	8	10	12	16	20	24	30
从锥形扩口管流出 $Re>2\times10^3$	1	1.30	1.15	1.03	0.90	0.80	0.73	0.59	0.55	0.55	0.58
	2	1.14	0.91	0.73	0.60	0.52	0.46	0.39	0.42	0.49	0.62
	4	0.86	0.57	0.42	0.34	0.29	0.27	0.29	0.47	0.59	0.66
	6	0.49	0.34	0.25	0.22	0.20	0.22	0.29	0.38	0.50	0.67
	10	0.40	0.20	0.15	0.14	0.16	0.18	0.26	0.35	0.45	0.60

表 1-14　　　　管道入口处的局部阻力系数

入口形式	局部阻力系数 ξ
入口处为尖角凸边 $Re>10^4$	当 $\delta/d_0<0.05$ 及 $b/d_0\leqslant0.5$ 时，$\xi=1$ 当 $\delta/d_0>0.05$ 及 $b/d_0<0.5$ 时，$\xi=0.5$

α (°)	20	30	45	60	70	80	90
ξ	0.96	0.91	0.81	0.70	0.63	0.56	0.5

入口处为尖角 $Re>10^4$

一般垂直入口，$\alpha=90°$

r/d_0	0.12	0.16
ξ	0.1	0.06

入口处为圆角

α (°)	ξ					
	e/d_0					
	0.025	0.050	0.075	0.10	0.15	0.60
30	0.43	0.36	0.30	0.25	0.20	0.13
60	0.40	0.30	0.23	0.18	0.15	0.12
90	0.41	0.33	0.28	0.25	0.23	0.21
120	0.43	0.38	0.35	0.33	0.31	0.29

入口处为倒角 $Re>10^4$
（$\alpha=60°$时最佳）

③管道缩小处的局部阻力系数，见表 1-15。

表 1-15　　　　　　　　管道缩小处的局部阻力系数

管道缩小形式	局部阻力系数 ξ									
（图示）$Re>10^4$	$\xi=0.5\ (1-A_0/A_1)$									
	A_0/A_1	0.1	0.2	0.3	0.4	0.5	0.6	0.7	0.8	0.9	1.0
	ξ	0.45	0.40	0.40	0.35	0.30	0.25	0.20	0.15	0.05	0
（图示）$Re>10^4$	$\xi=\xi'\ (1-A_0/A_1)$ ξ'——按"管道入口处的局部阻力系数"第4项"入口处为倒角"的 ξ 值 注：A_0、A_1 为管道相应于内径 d_0、d_1 的通过面积									

④弯管局部阻力系数，见表 1-16。

表 1-16　　　　　　　　弯管局部阻力系数

弯管形式	局部阻力系数 ξ								
（图示）折管	$\alpha/$ (°)	10	20	30	40	50	60	70	80	90
	ξ	0.04	0.1	0.17	0.27	0.4	0.55	0.7	0.9	1.12
（图示）光滑管壁的均匀弯管	$\xi=\xi'\cdot\ (\alpha/90°)$					
	$d_0/2R$	0.1	0.2	0.3	0.4	0.5
	ξ'	0.13	0.14	0.16	0.21	0.29

注：①对于粗糙管的铸造弯头，当紊流时，ξ'数值较上表大 3～4 倍。
　　②两个弯管连接的情况，如下图所示：

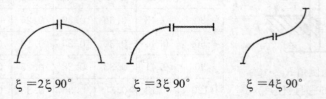

$\xi=2\xi\,90°$　　　　　$\xi=3\xi\,90°$　　　　　$\xi=4\xi\,90°$

28

⑤分支管局部阻力系数，见表1-17。

表1-17 分支管局部阻力系数

形式及流向						
ξ	0.05	0.1	0.15	0.5	1.3	3

26. 何谓管路总的压力损失？其计算公式如何？

答：管路系统的总压力损失 $\Delta p_总$ 等于系统中所有各段直管的压力损失 $\Delta p_沿$ 与所有局部压力损失 $\Delta p_局$ 的和。即：

$$\Delta p_总 = \sum \Delta p_沿 + \sum \Delta p_局 = (\sum \lambda L/d)\gamma v^2/2g + \sum K \gamma v^2/2g$$

在设计液压系统时和使用液压系统时要考虑压力损失的影响，如执行元件（液压缸或液压马达）所需有效工作油压力为 p，则液压泵输出油液的调整压力 $p_调$ 应为：

$$p_调 = p + \Delta p_总$$

因此，管路系统的压力效率 η_P 为：

$$\eta_P = p/p_调 = (p_调 - \Delta p_总)/p_调 = 1 - \Delta p_总/p_调$$

从上式可看出，管路系统总的压力损失 $\Delta p_总$ 影响管路系统的压力效率，而压力损失均会转变为热能放出，造成系统温升，增大泄漏，从而影响系统的工作性能。从压力损失的计算公式中可以看出，流速的影响最大。为了减少系统中的压力损失，液体在管道中的流速不应过高，但流速过低将会使油管和液压元件的尺寸加大、成本增高。

油液流经不同元件时的推荐流速见表1-18。

表1-18 油液流经不同元件时的推荐流速

液流流经的管路与液压元件	流速（m/s）
液压泵的吸油管路 12～25mm	0.6～1.2
管径＞32mm	1.5
压油管路管径 12～50mm	3.0
＞50mm	4.0
流经液压阀等短距离的缩小截面的通道	6.0
溢流阀	15
安全阀	30

27. 常用液压基本术语及解释说明有哪些?

常用液压基本术语及解释说明见表 1－19。

表 1－19　　　　　　　　　常用液压基本术语

术　语	解　释
静　压	流线平行平面上受到的流体压力;静止流体中的压力或在不干扰流体流动条件下测得的压力
动　压	用"总压-静压"表示的压力。对不可压缩流体,可用下式表示:$$动压 = \frac{\gamma V^2}{2g} \quad \left(\frac{\rho \upsilon^2}{2}\right)$$ 式中　γ——单位体积的重量(重度); 　　　V——流体体积; 　　　ρ——流体密度; 　　　υ——速度; 　　　g——重力加速度
绝对压力	以绝对真空为基准的压力大小
表压力	以大气压为基准的压力大小,为相对压力
公称压力	装置按基本参数所确定的名义压力
额定压力	在规定的条件下,能保证性能的压力,作为设计和使用所规定的一般不能超过的压力
系统压力	系统中第一阀(通常为溢流阀)进口处测得的压力的公称值
设定压力、调定压力	压力阀等阀中所调节的压力
工作压力	装置运行时的压力
使用压力	液压元件或液压系统中实际工作时所用的压力
最高使用压力	液压元件或液压系统中实际工作时,能最高采用的使用压力
最低使用压力	液压元件或液压系统中实际工作时,能最低采用的使用压力
流体传动	使用受压的流体作为介质来进行能量转换、传递、控制和分配的方式、方法,简称液压与气动
液压技术	涉及液体传动和液体压力规律的科学技术,简称液压
静液压技术	涉及流体的平衡状态和压力分布规律的科学技术
公称压力	装置按基本参数所确定的名义压力

续表1

术　语	解　　释
工作压力	装置运行时的压力
工作压力范围	装置正常工作时所允许的压力范围
进口压力	按规定条件在元件进口处测得的压力
出口压力	按规定条件在元件出口处测得的压力
运行工况	装置在某规定使用条件下，用其有关的各种参数值来表示的工况。这些参数值可随使用条件而异
额定工况；标准工况	根据规定试验的结果所推荐的系统或元件的稳定工况。"额定特性"一般在产品样本中给出并表示成：q_n、p_n 等
连续工况	允许装置连续运行的并以其各种参数值表示的工况，连续工况表示成：q_c、p_c 等，通常与额定工况相同
极限工况	允许装置在极端情况下运行的并以其某参数的最小值或最大值来表示的工况。其他的有效参数和负载周期要加以明确规定。极限工况表示成：q_{min}、q_{max} 等
稳态工况	稳定一段时间后，参数没有明显变化的工况
瞬态工况	某一特定时刻的工况
实际工况	运行期间观察到的工况
规定工况	使用中要求达到的工况
周期稳定工况	有关参数按时间有规律重复变化的工况
间歇工况	工作与非工作（停止或空运行）交替进行的工况
许用工况	按性能和寿命允许标准运行的工况
启动压力	开始动作所需的最低压力
爆破压力	引起元件壳体破坏和液体外溢的压力
峰值压力	在相当短的时间内允许超过最大压力的压力
运行压力	运行工况时的压力
冲击压力	由于冲击产生的压力
系统压力	系统中第一阀（统称为溢流阀）进口处或泵出口处测得的压力的公称值
控制压力	控制，管路或回路的压力
充气压力	蓄能器充液前气体的压力

续表2

术　语	解　　释
吸入压力	泵进口处流体的绝对压力
额定压力	额定工况下的压力
装置温度	在装置规定部位和规定点所得的温度
介质温度	在规定点测得的介质温度
装置的温度范围	装置可以正常运行的允许温度范围
介质的温度范围	装置可以正常运行的介质的温度范围
环境温度	装器工作时周围环境的温度
压降；压差	在规定条件下，测得的系统或元件内两点（如进、出口处）压力之差
控制压力范围	最高允许控制压力与最低允许控制压力之间的范围
背压	装置中因下游阻力或元件进、出口阻抗比值变化而产生的压力
调压偏差	压力控制阀从规定的最小流量调到规定的工作流量时压力的增加值
流量	单位时间内通过流道横断面的流体数量（可规定为体积或质量）
额定流量	在额定工况下的流量
供给流量	供给元件或系统进口的流量
泄漏	流体流经密封装置不做有用功的现象
内泄漏	元件内腔间的泄漏
外泄漏	从元件内腔向大气的泄漏

28. 有关流量的名词术语及含义说明有哪些？

答：有关流量的名词术语及含义说明见表1-20。

表1-20　　　　　　　　　　有关流量的名词术语

术　语	含义说明
流量	单位时间内通过流道横截面的流体数量（体积或质量）。空气体积流量用标准大气状态表示
额定流量	在额定工况下的流量
空载流量	在规定最低工作压力（卸荷）下，以不同转速时的两次测试而算得的流量

续表

术　语	含　义　说　明
排量	每行程或每循环吸入或排出的流体体积
有效排量	在规定工况下实际排出的流体体积。有效输出流量被转速所除得的商（有效排量＝有效输出流量/转速）
几何排量	不计尺寸公差、间隙或变形，按几何尺寸计算所得的排量
泄漏量	流体流经密封装置不做有用功浪费掉了的排量
内泄漏量	元件内腔之间的泄漏量
外泄漏量	从元件内腔向大气的泄漏量

29. 液压元件及系统的压力分为哪些等级？

答： 液压系统所需的压力因用途不同而异。为了便于液压元件及系统的设计、生产及使用，工程上通常将压力分为几个不同等级，见表 1-21。

表 1-21　　　　　　　　液压元件及系统的压力分级

压力等级	低压	中压	中高压	高压	超高压
压力范围（MPa）	≤2.5	2.5～8	8～16	16～32	＞32

30. 在液压工程计算中，计算液体的压力时，为什么一般忽略由液体自重产生的压力？

答： 由液体静压力基本方程 $p=p_0+\rho g h$ 可知，静止液体内任一点处的压力 p 由外力产生的压力 p_0 和自重产生的压力 $\rho g h$ 组成。

工程实际中，液压装置的配管高度一般低于 10m，若液压工作液体的密度 ρ 为 900kg/m³，此时由液体自重产生的压力为 $\rho g h=900\times9.81\times10=0.88$（MPa）；由表 1-21 可看到，低压系统压力达 2.5MPa，高压系统达到 32MPa，可见液压技术中由外力产生的压力很大，远远大于由液体自重产生的压力，因此在计算液体的压力时，可忽略由液体自重产生的压力。

31. 什么是帕斯卡原理？试用帕斯卡原理解释液压传动对力的放大作用。

答：（1）密闭容器内的静止液体的压力可以等值地向液体中各点传递，这就是帕斯卡原理。液压系统中静压力的传递是按该原理进行的。

（2）如图 1-19 所示为液压传动中力的放大作用原理图，图中水平液压缸（面积为 A_1，作用在活塞上的负载为 F_1）为输入装置，垂直液压缸（面积为 A_2，作用在活塞上的负载为 F_2）为输出装置，由连通管相连构成密闭容积系

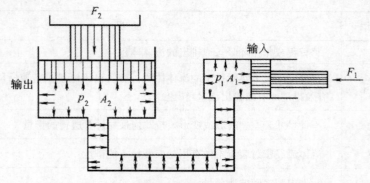

图 1-19 液压传动中力的放大作用原理图

统。由帕斯卡原理知，密闭容积内压力处处相等，$p_2 = p_1$，即：

$$p_2 = \frac{F_2}{A_2} = \frac{F_1}{A_1} = p_1 = p$$

或改写为

$$F_2 = F_1 \frac{A_2}{A_1}$$

由上式可知，由于 $A_2/A_1 > 1$，所以用一个很小的输入力 F_1，就可以推动一个比较大的负载 F_2。说明液压系统具有力的放大作用。利用这个放大了的力 F_2 举升重物，就做成了液压千斤顶；用来进行压力加工，就做成了压力机；用于车辆刹车，就做成了液压制动闸，等等。

（3）由上式可知，负载 F 越大，液压系统的压力 p 就越大，说明液压系统中的压力取决于负载（包括外负载和各种阻力负载），这是液压技术中一个非常重要的概念。

（4）当负载 $p_2 = 0$ 时，忽略活塞自重及其他阻力，则不论怎样推动水平液压缸的活塞，也不能在液体中产生压力；反之，只有外界负载 F_2 的作用，而没有小活塞的输入力 F_1，液体中也不会产生压力。说明液压系统中的压力是在所谓"前阻后推"条件下产生的。

32. 帕斯卡原理应用计算举例。

答：如图 1-20 所示为液压千斤顶传动系统原理图。①试分析说明其工作原理。②设杠杆尺寸为 $a = 400\text{mm}$，$b = 100\text{mm}$；小缸 4 的活塞直径 $d = 10\text{mm}$，举升缸 5 的活塞直径 $D = 50\text{mm}$，举起的物体 G 的重力为 $6.25 \times 10^4\text{N}$（包括活塞自重），不计摩擦阻力和泄漏。计算系统工作压力 p、杠杆端的操作力 F。③问千斤顶使得输入力放大了多少倍？

解：①液压千斤顶通过杠杆端施加操作力 F 使小缸往复运动。当小缸 4 的活塞右移时，缸内容积增大，形成真空，油箱 6 中的油液在大气压作用下顶

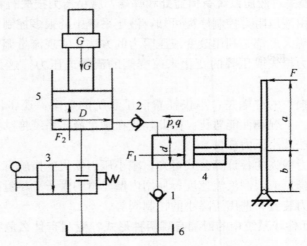

1、2. 单向阀；3. 放油方向阀；4. 小缸；5. 举升缸；6. 油箱

图 1-20　液压千斤顶传动系统原理图

开单向阀 1 而进入小缸内；小缸 4 的活塞左移时，因受到一个 F_1 力的作用而使缸内容积减小，油液因挤压而产生压力 p，顶开单向阀 2 进入举升缸 5 的下腔，使举升缸活塞受到一个向上的力 F_2，将重物 G 举起。反复拉压杠杆使小缸 4 的活塞往复运动，即可使重物 G 不断上升，直到要求的高度。当把放油方向阀 3 切换至左位而使举升缸内油液排入油箱时，即可将举升缸 5 的活塞落下。

② 举起重物 G 所需的系统工作压力为：

$$p = \frac{F_2}{A_2} = \frac{G}{\frac{\pi}{4}D^2} = \frac{4G}{\pi D^2} = \frac{4 \times 6.25 \times 10^4}{3.14 \times (50 \times 10^{-3})^2} = 3.1847 \times 10^7 \ (\text{Pa})$$

其中，A_2 为举升缸的活塞有效作用面积，$A_2 = \frac{\pi}{4}D^2$。

由小缸活塞的力平衡关系 $F_1 b = F(a+b)$，即 $p A_1 b = F(a+b)$），亦即 $p \frac{\pi}{4}d^2 b = F(a+b)$ 得作用力为：

$$F = \frac{p \frac{\pi}{4}d^2 b}{a+b} = \frac{3.1847 \times 10^7 \times 0.785 \times 0.01^2 \times 100}{400 + 100} = 500 \ (\text{N})$$

其中，A_1 为小缸的活塞有效作用面积，$A_1 = \frac{\pi}{4}d^2$。

③ $\frac{G}{F} = \frac{6.25 \times 10^4}{500} = 125$

33. 压力损失对液压系统有何益处和弊端？减小压力损失有哪些措施？

答：（1）由液压阻力控制原理可知，液压系统中的很多控制元件，例如流量阀、减压阀等大多都是利用改变液压阻力的方法来实现流量调节或压力控制的，即通过压力损失或压降的变化来改变阀的流量或压力，这是压力损失的益处。

（2）压力损失的弊端是：不仅耗费液压系统的功率，还将使系统油温增高，泄漏增加，工况和性能恶化。因此，应在满足液压系统拖动控制功能的前提下，尽量设法减小压力损失。

（3）由压力损失的各计算公式可知，减小压力损失的措施有采用合适黏度的液体、适当降低或限制液流速度、使用内壁光滑的管子、尽量减少连接管的长度和局部阻力装置、选用压降小的控制阀等。

34. 液压元件和系统中的泄漏有哪两种形式？泄漏有什么危害？产生的根源是什么？

答：（1）液压元件或系统中的油液，如果由于某种原因越过了边界，流至其不应去的其他容腔或系统外部，称为泄漏。泄漏有从元件的高压腔流到低压腔的泄漏（内泄漏）和从元件或管路中流到外部的泄漏（外泄漏）两种形式。各种泄漏形式产生的泄漏量可用流体力学中的有关公式进行计算。

（2）泄漏是长期以来影响和制约液压技术应用和发展的重要问题。泄漏不仅浪费油液，污染环境，而且会降低系统的容积效率，影响元件的性能和系统的正常工作。例如液压执行元件的速度（转速）和出力（转矩）失常就往往是由于泄漏造成的。

（3）泄漏主要是由耦合件表面间的间隙和压力差所造成的。

35. 液压元件和系统中有哪些常见的孔口及缝隙？

答：孔口和缝隙是液压元件和系统中的常见结构，可以用来完成流量调节等功能，但有时又会造成泄漏而降低系统的容积效率。

细长孔、薄壁小孔和短孔是常见的三种孔口形式。

平行平板缝隙及环形缝隙是常见的两类缝隙。

36. 何谓孔口出流？如何计算液体孔口出流？

答：孔口及管嘴出流在工程中有着广泛的应用。在液压与气动系统中，大部分阀类元件都利用薄壁孔工作。

（1）薄壁孔口出流

所谓薄壁孔，理论上是孔的边缘是尖锐的刃口，实际上只要孔口边缘的厚度 δ 与孔口的直径 d 的比值 $\delta/d \leqslant 0.5$，孔口边缘是直角即可。如图 1-21 所示表示一典型的薄壁孔，孔前管道直径为 D，其流速为 v_1，压力为 p_1，孔径为 d。

流体经薄壁孔出流时，管轴心线上的流体质点作直线运动，靠近管壁和孔板壁的流体质点在流入孔口前，其运动方向与孔的轴线方向（即孔口出流的主流方向）基本上是垂直的。在孔口边缘流出时，由于惯性作用，其流动方向逐渐从与主流垂直的方向改变为与主流平行的方向。因此，孔口流出的流股的断面在脱离孔口边缘时逐渐收缩，到收缩至最小断面 c—c 时流股边缘的流体质点的流动方向与主流

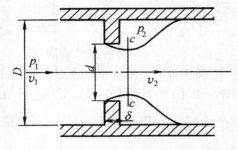

图 1-21　薄壁孔口出流

流动方向完全一致，是缓变流断面。c—c 断面后，主流断面又逐渐扩大到整个管道断面，在主流和管壁之间则形成旋涡区。

在孔口前管道断面与孔口后的最小收缩断面处列伯努利方程，则有：

$$\frac{p_1}{\rho g}+\frac{v_1^2}{2g}=\frac{p_2}{\rho g}+\frac{v_2^2}{2g}+\xi\frac{v_2^2}{2g}$$

式中　v_2——为 c—c 断面的流速；

　　　ξ——为小孔的局部阻力系数。

由于孔壁厚度 δ 很小，故忽略沿程阻力。一般情况下管道断面远大于孔口断面，因此 $\dfrac{v_1^2}{2g}\ll\dfrac{v_2^2}{2g}$，故忽略 $\dfrac{v_1^2}{2g}$，上式简化为：

$$\frac{p_1}{\rho g}=\frac{p_2}{\rho g}+(1+\xi)\frac{v_2^2}{2g}$$

则

$$v_2=\frac{1}{\sqrt{1+\xi}}\sqrt{2g\frac{p_1-p_2}{\rho g}}=\frac{1}{\sqrt{1+\xi}}\sqrt{\frac{2\Delta p_1}{\rho}}$$

或

$$v_2=\sqrt{\frac{2\Delta p}{\rho}}$$

φ 称为流速系数，表达式为：

$$\varphi=\frac{1}{\sqrt{1+\xi}}$$

若收缩断面 c—c 的面积为 A，则孔口流出的流量为：

$$q=v_2 A_c$$

又令 A_c 与孔口断面之比为收缩系数 ε，即：

$$\varepsilon=\frac{A_c}{A}$$

则

$$q=v_2 A\varepsilon=\varepsilon\varphi A\sqrt{\frac{2\Delta p}{\rho}}$$

令

$$C_d=\varepsilon\varphi$$

C_d 称为"流量系数"，表达式为：

$$q = C_d A \sqrt{\frac{2 \Delta p}{\rho}}$$

ξ, φ, ε, C_d 都可由试验确定。

试验证明，当管道尺寸较大时（$D/d \geqslant 7$），由孔口流出的流股得到完全收缩，此时 $\varepsilon = 0.63 \sim 0.64$，对薄壁小孔的局部阻力系数 $\xi = 0.05 \sim 0.06$，由式（$\varphi = \dfrac{1}{\sqrt{1+\xi}}$）和式（$C_d = \varepsilon \varphi$）可得薄壁孔的流速系数 $\varphi = 0.97 \sim 0.98$，流量系数 $C_d = 0.60 \sim 0.62$。

（2）短管口出流

如图 1-22 所示，一般孔壁厚度 $l = (2 \sim 4)\,d$ 时属短管出流，当 l 再长时就按管路计算。

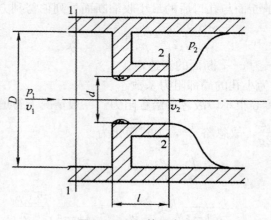

图 1-22　短管口出流

设断面 1—1 比孔口断面 2—2 大很多，故 1—1 断面的流速相对于孔口出口流速 v 可忽略。列 1—1 和 2—2 断面的伯努利方程为：

$$\frac{p_1}{\rho g} = \frac{p_2}{\rho g} + \frac{v^2}{2g} + \xi \frac{v^2}{2g}$$

式中　ξ——为短管的局部阻力系数。

短管出流速度为：

$$v = \frac{1}{\sqrt{1+\xi}} \sqrt{\frac{2\,(p_1 - p_2)}{\rho}}$$

令 $\varphi = \dfrac{1}{\sqrt{1+\xi}}$ 称为短管的流速系数，则：

$$v = \varphi \sqrt{\frac{2 \Delta p}{\rho}}$$

孔口断面为 A，则通过的流量为：

$$q=vA=\varphi A\sqrt{\frac{2\Delta p}{\rho}}=C_d A\sqrt{\frac{2\Delta p}{\rho}}$$

短管流量系数 C_d 与其流速系数 φ 相等。

把公式 $v=\varphi\sqrt{\dfrac{2\Delta p}{\rho}}$、$q=vA=\varphi A\sqrt{\dfrac{2\Delta p}{\rho}}=C_d A\sqrt{\dfrac{2\Delta p}{\rho}}$ 与式 $v_2=$ $\varphi\sqrt{\dfrac{2\Delta p}{\rho}}$、$q=C_d A\sqrt{\dfrac{2\Delta p}{\rho}}$ 相比较可以看出短管的计算公式与薄壁孔口计算公式是完全一样的。但短管较薄壁孔口的阻力大，因此 ξ 大，相应的流速系数较小。试验证明 $\varphi=0.8\sim0.82$。

37. 何谓缝隙流动？如何计算液体缝隙流动？

在工程中经常碰到缝隙中的流体流动问题。在液压元件中，凡是有相对运动的地方，就必然有缝隙存在，如活塞与缸体之间，阀芯与阀体之间，轴与轴承座之间等。由于缝隙的高度很小，因此其中的液体流动大多是层流。

（1）壁面固定的平行缝隙中的流动

设缝隙宽度为无限宽，则可以根据牛顿内摩擦定律导出单位宽度的流量为：

$$q_w=\frac{\delta^3\Delta p}{12\mu l}$$

式中　　q_w——单位宽度的流量（m^3/s）；

　　　　δ——缝隙高度（m）；

　　　　l——缝隙长度（m）；

　　　　μ——流体的动力黏度系数（Pa·s）；

　　　　Δp——l 两端的压差（Pa）。

当宽度 b 为有限值，长度 l 又不太长时，则需引入修正系数 c，c 与 $l/\delta Re$ 有关，其关系如图 1-23 所示。

此时的流量公式为：

$$q_v=\frac{b\delta^3\Delta p}{12\mu lc}$$

而　　　　　　　　　　　　　　$$Re=\frac{2q_v}{bv}$$

当 $l/\delta Re$ 足够大时，c 趋近于 1。

（2）壁面移动的平行平板缝隙流动

当两个平行平板之一以速度 U 运动时，如图 1-24 所示，则通过缝隙的流量由式 $q_v=\dfrac{b\delta^3\Delta p}{12\mu lc}$ 算出的流量再加上由于平板移动引起的流量 $\dfrac{1}{2}b\delta U$，之和，即：

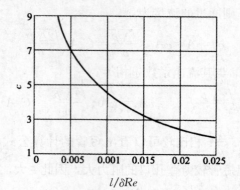

图 1 - 23　c 与 $l/\delta Re$ 关系曲线示意图

$$q_v=\frac{b\delta^3\Delta p}{12\mu lc}\pm\frac{b\delta}{2}U$$

式中第二项的正负号取决于 U 的方向与 Δp 的方向是否一致，一致时取"＋"号，相反时取"－"号。qv 的单位为 m^3/s。

（3）环形缝隙中的流体流动

如图 1 - 25（a）所示的同心环形缝隙中的流体流动本质上与平行平板中的流动是一致的，只要将式 $q_v=\frac{b\delta^3\Delta p}{12\mu lc}$ 或式 $q_v=\frac{b\delta^3\Delta p}{12\mu lc}\pm\frac{b\delta}{2}U$ 中的 b 用 πD 来代替就完全可适用于环形缝隙的情况。

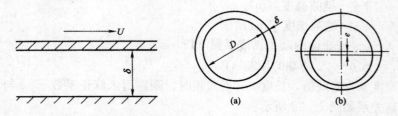

图 1 - 24　壁面移动平板缝隙流动　　　　图 1 - 25　环形缝隙

①当环形间隙的壁面为固定壁面时（$U=0$），流量公式为：

$$q_v=\frac{\pi D\delta^3\Delta p}{12\mu l}$$

②当环形间隙的壁面有一侧以速度 U 运动时，流量公式为：

$$q_v=\frac{\pi D\delta^3\Delta p}{12\mu l}\pm\frac{\pi D\delta}{2}U$$

如图 1 - 25（b）所示，则其流量应按下式计算：

$$q_v=\frac{\pi D\delta^3\Delta p}{12\mu l}\,(1+1.5\varepsilon^2)$$

40

式中 $\varepsilon = e/\delta$。当偏心距达最大时，$\varepsilon = \delta$，即 $\varepsilon = 1$。此时

$$q_v = \frac{2.5\pi D \delta^3 \Delta p}{12\mu l}$$

（4）平行平板间的径向流动

当流体沿平行平板径向流动时，其流量可按下式计算：

$$q_v = \frac{2\pi D \delta^3}{12\mu Ce} \times \frac{\Delta p}{\ln \frac{r_2}{r_1}}$$

式中 　r_1，r_2——径向缝隙的内径和外径，如图 1-26 所示；

　　　　Ce——考虑起始段引入的修正系数，Ce 值与 $\frac{r_1}{\delta Re}$ 有关，如图 1-27 所示。

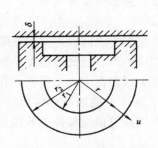

图 1-26　平行平板径向流动

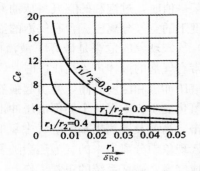

图 1-27　修正系数 Ce 的曲线

38. 什么是液压冲击？液压冲击对液压系统有何危害？如何减少和防止液压冲击？

答：（1）在液压系统中，由于某种原因引起的液体压力急剧交替升降的阻尼波动过程，称为液压冲击，又称为水击或水锤。

（2）液压冲击时产生的压力峰值往往比正常工作压力高出几倍。液压冲击常使液压元件、辅件、管道及密封装置损坏失效，引起系统振动和噪声，还会使顺序阀、压力继电器等压力控制元件产生误动作，造成人身及设备事故。

（3）液压冲击产生的原因有：阀门骤然关闭或开启，液流惯性会引起液压冲击；运动部件的惯性力引起液压冲击；液压元件反应动作不灵敏引起的液压冲击。

（4）减小液压冲击的措施如下：

①通过采用换向时间可调的换向阀，延长阀门或运动部件的换向制动时间；

②限制管道中的液流速度；

③在冲击源近旁附设安全阀、蓄能器或消声器；

④在液压元件（如液压缸）中设置缓冲装置；

⑤采用橡胶软管吸收液压冲击能量。

39. 什么是气穴现象？什么是空气分离压？气穴现象有何危害？如何预防？

答：（1）液压油液中总含有一定量的空气，空气溶解或以气泡形式混合在液压油液中。在一定温度下，当流动油液压力降低至空气分离压 p_g（小于一个大气压）时，使原溶入液体中的空气分离出来形成气泡的现象，称为气穴现象。

（2）油液能溶解的空气量与绝对压力成正比，在大气压下正常溶解于油液中的空气，当压力低于大气压时，就成为过饱和状态，在一定温度下，如压力降低到某一值时，过饱和的空气将从油液中分离出来而形成气泡，此压力值称为该温度下的空气分离压。含有气泡的油液的体积弹性模量将减小。

（3）气穴现象的危害是破坏了液流的连续状态，造成流量和压力的不稳定。当带有气泡的液体进入高压区时，气穴将急速缩小或溃灭，从而在瞬间产生局部液压冲击和温度升高，并引起强烈的振动及噪声。过高的温度将加速工作液的氧化变质。如果这个局部液压冲击作用在金属表面上，金属壁面在反复液压冲击、高温及游离出来的空气中氧的侵蚀下将产生剥蚀（称作汽蚀）。有时，气穴现象中分离出来的气泡还会随着液流聚集在管道的最高处或流道狭窄处而形成气塞，破坏系统的正常工作。

（4）气穴现象多发生在压力和流速变化剧烈的液压泵吸油口和液压阀的阀口处。气穴及汽蚀的预防措施如下：

①减小孔口或缝隙前后压力差，使孔口或缝隙前后压力差之比为 p_1/p_2 < 3.5；

②限制液压泵吸油口至油箱油面的安装高度，尽量减少吸油管道中的压力损失，必要时将液压泵浸入油箱的油液中或采用倒灌吸油（泵置于油箱下方），以改善吸油条件；

③提高各元件接合处管道的密封性，防止空气侵入；

④对于易产生汽蚀的零件采用抗腐蚀性强的材料，增加零件的机械强度，并降低其表面粗糙度。

40. 什么是气体状态变化过程？其参数的关系用什么方程进行描述？

答：气体由一种状态到另一种状态的变化过程称之为气体状态变化过程。气体状态变化中或变化后处于平衡时各参数的关系用气体状态方程进行描述。

41. 什么是理想气体状态方程？适用于什么气体？

答：（1）自然空气可视为理想气体（不计黏性的气体），一定质量的理想气体在状态变化的某瞬时，状态方程为：

$$\frac{pV}{T} = R \text{（常数）}$$

$$p\upsilon = RT$$

$$\frac{p}{\rho} = RT$$

式中，p 为气体绝对压力（Pa）；V 为气体体积（m^3）；ρ 为气体密度（kg/m^3）；T 为气体热力学温度（K）；υ 为气体比容（m^3/kg）；R 为气体常数[（J/kg·K）]；干空气为 $R_g = 287J/(kg \cdot K)$，水蒸气为 $R_s = 462.05J/(kg \cdot K)$。

（2）理想气体状态方程，适用于绝对压力 $p \leqslant 20MPa$，热力学温度 $T \leqslant 253K$ 的自然空气或纯氧、氟、二氧化碳等气体。

第二章 液压泵和液压马达

1. 液压泵的工作原理是什么？

答：液压泵由原动机驱动，把输入的机械能转换为油液的压力能，再以压力、流量的形式输入到系统中去，为执行元件提供动力，它是液压传动系统的核心元件，其性能好坏将直接影响到系统是否能够正常工作。

液压泵都是依靠密封容积变化的原理来进行工作的，如图2-1所示的是一单柱塞液压泵的工作原理图，图中柱塞2装在缸体3中形成一个密封容积a，柱塞在弹簧4的作用下始终压紧在偏心轮1上。原动机驱动偏心轮1旋转使柱塞2作往复运动，使密封容积a的大小发生周期性的交替变化。当a由小变大时就形成部分真空，使油箱中油液在大气压作用下，经吸油管顶开单向阀6进入油腔a而实现吸油；反之，当a由大变小时，a腔中吸满的油液将顶开单向阀5流入系统而实现压油。这样液压泵就将原动机输入的机械能转换成液体的压力能，原动机驱动偏心轮不断旋转，液压泵就不断地吸油和压油。

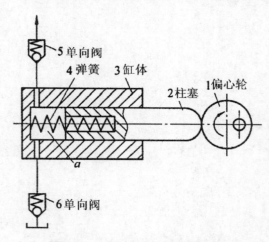

图2-1 液压泵工作原理示意图

2. 液压泵的特点是什么？

答：单柱塞液压泵具有一切容积式液压泵的基本特点：

①具有若干个密封且又可以周期性变化空间。液压泵输出流量与此空间的

44

容积变化量和单位时间内的变化次数成正比，与其他因素无关。这是容积式液压泵的一个重要特性。

②油箱内液体的绝对压力必须恒等于或大于大气压力。这是容积式液压泵能够吸入油液的外部条件。因此，为保证液压泵正常吸油，油箱必须与大气相通，或采用密闭的充压油箱。

③具有相应的配流机构，将吸油腔和排油腔隔开，保证液压泵有规律地、连续地吸、排液体。液压泵的结构原理不同，其配油机构也不相同。图 2-1 所示中的单向阀 5、6 就是配流机构。

容积式液压泵中的油腔处于吸油时称为吸油腔。吸油腔的压力决定于吸油高度和吸油管路的阻力，吸油高度过高或吸油管路阻力太大，会使吸油腔真空度过高而影响液压泵的自吸能力；油腔处于压油时称为压油腔，压油腔的压力则取决于外负载和排油管路的压力损失，从理论上讲排油压力与液压泵的流量无关。容积式液压泵排油的理论流量取决于液压泵的有关几何尺寸和转速，而与排油压力无关。但排油压力会影响泵的内泄漏和油液的压缩量，从而影响泵的实际输出流量，所以液压泵的实际输出流量随排油压力的升高而降低。

液压泵按其结构形式不同可分为叶片泵、齿轮泵、柱塞泵、螺杆泵等；按其输出流量能否改变，又可分为定量泵和变量泵；按其工作压力不同还可分为低压泵、中压泵、中高压泵和高压泵等；按输出液流的方向，又有单向泵和双向泵之分。液压泵的类型很多，其结构不同，但是它们的工作原理相同，都是依靠密闭容积的变化来工作的，因此都称为容积式液压泵。

3. 常用液压泵和马达的图形符号及用途是什么？

答： 液压泵和马达图形符号及用途见表 2-1。

表 2-1　　　　　　　　　液压泵和马达图形符号及用途

图形符号	用途和符号说明
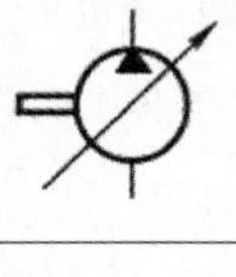	变量泵
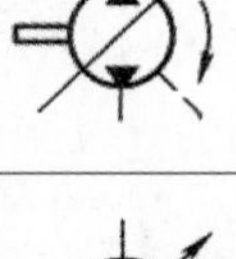	双向流动，带外泄油路单向旋转的变量泵
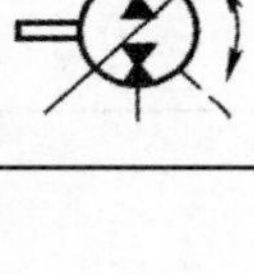	双向变量泵或马达单元，双向流动，带外泄油路，双向旋转

图形符号	用途和符号说明
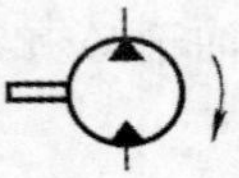	单向旋转的定量泵或马达
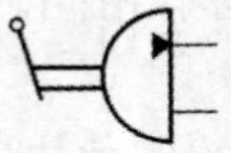	操纵杆控制，限制转盘角度的泵
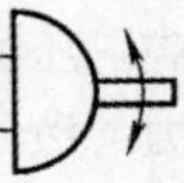	限制摆动角度，双向流动的摆动执行器或旋转驱动
	单作用的半摆动执行器或旋转驱动
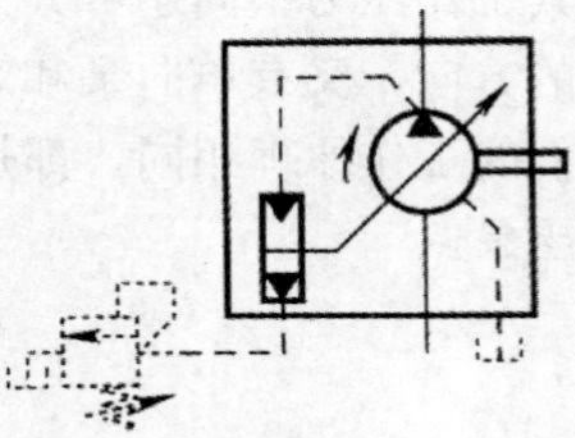	变量泵，先导控制，带压力补偿，单向旋转带外泄油路
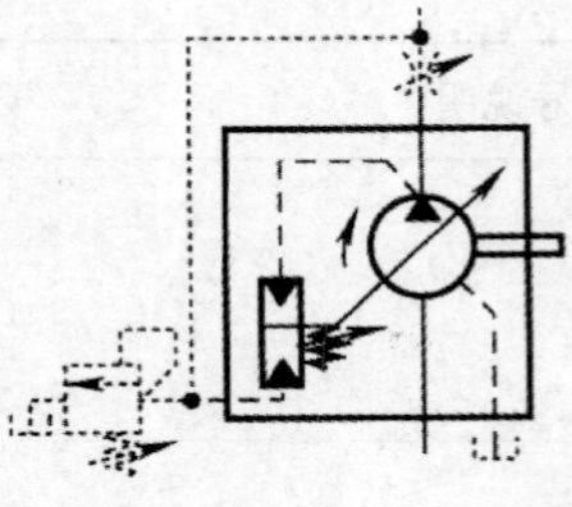	带复合压力或流量控制（负载敏感型）变量泵，单向驱动，带外泄油路
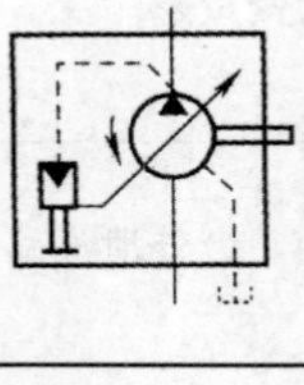	机械或液压伺服控制的变量泵

图形符号	用途和符号说明
	电液伺服控制的变量液压泵
	恒功率控制的变量泵
	带两级压力或流量控制的变量泵，内部先导操纵
	带两级压力控制元件的变量泵，电气转换
	静液传动（简化表达）驱动单元，由一个能反转、带单输入旋转方向的变量泵和一个带双输出旋转方向的定量马达组成
	表现出控制和调节元件的变量泵，箭头表示调节能力可扩展，控制机构和元件可以在箭头任意一边连接 没有指定复杂控制器

47

续表3

图形符号	用途和符号说明
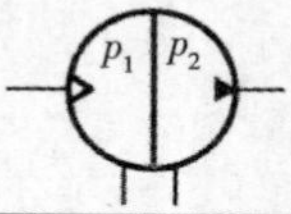 p_1 p_2 (圆形图示)	连续增压器，将气体压力 p_1 转换为较高的液体压力 p_2

4. 你能弄清楚设备上使用的泵是何种泵吗？

答： 不同应用场合往往使用不同种类的泵，见表 2-2～表 2-4。

表 2-2   液压泵的性能概况

性 能	外啮合齿轮泵	双作用叶片泵	限压式变量叶片泵	径向柱塞泵	轴向柱塞泵
输出压力	低压	中压	中压	高压	高压
流量调节	不能	不能较高	能	能	能
效率	低	很小	较高	高	高
输出流量脉动	很大	较差	一般	一般	一般
自吸特性	好	较敏感	较差	差	差
对油的污染敏感性	不敏感	小	较敏感	很敏感	很敏感
噪声	大	—	较大	大	大

表 2-3   几种常用泵的应用范围

性能参数	齿轮泵			叶片泵		螺杆泵	柱塞泵			
	内啮合		外啮合	单作用	双作用		轴向		径向	
	渐开线式	摆线式					斜盘式	斜轴式	轴配流	阀流盘式
流量调节	不能			能		不能	能			
自吸能力	好			由		好	差			
价格	较低	低	最低	中	中低		高			
应用范围	机床、农业机械、工程机械、航空、船舶、一般机械			机床、注塑机、工程机械、液压机、飞机等		精密机床及机械、食品化工、石油、纺织机械等	工程机械、运输机械、锻压机械、船舶和飞机、机床和液压机			

48

表 2-4　　　　　　　　　　几种常用泵的各种性能值

泵类型	转速（r/min）	排量（cm³）	工作压力（MPa）	总效率
外啮合齿轮泵	500～3500	12～250	6.3～16	0.8～0.91
内啮合齿轮泵	500～3500	4～250	16～25	0.8～0.91
螺杆泵	500～4000	4～630	2.5～16	0.7～0.85
叶片泵	960～3000	5～160	10～16	0.8～0.93
轴向柱塞泵	750～3000	100 25～800	20 16～32	0.8～0.92
径向柱塞泵	960～3000	5～160	16～32	0.9

5. 选择液压泵时要考虑哪些因素？

答：选择液压泵时要考虑的主要因素如下：

（1）压力、流量和效率。压力、流量和效率是选择液压泵的基本参数。一般来说，在低压工况，什么类型的泵都可以用。高压工况应选择柱塞泵，齿轮泵在中压工况用得较多。叶片泵、螺杆泵在低压下使用比较经济。

液压泵的最大额定功率取决于压力、流量、转速和泵体的机械强度。液压泵的效率取决于压力、流量、转速、结构及零件配合间隙。容积效率主要决定于流体黏度的变化，以及机械间隙所引起的泄漏损失。液压泵的总效率决定于机械损失、摩擦损失和容积损失。一般来说，柱塞泵的总效率比齿轮泵和叶片泵都高。

一般液压泵的效率受下列因素影响：尺寸、几何间隙及液压泵内零件的配合精度；油液的黏度和性能，诸如润滑性及工作温度对黏度的影响；工作压力和转速。为了获得较高的容积效率，选择液压泵时，一定要了解液压泵内部零件的允许极限间隙。表 2-5 为几种液压泵的极限间隙。

表 2-5　　　　　　　　　　几种液压泵的极限间隙

液压泵的类型	间隙类别	间隙（μm）
齿轮泵	齿顶与齿腔径向间隙	20～25
	齿轮端面与端盖之间的轴向间隙	30～50
	齿轮轴与轴承的间隙	10～20
柱塞泵	缸孔与柱塞的间隙	10～20
叶片泵	叶片与转子槽的间隙	13～18

（2）功率密度。液压泵很紧凑，比通常的能量转换装置有更小的重力-功率比，这种比率称功率密度。在航空和车辆工业上应用液压泵时，功率密度是很重要的指标。功率密度主要取决于液压泵的类型和所用的材料。在普通液压泵中，叶片泵功率密度最小，大约为 2N/kW，柱塞泵为 3～6N/kW，而多数齿轮泵在 5～7N/kW 范围内。

（3）噪声及寿命。液压泵产生的噪声值随泵的类型，泵零件的材料与零件的配合，泵的安装及使用的消振方法，泵的刚度以及流量、压力、转速、压力脉动及连接在回路中其他元件的影响而有巨大差异。经验证明，外啮合齿轮泵和柱塞泵噪声最大，而螺杆泵最小，叶片泵和内啮合齿轮泵的噪声在它们之间。

声压级超过 90dB（A）的液压泵噪声就非常大了，60dB（A）左右算较安静。排量、压力、转速相同，而类型不同的液压泵，在同样工况下工作，其噪声值不同。液压泵产生噪声的强度随着转速的升高而升高，较之随压力或排量的升高而升高更明显，见表 2-6。

表 2-6 液压泵转速、排量、压力与噪声的关系

液压泵的类型		变量柱塞泵			外啮合齿轮泵			内啮合齿轮泵		
转速与噪声	初始转速 $n=1000$r/min，$p=20$MPa，$q=25$mL/r									
	1000r/min 的噪声值［dB（A）］	71			65			63		
	转速增加值（%）	50	100	200	50	100	200	50	100	200
	增加的噪声值［dB（A）］	4.0	7.5	13.0	6.0	11.5	15.0	2.5	5.5	10.0
压力与噪声	初始压力 $p=5$MPa，$n=150$r/min，$q=25$mL/r									
	5MPa 时的噪声值［dB（A）］	69			67			63		
	压力增加值（%）	100		200	100		200	100		200
	增加的噪声值［dB（A）］	2.5		5.5	3.0		5.5	2.5		3.5
排量与噪声	初始排量 $q=25$mL/r，$p=10$MPa，$n=1500$r/min									
	25mL/r 时的噪声值［dB（A）］	75			67			67		
	排量增加值（%）	100		200	100		200	100		200
	增加的噪声值［dB（A）］	4.0		10.0	6.5		10.0	6.0		8.0

选择液压泵不仅要考虑压力、流量、体积、成本，其他方面也是很重要的。譬如：液压泵所在系统的相容性，泵的可靠性及其预期寿命等。经验表明螺杆泵使用压力在 2～3MPa 时是很经济的。这种泵最安静并无脉动，当油液黏度适当时，其可靠性系数很高。

叶片泵的压力脉动和噪声也较小，在固定式中压使用情况下，比外啮合齿轮泵更合适，其总效率低于柱塞泵。

现代的内啮合齿轮泵在中高压情况下使用时噪声很低，预期寿命达20000h，其容积效率达97%。但内啮合齿轮泵比外啮合齿轮泵贵。

对于低压、中高压使用情况，就其经济性而言，外啮合齿轮泵比其他泵要便宜，但随着压力的增高和使用时间的延长，其噪声值会急剧地增高。

径向柱塞泵预期寿命较长，能适用于高压场合。轴向柱塞泵工作压力在20～25MPa 时，其预期寿命为 40000h，当工作压力为 30～35MPa 时，其寿命会降低到小于 15000h。

（4）总体考虑因素。在选择液压泵时，液压系统的设计者及液压系统的使用维护人员必须了解和应考虑的基本因素有：

①安全压力及系统最高工作压力；

②液压泵的允许转速；

③液压泵标定的特性；

④液压系统所需流量；

⑤压力、转速、流量的相互关系；

⑥变量控制的适应性；

⑦压力冲击的耐受度；

⑧泄漏损失程度；

⑨容积效率和总效率；

⑩污染耐受度；

⑪运转可靠性和耐久性；

⑫各种负载、转速下的预期寿命；

⑬油的特性及其对液压泵磨损速度的关系；

⑭液压泵在不同压力、转速和流量下运转产生的噪声；

⑮液压系统温度；

⑯可维修性；

⑰保养及备件的可达到性；

⑱过滤要求；

⑲驱动形式及安装方式；

⑳滑动表面上的特殊涂层；

㉑吸油条件；

㉒制造特点、零件的间隙和配合；

㉓紧凑性和功率密度；

㉔整个系统的相容性、费用和经济因素。

以上因素在选择泵时都是应该逐条考虑的，使其有相应的适应性，液压泵在系统中才能可靠运转，否则将会出现各种故障。同时还必须了解如表 2−7 所示各种液压泵的性能参数与使用范围，才能合理使用、调整和维护操作。

综合因素表明：从性能和成本方面考虑，一般来说，普通齿轮泵花费最少，内啮合齿轮泵比叶片泵贵，螺杆泵比内啮合齿轮泵和叶片泵都要贵，柱塞泵比其他泵都贵；对要求低压的工况，旋转式泵比柱塞式泵的优点多。

表 2−7　　　　　　　　　　液压泵的性能参数与使用范围

类型 性能参数	齿轮泵			叶片泵		螺杆泵	柱塞泵				
	内啮合		外啮合	单作用	双作用		轴　向			径向轴配流	卧式轴配流
	楔块式	摆线转子式					直轴端面配流	斜轴端面配流	阀配流		
压力范围 （MPa）	≤30.0	1.6～16.0	≤25.0	≤6.3	6.3～32.0	2.5～10.0	≤40.0	≤40.0	≤70.0	10.0～20.0	≤40.0
排量范围 （mL/r）	0.8～300	2.5～150	0.3～650	1～320	0.5～480	1～9200	0.2～560	0.2～3600	≤420	20～720	1～250
转速范围 （r/min）	300～4000	1000～4500	300～7000	500～2000	500～4000	1000～18000	600～6000	600～6000	≤1800	700～1800	200～2200
最大功率 （kW）	350	120	120	30	320	390	730	2660	750	250	260
容积效率 （%）	≤96	80～90	70～95	58～92	80～94	70～95	88～93	88～93	90～95	80～90	90～95
总效率 （%）	≤90	65～80	63～87	54～81	65～82	70～85	81～88	81～88	83～88	81～83	83～88
功率质量比 （kW/kg）	大	中	中	小	中	小	大	中～大	大	小	中
最高自吸真空度 （kPa）	—	—	56.7	33.3	33.3	56.7	16.7	16.7	16.7	16.7	—

续表

类型 性能参数	齿轮泵			叶片泵		螺杆泵	柱塞泵				
	内啮合		外啮合	单作用	双作用		轴向			径向轴配流	卧式轴配流
	楔块式	摆线转子式					直轴端面配流	斜轴端面配流	阀配流		
流量脉动（%）	1~3	≤3	11~27	—	—	≤1	1~5	1~5	<14	<2	≤14
噪声	小	小	中	中	中		大	大	大	中	中
污染敏感度	中	中	大	中	中	小	大	中~大	小	由	小
价格	较低	低	最低	中	中低	高	高	高	高	高	高
应用范围	机床、工程机械、农业机械、航空、船舶、一般机械			机床、注塑机、液压机、起重运输机械、工程机械、飞机		精密机床，精密机械，食品、化工、石油、纺织机械等	工程机械、铸压机械、运输机械、矿山机械、冶金机械、船舶、飞机等				

6. 液压泵的使用要求有哪些？

答：（1）正确选择液压油。正确选择液压油是延长液压泵使用寿命的重要条件。油液黏度不当，会使泵的效率下降并缩短其使用寿命：若油液黏度过大，会使泵吸油困难，出现汽蚀现象；油液黏度过小，会使液压泵的内部泄漏增加，容积效率下降。油液黏度是随温度的变化而变化的，油温升高时油的黏度要降低。为使液压油在不同的温度下稳定工作，应选用黏度受温度变化影响较小的液压油（即黏温指数高的液压油）。油箱中的油温一般应控制在 30℃～50℃，最高不应超过 60℃。

①所用液压油，应有较好的化学稳定性和抗泡沫性能。对于齿轮泵，推荐使用运动黏度为 $27\sim33\text{mm}^2/\text{s}$（即 $27\sim33\text{cSt}$）的抗磨液压油。若一时不易买到这种液压油，也可使用机械油，在冬季可选用 32 号机械油，在夏季可选用 46 号机械油。

②加入油箱中的液压油必须清洁，否则会影响液压泵的使用寿命。因为即使是新买来的液压油中也不可避免地含有污物，所以，在加油时必须用过滤精

53

度不大于 $50\mu m$ 的滤油器或 200 目的滤网过滤一次。

（2）新设备中的液压泵应正确维护。新购的液压设备，工作 100h 就应更换一次液压油。因为在新安装的液压元件和管道内，仍有未清理干净的铸砂、尘粒、氧化皮和铁屑等污杂物。液压系统工作一段时间，经过压力油冲刷和振动后，会脱落下来进入回油滤油器或油箱中，所以应将油箱中的油放出来，用煤油彻底冲刷油箱。此后，液压系统每工作 1000h，就应将系统清理一次。如果油液污染严重，则应把管道拆下清洗；如果油液还没变质，经过过滤后还可继续使用。此外，还应及时更换同油滤油器的滤芯。

①油箱内的油位，应保持在规定的范围内。如油位过低会使液压设备失去控制或发出噪声，所以，液压设备在工作期间，应经常观察油箱内的油位。油位低于规定高度时，应及时加入新油。添加的新油，必须与原来油液牌号相同，牌号不同的油会产生化学反应，加速油的质变，并使密封件老化、变质，造成液压系统的内、外泄漏。所以要知道新购的液压机械所用液压油的牌号，并应有一定数量的储备。

②在液压机械工作过程中，应经常检查油路有无渗漏。液压系统中的密封件是易损件，如发现漏油应及时更换。密封件的规格不对，不可勉强使用，因此，同规格的密封件，至少要有两倍数量的备品。

③液压设备若三班生产，油温超过 60℃ 时建议在回油系统安装冷却器，保证液压系统的油温在 60℃ 以下运转。

7. 选择液压泵的原则是什么？如何选用液压泵？

答：选择液压泵的主要原则是主机设备的类型。液压传动的主机一类为固定设备，另一类是行走机械。这两类机械的工作条件不同，所以液压系统的主要特性参数以及液压泵的选择也有所不同。两类主机液压传动的主要区别见表 2-8。

表 2-8　　　　　　　　　两类主机液压传动的主要区别

项　目	固定设备	行走机械
转速	转速固定，中速 1000～1800r/min	变化，高速 2000～3000r/min 或更高，低速 500～600r/min
压力	机床一般低于 7MPa，其他多数低于 14MPa	一般高于 14MPa，许多场合高于 21MPa
工作温度	中等＜70℃	高 70℃～93℃，最高 105℃
环境温度	中等，变化不大	变化很大
环境清洁度	较清洁	较脏，有尘埃

续表

项　目	固定设备	行走机械
噪声	要求低噪声，一般 70dB（A），不超过 80dB（A）	一般不太强调，但应＜90dB
尺寸及质量	空间宽裕，对尺寸和质量要求松	空间有限制，尺寸应小，质量应小

液压泵的选用：液压泵是液压系统的动力元件，其作用是供给系统一定流量和压力的油液，因此也是液压系统的核心元件。合理地选择液压泵对于降低系统的消耗、提高系统的效率、降低噪声、改善工作性能和保证系统的可靠工作都十分重要。

选择液压泵的原则是：应根据主机工况、功率大小和系统对工作性能的要求，首先确定液压泵的结构类型，然后按系统所要求的压力、流量大小确定其规格型号。表 2-9 给出了各类液压泵的性能特点、比较及应用。

表 2-9　　　　　　　　　各类液压泵的性能比较

类型 / 性能参数	齿轮泵	叶片泵		柱塞泵	
		单作用式（变量）	双作用式	轴向柱塞式	径向柱塞式
压力范围（MPa）	2～21	2.5～6.3	6.3～21	21～40	10～20
排量范围（mL/r）	0.3～650	1～320	0.5～480	0.2～3600	20～720
转速范围（r/min）	300～7000	500～2000	500～4000	600～6000	700～1800
容积效率（%）	70～95	85～92	80～94	88～93	80～90
总效率（%）	63～87	71～85	65～82	81～88	81～83
流量脉动（%）	1～27	—	—	1～5	＜2
功率质量比（kW/kg）	中	小	中	中大	小

55

续表

性能参数＼类型	齿轮泵	叶片泵		柱塞泵	
		单作用式（变量）	双作用式	轴向柱塞式	径向柱塞式
噪声	稍高	中	中	大	中
耐污能力	中等	中	中	中	中
价格	最低	中	中低	高	高
应用	一般常用于机床液压系统及低压大流量的一些系统或控制系统。中等高压齿轮泵常用于工程机械、航空、造船等方面	在中、低压液压系统中用得较多，常用于精密机床及一些功率较大的设备上，如高精度平磨、塑料机械等，组合机床液压系统中也用得很多	在各类机床设备以及注塑机、运输装卸机械、液压机和工程机械中得到了广泛应用	在各类高压系统中应用非常广泛，如冶金、锻压、矿山、起重机械、工程机械、造船等方面	多用在10MPa以上的各类液压系统中，由于体积大，重量大，耐冲击性好，故常用于固定设备如拉床、压力机或船舶等方面

　　一般来说，各种类型的液压泵由于其结构原理、运转方式和性能特点各有不同，因此应根据不同的使用场合选择合适的液压泵。一般在负载小、功率小的机械设备中，选择齿轮泵、双作用叶片泵；精度较高的机械设备（如磨床）选择螺杆泵、双作用叶片泵；对于负载较大、并有快速和慢速工作的机械设备（如组合机床）选择限压式变量叶片泵；对于负载大、功率大的设备（如龙门刨、拉床等）选择柱塞泵；一般不太重要的液压系统（机床辅助装置中的送料、夹紧等）选择齿轮泵。

8. 液压泵的主要性能参数有哪些？

答：（1）液压泵的压力：

①工作压力 P：液压泵工作时输出油液的实际压力称为工作压力 p。其数值取决于负载的大小。

②额定压力 P_n：液压泵在正常工作条件下，按试验标准规定连续运转的最高压力称为液压泵的额定压力。

③最高允许压力 P_{max}：在超过额定压力的条件下，根据试验标准规定，允许液压泵短暂运行的最高压力值，称为液压泵的最高允许压力。

（2）液压泵的排量 V 和流量 q：

①排量 V：在没有泄漏的情况下，液压泵每转一周，由其密封容积几何尺寸变化计算而得到的排出液体的体积叫作液压泵的排量。排量可调节的液压泵称为变量泵；排量为常数的液压泵则称为定量泵。

②理论流量 q_t：理论流量是指在不考虑液压泵的泄漏流量的情况下，在单位时间内所排出的液体体积的平均值。显然，如果液压泵的排量为 V，其主轴转速为 n，则该液压泵的理论流量 q_t 为：

$$q_t = Vn$$

③实际流量 q：液压泵在某一具体工况下，单位时间内所排出的液体体积称为实际流量，它等于理论流量 q_t 减去泄漏流量 Δq，即：

$$q = q_t - \Delta q$$

④额定流量 q_n：液压泵在正常工作条件下，按试验标准规定（如在额定压力和额定转速下）必须保证的流量。

（3）液压泵的功率：

①液压功率与压力及流量的关系：功率是指单位时间内所做的功，在液压缸系统中，忽略其他能量损失，当进油腔的压力为 p 流量为 q，活塞的面积为 A，则液体作用在活塞上的推力 $F = pA$，活塞的移动速度 $v = q/A$，所以液压功率为：

$$P = F_v = \frac{pAq}{A} pq$$

由上式可见，液压功率 P 等于液体压力 p 与液体流量 q 的乘积。

②泵的输入功率 P_i：原动机（如电动机等）对泵的输出功率即为泵的输入功率，它表现为原动机输出转矩 T 与泵输入轴角速度 ω（$\omega = 2\pi n$）的乘积。即：

$$P_i = 2\pi n T$$

③泵的输出功率 P_o：P_o 为泵实际输出液体的压力 p 与实际输出流量 q 的乘积。即：

$$P_o = pq$$

（4）液压泵的效率 η_v：

①液压泵的容积效率 η_v：η_v 为泵的实际流量 q 与理论流量 q_t 之比。即：

$$\eta_v = \frac{q}{q_t} = \frac{q}{V_n}$$

由上式可得到已知排量为 V（mL/r）和转速 n（r/min）时，实际流量为 q（L/min）的计算公式。即：

$$q = Vn\eta_v \times 10^3$$

②液压泵的机械效率 η_m：由于泵在工作中存在机械损耗和油液黏性引起

的摩擦损失，所以液压泵的实际输入转矩 T_i 必然大于理论转矩 T_t，其机械效率 η_m 为泵的理论转矩 T_t 与实际输入转矩的 T_i 比值。即：

$$\eta_m = \frac{T_t}{T_i}$$

③液压泵的总效率 η：η 为泵的输出功率 P_o 与输入功率 P_i 之比。即：

$$\eta = \frac{P_o}{P_i}$$

不计能量损失时，泵的理论功率 $P_t = pq_t = 2\pi n T_t$，所以

$$\eta = \frac{P}{P_i} = \frac{pq}{2\pi n T_i} = \frac{pq_t \eta_v}{2\pi n T_i} = \eta_v \eta_m$$

（5）液压泵所需电动机功率的计算：在液压系统设计时，如果已选定了泵的类型，并计算出了所需泵的输出功率 P_o，则可用公式 $P_i = P_o / \eta$ 计算泵所需要的输入功率 P_i。

$$P_i = \frac{pq}{1000}$$

式中　p——液体压力（Pa）；
　　　q——液体流量（m³/s）；
　　　P_i——输入功率（kW）。

$$P_i = \frac{pq}{60}$$

式中　p——液体压力（MPa）；
　　　q——液体流量（L/min）；
　　　P_i——输入功率（kW）。

例如，已知某液压系统所需泵输出油的压力为 4.5MPa，流量为 10L/min，泵的总效率为 0.7，则泵所需要的输入功率 P_i 应为：

$$P_i = 4.5 \times \frac{10}{60} \div 0.7 = 1.07 \text{ (kW)}$$

这样，即可从电动机产品样本中查取功率为 1.1kW 的电动机。

（6）液压泵的特性曲线：液压泵的特性曲线是在一定的介质、转速和温度下，通过试验得出的。它表示液压泵的工作压力 P 与容积效率 η_v（或实际流量）、总效率 η 与输入功率 P_i 之间的关系。如图 2-2 所示为某一液压泵的性能曲线。

由性能曲线可以看出，实际流量随工作压力的升高而减少。当压力 $p = 0$ 时（空载），泄漏量 $\Delta q \approx 0$，实际流量近似等于理论流量。总效率 η 随工作压力增高而增大，且有一个最高值。

9. 如何为液压泵选用工作介质与过滤器？

答：（1）工作介质应严格按照泵的产品样本规定选用，以延长泵的使用寿

命。齿轮泵一般使用普通液压油。叶片泵推荐使用抗磨液压油，黏度范围 $17 \sim 38\text{mm}^2/\text{s}$，推荐使用 $24\text{mm}^2/\text{s}$。柱塞泵推荐使用抗磨液压油，黏度范围 $10 \sim 100\text{mm}^2/\text{s}$，在使用中应尽量使油的黏度处于 $16 \sim 25\text{mm}^2/\text{s}$；如果无抗磨液压油也可使用普通液压油；若使用非矿物油介质，则应和生产厂家联系。

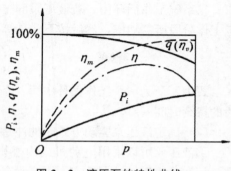

图 2-2　液压泵的特性曲线

（2）工作介质应进行过滤。由于低压齿轮泵的污染敏感度较低，故可选取过滤精度较低的过滤器，而高压齿轮泵的污染敏感度较高，故应在系统设置过滤精度较高的过滤器。叶片泵供油的液压系统，系统过滤精度不低于 $25\mu\text{m}$，在吸油口外应另置过滤精度为 $70 \sim 150\mu\text{m}$ 的过滤器，以防止吸入污物和杂质。柱塞泵推荐使用过滤精度为 $10\mu\text{m}$ 的过滤器。

10. 如何确定齿轮泵的吸油高度？

答：齿轮泵的吸油高度应尽可能小。齿轮泵自吸能力因排量不同而不同，一般要求不低于 16kPa。制造质量对自吸能力也有影响。通常要求泵的吸油高度 $\leq 0.5\text{m}$，在进油管道较长的管路系统中应加大进油管径，以免流动阻力太大、吸油不畅，影响泵的工作性能。

11. 如何确定液压泵的驱动功率？确定液压泵的驱动方式时应注意哪些事项？

答：（1）液压泵驱动功率的确定。

①工作循环中，若液压泵的压力和流量比较恒定，液压泵驱动功率 P_p 可由下式计算：

$$P_p = \frac{p_p q_p}{\eta}$$

式中，P_p，q_p 为液压泵的最大工作压力（Pa）和最大流量（m^3/s）；η 为液压泵的总效率，可参考表 2-7 或按产品样本的给定值选取。

②采用双联泵的系统，应根据实际工况进行计算。例如双联泵供油的快、慢速运动的液压系统，在计算泵所需驱动功率时，应根据快速、慢速两个阶段的工作压力、流量分别计算其所需驱动功率，然后取大者。

③变量泵的驱动功率与变量方式及流量-压力特性曲线有关，此时应按使用说明书的规定进行选择。

④多联泵中，第一联泵应比第二联泵能承受较高的负荷（压力×流量）；多联泵总负荷不能超过泵轴伸所能承受的转矩。

⑤系统工作循环中，若液压泵的工作压力和流量变化较大，则需分别计算各工作阶段所需功率，然后按下式计算平均功率 P_{cP}：

$$P_{cp} = \sqrt{\sum_{i=1}^{n} P_i^2 t_i^2 / \sum_{i=1}^{n} t_i}$$

式中，P_i 为一个工作循环中第 i 工作阶段所需功率（W）；t_i 为第 i 工作阶段的持续时间（s）。

（2）确定液压泵驱动方式时的注意事项：

①液压泵可以采用电动机或内燃机作为原动机。内燃机一般用于行走设备，且并非液压设计者选定。固定设备液压泵的驱动电动机需由设计者选定。驱动液压泵的电动机，可根据上述计算公式算出的功率和液压泵的转速及其使用环境，从产品样本或手册中选定其型号、规格，包括额定功率、电源和结构形式（立式、卧式，开式、封闭式等），并对其进行核算，以保证每个工作阶段电动机的峰值超载量都低于 25%。立式电动机可通过钟形罩与泵连接，泵伸入油箱内部，结构紧凑，外形整齐，噪声低；卧式电动机，需通过支架与泵一起安装在油箱顶部或单独设置的基座上，占用空间较大，但泵的故障诊断和维护较为方便。常用电动机的技术参数及安装连接尺寸等可从相关手册查取。

②齿轮泵传动轴的轴伸与原动机输出轴之间必须采用浮动连接（如弹性联轴器等），联轴器的径向跳动≤0.1mm。采用 V 带或大齿轮直接驱动齿轮泵时，宜选用前盖带滚动轴承支承的齿轮泵产品。斜轴式柱塞泵用齿轮传递动力时，其主轴可以承受一定的径向力，其允许值与小齿轮的直径相关；轴向载荷则与轴伸直径的大小有关。当用 V 带传递动力时，泵轴上的小皮带轮最小直径为轴伸直径的 5 倍，这样可获得最好的轴承使用寿命。

③尽量减小泵的传动装置（联轴器、齿轮、V 带等）对泵的传动轴产生附加的轴向力和径向力。

④液压泵在受到结构限制而采用花键轴直接插入原动机传动轴内花键孔进行驱动时，内花键和花键轴的径向和键侧间隙都不小于 0.15mm，以适应不产生附加径向力的要求。

12. 安装和使用液压泵时一般应注意哪些问题？

答：（1）在泵安装之前，应按有关规定彻底清洗管道（焊接管道必须酸洗后再冲洗），去掉污物、氧化皮等并用油液将泵充满，通过泵的轴伸转动主动齿轮以使油液进入泵内各配合表面。

（2）安装时，泵的轴线与原动机轴线的同轴度应保持在 0.1mm 以内。

（3）泵轴转向应符合产品要求。

（4）对于安装在油箱内部的泵，泵的吸油口必须始终低于油箱的最低液位，保证液压油液始终能注满泵体内部，以防空气进入泵内而产生吸空。有的泵，例如斜轴式柱塞泵置于油箱内部时，要求打开泄油口；当柱塞泵采用油箱外部安装时，泵的吸油口最好低于油箱的出油口（倒灌），以便油液靠自重自动充满泵体；也允许泵的吸油口高于油箱的出油口，但要保证吸油口压力≥0.08MPa。

（5）要拧紧进、出油口的管接头连接螺钉，密封要可靠，以免引起吸空或漏油，影响泵的性能。

（6）泵在启动前要检查油箱里是否注满了油，管路连接是否正确，有关螺钉是否拧紧等，原动机的转向与泵的转向是否一致。

在上述问题检查无误后，对于要求注油的泵，应按产品说明书的规定在首次使用或启动前，向规定油口注油并打开放气塞，将泵壳里的气体排出，再将放气塞拧紧，然后再启动。

启动前必须检查系统中的安全阀是否在调定的压力值。

在刚启动时要低速暖机运行或者空载跑合一段时间，检查系统在无负荷状态下功能一切正常后方可增加负载，正式运行。正常运行后，泵要防止吸空。要经常注意油箱油位、油温及油液是否清洁，要定期换油和过滤器。

（7）一般应避免液压泵带载启动以及在有负荷情况下停车。

（8）泵如长期不用，最好将它和原动机分离保管。再度使用时，应有不少于 10min 的空负荷运转，并进行试运转例行检查。

13. 叶片泵有哪些类型？特点如何？主要用于哪些场合？

答：（1）叶片泵的类型见表 2－10。

表 2－10   叶片泵的类型及特点

分类方式	结构形式	特 点
按结构形式（叶片设置部位）	普通叶片式	叶片设置在转子上，可制成定量或变量泵
	凸轮转子叶片式	叶片设置在定子上，一般为双作用且只能制成定量泵
按泵轴每转中每个叶片小室吸排油次数	单作用式	一般制成变量泵并可双向变量，定子结构简单，转子承受单方向液压不平衡作用力，轴承寿命短
	双作用式	一般制成定量泵，定子结构复杂，转子不承受单方向液压不平衡作用力，轴承寿命长

续表

分类方式	结构形式	特　点
串、并联形式	单级	通用
	多极	提高压力
	并联、多联	多油源

（2）叶片泵具有噪声低、寿命长的优点，但抗污染能力差，加工工艺复杂，精度要求高，故价格较高。

（3）叶片泵广泛用于固定式机械设备的液压源，例如各种金属切削机床、小型铸锻机械、橡胶塑料、成型机械等，这些设备的液压系统通常具有功率不大、工作压力中等、快慢速对流量要求悬殊或需短时保压等工况特点，且要求泵的流量脉动小、噪声低和寿命长，这正符合了叶片泵的特点。

14. 单作用叶片泵的工作原理是什么？怎样计算流量？

答：（1）如图 2-3 所示，单作用叶片泵是由转子 1、定子 2、叶片 3 和配流盘等组成。

定子的工作表面是一个圆柱表面，定子与转子不同心安装，有一偏心距 e。叶片装在转子槽内可灵活滑动。转子回转时，在离心力和叶片根部压力油的作用下，叶片顶部贴紧在定子内表面上，在定子、转子每两个叶片和两侧配流盘之间就形成了一个个密封腔。当转子按图 2-3 所示的方向转动时，图 2-3 所示中右边的叶片逐渐伸出，密封工作腔和容积逐渐增大，产生局部真空，于是油箱中的油液在大气压力的作用下，由吸油口经配流盘的吸油窗口（如图 2-3 所示中虚线所示的形槽），进入这些密封工作腔，这就是吸油过程。反之，如图 2-4 所示中左面的叶片被定子内表面推入到转子的槽内，密封工作腔容积逐渐减小，腔内的油液受到压缩，经配流盘的压油窗口排到泵外，这就是压油过程。在吸油腔和压油腔之间有一段封油区，将吸油腔和压油腔隔开。泵转一周，叶片在槽中滑动一次，进行一次吸油、排油、故称为单作用式叶片泵。

（2）单作用叶片泵的流量。根据定义，叶片泵的排量 V 应由油泵中密封工作腔的数目 Z 和每个密封工作腔在压油时的容积变化量 ΔV 的乘积来决定（如图 2-4 所示）。单作用叶片泵每个密封工作腔在转子转一周中的容积变化量为 $\Delta V/=V_1-V_2$。设定子内半径为 R，定子宽度为 B，两叶片之间的夹角为 β。两个叶片形成一个工作容积，ΔV 近似等于扇形体积 V_1 和 V_2 之差，即：

$$\Delta V=V_1-V_2=\frac{1}{2}\beta B\left[(R+e)^2-(R-e)^2\right]$$

$$=\frac{4\pi}{Z}ReB$$

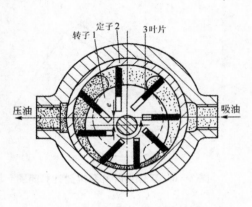

图 2 - 3　单作用叶片泵的工作原理

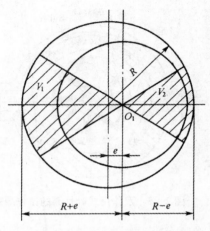

图 2 - 4　单作用叶片泵排量计算简图

式中　β——两相邻叶片间的夹角，$\beta = \dfrac{2\pi}{Z}$；

　　　　Z——叶片的数目。

因此，单作用叶片泵的排量为：

$$V = Z\triangle V = 4\pi ReB$$

若泵的转速为 n，容积效率为 η_v，单作用叶片泵的理论流量和实际流量分别为：

$$q_t = Vn = 4\pi ReBn$$

$$q = q_t\eta_v = 4\pi ReBn\eta_v$$

单作用叶片泵的流量是有脉动的，理论分析表明，泵内的叶片数愈多，流量脉动率愈小，此外，奇数叶片泵的脉动率比偶数叶片泵的脉动率小。另外，由于单作用叶片泵转子和定子之间存在偏心距 e，改变偏心距 e 便可改变 q，所以可调节泵的流量，故又称变量泵。但由于吸、压油腔的压力不平衡，使轴承受到较大的径向载荷，因此又称为非卸荷式的叶片泵。

15. 双作用式叶片泵的工作原理是什么？怎样计算流量？

答：（1）如图 2 - 5 所示，双作用式叶片泵的组成同单作用式叶片泵一样。它分别有两个吸油口和两个压油口。定子 1 和转子 2 的中心重合，定子内表面近似于长径为 R、短径为 r 的椭圆形，并有两对均布的配油窗口。两个相对的窗口连通后分别接进出油口，构成两个吸油口和两个压油口。转子每转一周，每个密封工作空间完成两次吸油和压油，所以又称为双作用式叶片泵。

（2）双作用式叶片泵的流量。双作用式叶片泵的流量推导过程（如图 2 - 6 所示）同单作用式叶片泵一样。在不考虑叶片的厚度和倾角影响时，双作用式叶片泵的排量为：

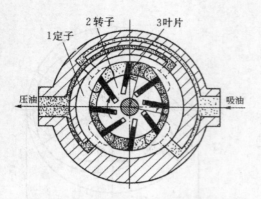

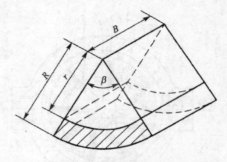

图 2-5　双作用式叶片泵的工作原理　　　　图 2-6　双作用叶片泵排量计算简图

$$V = 2Z\frac{\beta}{2}(R^2 - r^2)B = 2\pi B(R^2 - r^2)$$

式中　　R——定子大圆弧半径；

　　　　r——定子小圆弧半径；

　　　　B——叶片宽度。

泵的输出流量为：

$$q = Vn\eta_v = 2\pi B(R^2 - r^2)n\eta_v$$

实际上叶片是有一定厚度的，叶片所占的工作空间并不起输油作用，故若叶片厚度为 b，叶片倾角为 θ，则转子每转因叶片所占体积而造成的排量损失为：

$$V' = \frac{2B(R-r)}{\cos\theta}bZ$$

因此，考虑上述影响后泵的实际流量为：

$$q = (V - V')n\eta_v = 2B\left[\pi(R^2 - r^2) - \frac{(R-r)bZ}{\cos\theta}\right]n\eta_v$$

式中　　B——叶片宽度；

　　　　b——叶片厚度；

　　　　Z——叶片数目；

　　　　θ——叶片倾角。

从双作用叶片泵的结构中可以看出，两个吸油口和两个压油口对称分布，径向压力平衡，轴承上不受附加载荷，所以又称卸荷式，同时排量不可变，因此又称为定量叶片泵。有的双作用式叶片泵的叶片根部槽与该叶片所处的工作区相通。叶片处在吸油区时，叶片根部与吸油区相通；叶片处在压油区时，叶片根部槽与压油区相通。这样，叶片在槽中往复运动时，根部槽也相应地吸油和压油，这一部分输出的油液正好补偿了由于叶片厚度所造成的排量损失，这种泵的排量不受叶片厚度的影响。

16. 限压式变量叶片泵的工作原理与特性曲线如何调节？

答：（1）限压式变量叶片泵的流量随负载大小自动调节，它按照控制方式分为内反馈和外反馈两种形式。

如图 2-7 所示为外反馈限压式变量叶片泵的工作原理：转子的中心 O 是固定不变的，定子（其中心为 O_1）可以水平左右移动，它在调压弹簧的作用下被推向右端，使定子和转子的中心保持一个偏心距 e_{max}。当泵的转子按逆时针方向旋转时，转子上部为压油区，压力油的合力把定子向上压在滑块滚针支承上。定子右边有一个反馈柱塞，它的油腔与泵的压油腔相通。设反馈柱塞的面积为 A，则作用在定子上的反馈力为 pA。当液压力小于弹簧力 F_S 时，弹簧把定子推向最右边，此时偏心距为最大值 e_{max}，$q = q_{max}$。当泵的压力增大，$pA > F_S$ 时，反馈力克服弹簧力，把定子向左推移，偏心距减小，流量降低。当压力大到泵内偏心距所产生的流量全部用于补偿泄漏时，泵的输出流量为零，不管外载再怎样加大，泵的输出压力不会再升高，这就是此泵被称为限压式变量叶片泵的原因。外反馈的意义则表示反馈力是通过柱塞从外面加到定子上的。

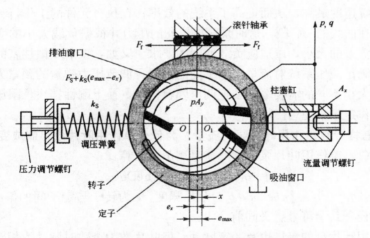

图 2-7　外反馈限压式变量叶片泵的工作原理

（2）限压式变量叶片泵的特性曲线。当 $p < p_c$ 时，油压的作用力还不能克服弹簧的预压紧力时，定子的偏心距不变，泵的理论流量不变，但由于供油压力增大时，泄漏量增大，实际流量减小，所以流量曲线如图 2-8 曲线 AB 段所示。当 $p = p_c$ 时，B 点为特性曲线的转折点。当 $p > p_c$ 时，弹簧受压缩，定子偏心距减小，使流量降低，如图 2-8 曲线 BC 段所示。随着泵工作压力的增大，偏心距减小，理论流量减小，泄漏量增大，当泵的理论流量全部用于补偿泄漏量时，泵实际向外输出的流量等于零，这时定子和转子间维持一个很小的偏心量，这个偏心量不会再继续减小，泵的压力也不会继续升高。这样，泵输出压力也就被限制到最大值 p_{max}。液压系统采用这种变量泵，可以省去溢流阀，并可减少油液发热，从而减小油箱的尺寸，使液压系统比较紧凑。

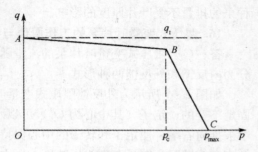

图 2-8　限压式变量叶片泵的特性曲线

（3）特性曲线的调节。由前面的工作原理可知：改变反馈柱塞的初始位置，可以改变初始偏心距 e_{max} 的大小，从而改变了泵的最大输出流量，即使曲线 AB 段上下平移；改变压力弹簧的预紧力 F_s 的大小，可以改变 p_c 的大小，使曲线的拐点 B 左右平移；改变压力弹簧的刚度，可以改变曲线 BC 的斜率，使弹簧刚度增大，BC 段的斜率变小，曲线 BC 段趋于平缓。掌握了限压式变量泵的上述特性，便可以很好地为实际工作服务。例如，在执行元件的空行程、非工作阶段时，可使限压式变量泵工作在曲线的 AB 段，这时泵输出流量最大，系统速度最高，从而提高了系统的效率；在执行元件的工作行程时，可使泵工作在曲线的 BC 段，这时泵输出较高的压力并根据负载大小的变化自动调节输出流量的大小，以适应负载速度的要求。又如：调节反馈柱塞的初始位置，可以满足液压系统对流量大小不同的需要；调节压力弹簧的预紧力，可以适应负载大小不同的需要等。若把调压弹簧拆掉，换上刚性挡块，限压式变量泵就可以作定量泵使用。

17. 怎样计算单作用叶片泵的流量？为什么单作用叶片泵可制成变量泵？

答：（1）单作用叶片泵的实际流量用下式计算：

$$q = q_t \eta_v = V n \eta_v = 2\pi b e D n \eta_v$$

式中，$q_t = V n = 2\pi b e D n$，b 为叶片宽度，e 为转子与定子间的偏心距，D 为定子内径，其余符号意义同前。

单作用叶片泵的流量也有一定脉动，但叶片数为奇数时脉动率相对小些。一般叶片数为 $z = 13$ 或 $z = 15$。

（2）由于单作用叶片泵的定子和转子之间偏心安装，因此当偏心距 e 可调时就制成了变量泵。如果偏心反向布置，就制成了双向变量泵。

18. 怎样计算双作用叶片泵的流量？为什么双作用叶片泵通常制成定量泵？

答：（1）双作用叶片泵的实际输出流量公式为：

$$q = V n \eta_v = 2b \left[\pi (R^2 - r^2) - \frac{R - r}{\cos\theta} s z \right] n \eta_v$$

66

式中：b 为叶片宽度；R 和 r 分别为定子圆弧部分的长短半径；θ 为叶片的前倾安放角；s 为叶片厚度；z 为叶片数；其余符号意义同前。

双作用式叶片泵的流量脉动较小。流量脉动率在叶片数为 4 的倍数且大于 8 时最小，故双作用式叶片泵一般叶片数为 $z=12$ 或 $z=16$。

（2）双作用叶片泵的排量由泵的叶片宽度、定子圆弧部分的长短半径、叶片的前倾安放角、叶片厚度和叶片数等结构参数所决定，工作中这些参数均为不可调节的定值，所以双作用叶片泵通常制成定量泵。

19. 简述齿轮泵的工作原理？

答： 如图 2-9 所示为外啮合渐开线齿轮泵的结构简图。外啮合渐开线齿轮泵主要由一对几何参数完全相同的主、从动齿轮 4 和 8、传动轴 6、泵体 3 以及前、后泵盖 5 和 1 等零件组成。

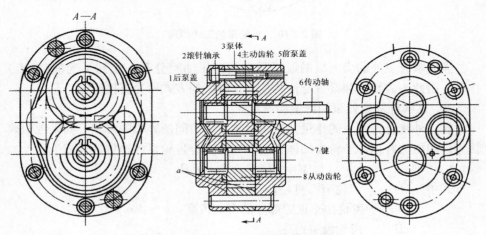

图 2-9 CB-B 型齿轮泵结构图

如图 2-10 所示为其工作原理图。由于齿轮两端面与泵盖的间隙以及齿轮的齿顶与泵体内表面的间隙都很小，因此，一对啮合的轮齿将泵体、前后泵盖和齿轮包围的密封容积分隔成左、右两个密封的工作腔。当原动机带动齿轮按如图 2-10 所示的方向旋转时，右侧的轮齿不断退出啮合，而左侧的轮齿不断进入啮合。因啮合点的啮合半径小于齿顶圆半径，右侧退出啮合的轮齿露出齿间，其密封工作腔容积逐渐增大，形成局部真空，油箱中的油液在大气压力的作用下经泵的吸油口进入这个密封油腔——吸油腔。随着齿轮的转动，吸入的油液被齿间转移到左侧的密封工作腔。左侧进入啮合的轮齿使密封油腔——压油腔容积逐渐减小，把齿间油液挤出，从压油口输出，压入液压系统，这就是齿轮泵的吸油和压油过程。齿轮连续旋转，泵连续不断地吸油和压油。

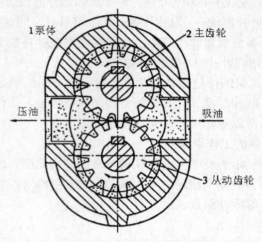

图 2 - 10   齿轮泵的工作原理

齿轮啮合点处的齿面接触线将吸油腔和压油腔分开，起到了配油(配流)作用，因此不需要单独设置配油装置，这种配油方式称为直接配油。

20. 怎样计算齿轮泵的排量和流量？

答： 外啮合齿轮泵的排量是这两个轮齿的齿间槽容积的总和。如果近似地认为齿间槽的容积等于轮齿的体积，那么外啮合齿轮泵的排量计算式为：

$$V = \pi DhB = 2\pi zm^2 B$$

式中 D—— 齿轮节圆直径；

h—— 齿轮扣除顶隙部分的有效齿高，$h = 2zm$；

B—— 齿轮齿宽；

z—— 齿轮齿数；

m—— 齿轮模数。

实际上齿间槽的容积要比齿轮的体积稍大，而且齿数越少，其差值越大，考虑到这一因素，在实际计算时，常用经验数据 6.66 来替代 2π。

由排量公式可以看出，齿轮泵的排量与模数的平方成正比，与齿数成正比，而决定齿轮分度圆直径的是模数与齿数的乘积，它与模数、齿数成正比，可见要增大泵的排量，增大模数比增大齿数有利。换句话说，要使排量不变，而使体积减小，则应增大模数并减少齿数。因此，齿轮泵的齿数 z 一般较小，为防止根切，一般需采用正移距变位齿轮，所移距离为一个模数(m)，即节圆直径 $D = m(z+1)$。齿轮泵的实际流量 q 为：

$$q = Vn\eta_v = 6.66zm^2 Bn\eta_v$$

式中 n—— 齿轮泵的转速；

η_v —— 齿轮泵的容积效率。

在上式中的 q 是齿轮泵的平均流量。根据齿轮啮合原理可知，齿轮在啮合过程中，啮合点是沿啮合线不断变化的，造成吸、压油腔的容积变化率也是变化的，因此齿轮泵的瞬时流量是脉动的。设 $(q_{max})_{sh}$ 和 $(q_{min})_{sh}$ 分别表示齿轮泵的最大和最小瞬时流量，则其流量的脉动率 δ_q 为：

$$\delta_q = \frac{(q_{max})_{sh} - (q_{min})_{sh}}{q} \times 100\%$$

研究表明，其脉动周期为 $2\pi/z$，齿数越少，脉动率 δ_q 越大。例如，当 $z = 6$ 时，δ_q 值高达 34.7%，而当 $z = 12$ 时，δ_q 值为 17.8%。在相同情况下，内啮合齿轮泵的流量脉动率要小得多。根据能量方程，流量脉动会引起压力脉动，使液压系统产生振动和噪声，直接影响系统工作的平稳性。

21. 如何分析齿轮泵的泄漏问题及困油现象？消除困油现象的措施是什么？

答：（1）泄漏问题。液压泵中构成密封工作容积的零件要做相对运动，因此存在着配合间隙。由于泵吸、压油腔之间存在压力差，其配合间隙必然产生泄漏，泄漏影响液压泵的性能。外啮合齿轮泵压油腔的压力油主要通过 3 条途径泄漏到低压腔。

① 泵体的内圆和齿顶径向间隙的泄漏。由于齿轮转动方向与泄漏方向相反，且压油腔到吸油腔通道较长，所以其泄漏量相对较小，占总泄漏量的 10%～15%。

② 齿面啮合处间隙的泄漏。由于齿形误差会造成沿齿宽方向接触不好而产生间隙，使压油腔与吸油腔之间造成泄漏，这部分泄漏量很少。

③ 齿轮端面间隙的泄漏。齿轮端面与前后盖之间的端面间隙较大，此端面间隙封油长度又短，所以泄漏量最大，占总泄漏量的 70%～75%。

由此可知，齿轮泵由于泄漏量较大，其额定工作压力不高，要想提高齿轮泵的额定压力并保证较高的容积效率，首先要减少沿端面间隙的泄漏问题。

（2）困油现象。为了保证齿轮传动的平稳性，保证吸排油腔严格地隔离以及齿轮泵供油的连续性，根据齿轮啮合原理，就要求齿轮的重叠系数 e 大于 1（一般取 $\varepsilon = 1.05$～1.3），这样在齿轮啮合中，在前一对齿轮退出啮合之前，后一对齿轮已经进入啮合。在两对齿轮同时啮合的时段内，就有一部分油液困在两对齿轮所形成的封闭油腔内，既不与吸油腔相通，也不与压油腔相通。这个封闭油腔的容积开始时随齿轮的旋转逐渐减少，以后又逐渐增大（如图 2-11 所示）。封闭油腔容积减小时，困在油腔中的油液受到挤压，并从缝隙中挤出而产生很高的压力，使油液发热，轴承负荷增大；而封闭油腔容积增大时，又会造成局部真空，产生气穴现象。这些都将使齿轮泵产生强烈的振动和噪声，这就是困油现象。

消除困油现象的措施是在齿轮端面两侧板上开卸荷槽。困油区油腔容积增

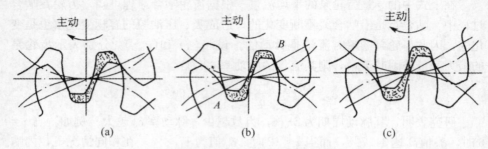

(a)　　　　　　　(b)　　　　　　　(c)

图 2-11　齿轮泵的困油现象

大时，通过卸荷槽与吸油区相连，反之与压油区相连。卸荷槽的形式有各种各样，有对称开口的，有不对称开口的，有开圆形盲孔卸荷槽，如 CB-G 泵。

22. 齿轮泵不平衡的径向力会带来什么后果？如何消除径向不平衡力？

答：在齿轮泵中，作用在齿轮外圆上的压力是不相等的，如图 2-12 所示。齿轮周围压力不一致，使齿轮轴受力不平衡。压油腔压力愈高，这个力愈大。从泵的进油口沿齿顶圆圆周到出油口齿和齿之间油的压力，从压油口到吸油口按递减规律分布，这些力的合力构成了一个不平衡的径向力。其带来的危害是加重了轴承的负荷，并加速了齿顶与泵体之间的磨损，影响了泵的寿命。可以采用减小压油口的尺寸、加大齿轮轴和轴承的承载能力、开压力平衡槽、适当增大径向间隙等办法来解决。

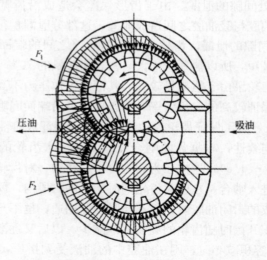

图 2-12　齿轮泵的径向受力图

23. 提高齿轮泵压力的措施有哪些？

答：要提高齿轮泵的工作压力，必须减小端面泄漏，可以采用浮动轴套或浮动侧板，使轴向间隙能自动补偿。如图 2-13 所示是采用浮动轴套的结构，利用特制的通道把压力油引入右腔，在油压的作用下，浮动轴套以一定的压紧力压向齿轮端面，压力愈大、压得愈紧，轴向间隙就愈小，因而减少了泄漏。当泵在较低压力下工作时，压紧力随之减小，泄漏也不会增加。采用了浮动轴套结构以后，浮动轴套在压力油的作用下可以自动补偿端面间隙的增大，从而限制了泄漏，提高了压力，同时具有较高的容积效率与较长的使用寿命，因此在高压齿轮泵中应用十分广泛。

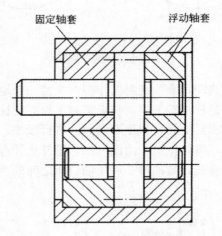

固定轴套　　　浮动轴套

图 2-13　浮动轴套结构示意图

24. 内啮合齿轮泵和螺杆泵的结构及特点是什么？

答：（1）内啮合齿轮泵。内啮合齿轮泵有渐开线齿轮泵和摆线齿轮泵两种，如图 2-14 所示。一对相互啮合的小齿轮和内齿轮与侧板所围成的密闭油腔被轮齿啮合线和月牙板分隔成两部分，如图 2-14(a) 所示；图 2-14(b) 所示为不设月牙板的摆线齿轮泵。当传动轴带动小齿轮按图示方向旋转时，图中左侧轮齿逐渐脱开啮合，密闭油腔容积增大，为吸油腔；右侧轮齿逐渐进入啮合，密闭油腔容积减小，为压油腔。

内啮合齿轮泵的最大优点是：无困油现象、流量脉动较外啮合齿轮泵小、噪声低。当采用轴向和径向间隙补偿措施后，泵的额定压力可达 30MPa，容积效率和总效率均较高。其缺点是齿形复杂，加工精度要求高，价格较贵。

（2）螺杆泵。螺杆泵中由于主动螺杆 3 和从动螺杆 1 的螺旋面在垂直于螺杆轴线的横截面上是一对共轭摆线齿轮，故又称为摆线螺杆泵。螺杆泵的工作机构是由互相啮合且装于定子内的 3 根螺杆组成的，中间一根为主动螺杆，由电机带动，旁边两根为从动螺杆，另外还有前、后端盖等主要零件(如图 2-15 所示)。螺杆的啮合线把主动螺杆和从动螺杆的螺旋槽分割成多个相互隔离的

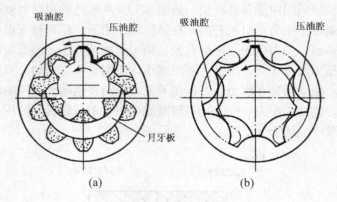

图 2－14　内啮合齿轮泵

密封腔。随着螺杆的旋转，这些密封工作腔一个接一个地在左端形成，不断地从左到右移动。主动螺杆每转一周，每个密封工作腔便移动一个螺旋导程。因此，在左端吸油腔，密封油腔容积逐渐增大，进行吸油；而在右端压油腔，密封油腔容积逐渐减小，进行压油。由此可知，螺杆直径愈大，螺旋槽愈深，泵的排量就愈大；螺杆愈长，吸油口 2 和压油口 4 之间的密封层次愈多，泵的额定压力就愈高。

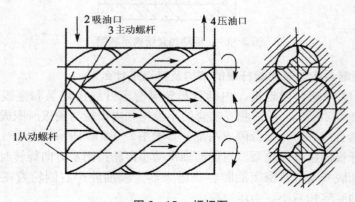

图 2－15　螺杆泵

　　螺杆泵的优点是：结构简单紧凑，体积小，动作平稳，噪声小，流量和压力脉动小，螺杆转动惯量小，快速运动性能好，因此已较多地应用于精密机床的液压系统中。其缺点是：由于螺杆形状复杂，加工比较困难。

　　25. 液压马达的特点及分类有哪些？

　　答：液压马达是把液体的压力能转换为机械能的装置，从原理上讲，液压泵可以作液压马达用，液压马达也可作液压泵用。但事实上同类型的液压泵和液压马达虽然在结构上相似，但由于两者的功能不同，导致了结构上的某些差异。

（1）液压马达一般需要正反转，所以在内部结构上应具有对称性，而液压泵一般是单方向旋转的，其内部结构可以不对称。

（2）液压泵的吸油腔为真空，一般液压泵的吸油口比出油口的尺寸大。而液压马达低压腔的压力稍高于大气压力，所以没有上述要求。

（3）液压马达要求能在很宽的转速范围内正常工作，因此，应采用液动轴承或静压轴承。因为当马达速度很低时，若采用动压轴承，就不易形成润滑膜。

（4）液压泵在结构上需保证具有自吸能力，而液压马达就没有这一要求。

（5）液压马达必须具有较大的启动扭矩。所谓启动扭矩，就是马达由静止状态启动时，马达轴上所能输出的扭矩，该扭矩通常大于在同一工作压差时处于运行状态下的扭矩，所以，为了使启动扭矩尽可能接近工作状态下的扭矩，要求马达扭矩的脉动小，内部摩擦小。

由于液压马达与液压泵具有上述不同的特点，使得很多类型的液压马达和液压泵不能互逆使用。

液压马达按其额定转速分为高速和低速两大类：额定转速高于500r/min的属于高速液压马达；额定转速低于500r/min的属于低速液压马达。

高速液压马达的基本形式有齿轮式、螺杆式、叶片式和轴向柱塞式等。它们的主要特点是转速较高、转动惯量小，便于启动和制动，调速和换向的灵敏度高。通常高速液压马达的输出转矩不大（仅几十 N·m 到几百 N·m），所以又称为高速小转矩液压马达。高速液压马达的基本形式是径向柱塞式，例如单作用曲轴连杆式、液压平衡式和多作用内曲线式等。此外在轴向柱塞式、叶片式和齿轮式中也有低速的结构形式。低速液压马达的主要特点是排量大、体积大、转速低（有时可达每分钟几转甚至零点几转），因此可直接与工作机构连接，不需要减速装置，使传动机构大为简化，通常低速液压马达输出转矩较大（可达几千 N·m 到几万 N·m），所以又称为低速大转矩液压马达。

液压马达也可按其结构类型来分可以分为齿轮式、叶片式、柱塞式和其他形式。

26. 液压马达的图形符号有哪些？

答：若按排量是否可变，液压马达还可分为定量马达和变量马达两类，如图 2-16(a) 所示。图 2-16(a) 所示为 1993 版液压马达图形符号；图 2-16(b) 所示为 2009 版液压马达的图形符号。要注意的是：2009 版中没有专门的液压马达图形符号。

27. 液压马达的性能参数有哪些？

答：液压马达的性能参数很多，下面是液压马达的主要性能参数。

（1）排量、流量和容积效率：习惯上将马达的轴每转一周，按几何尺寸计算所进入的液体容积，称为马达的排量 V，有时称之为几何排量、理论排量，

①单向定量液压马达　②单向变量液压马达　③双向定量液压马达　④双向变量液压马达

(a) 1993 版液压马达图形符号

①单向旋转的定量泵或马达　②双向变量泵或马达

(b) 2009 版液压马达图形符号

图 2 - 16　液压马达图形符号

即不考虑泄漏损失时的排量。

　　液压马达的排量表示出其工作容腔的大小，它是一个重要的参数。因为液压马达在工作中输出的转矩大小是由负载转矩决定的。但是，推动同样大小的负载，工作容腔大的马达的压力要低于工作容腔小的马达的压力，所以说工作容腔的大小是液压马达工作能力的主要标志，也就是说，排量的大小是液压马达工作能力的重要标志。

　　根据液压动力元件的工作原理可知，马达转速 n、理论流量 q_t 与排量 V 之间具有下列关系：

$$q_t = nV$$

式中　　q_t——理论流量（m³/s）；

　　　　n——转速（r/min）；

　　　　V——排量（m³/r）。

　　为了满足转速要求，马达实际输入流量 q_i 大于理论输入流量，则有：

$$q_i = q_t + \Delta q$$

式中　　Δq——汇漏流量。

$$\eta_v = \frac{q_t}{q_i} = \frac{1}{1 + \Delta q / q_t}$$

所以得实际流量：

$$q_i = \frac{q_t}{\eta_v}$$

　　（2）液压马达输出的理论转矩：根据排量的大小，可以计算在给定压力下液压马达所能输出的转矩的大小，也可以计算在给定的负载转矩下马达的工作压力的大小。当液压马达进、出油口之间的压力差为 Δp，输入液压马达的流

量为 q，液压马达输出的理论转矩为 T_t 角速度为 ω，如果不计损失，液压马达输入的液压功率应当全部转化为液压马达输出的机械功率，即：

$$\Delta P_q = T_t\omega$$

又因为 $\omega = 2\pi n$，所以液压马达的理论转矩为：

$$T_t = \frac{\Delta p \cdot V}{2\pi}$$

式中　Δp——马达进出口之间的压力差。

（3）液压马达的机械效率：由于液压马达内部不可避免地存在各种摩擦，实际输出的转矩 T_i 总要比理论转矩 T_t 小些，即：

$$T_i = T_t\eta_m$$

式中　η_m——液压马达的机械效率（%）。

（4）液压马达的启动机械效率 η_{m0}：液压马达的启动机械效率是指液压马达由静止状态启动时，马达实际输出的转矩 T_i 与它在同一工作压差时的理论转矩 T_t 之比。即：

$$\eta_{m0} = \frac{T_i}{T_t}$$

液压马达的启动机械效率表示出其启动性能的指标。因为在同样的压力下，液压马达由静止到开始转动的启动状态的输出转矩要比运转中的转矩大，这给液压马达带载启动造成了困难，所以启动性能对液压马达是非常重要的，启动机械效率正好能反映其启动性能的高低。启动转矩降低的原因，一方面是在静止状态下的摩擦系数最大，在摩擦表面出现相对滑动后摩擦系数明显减小，另一方面也是最主要的方面是因为液压马达静止状态润滑油膜被挤掉，基本上变成了干摩擦。一旦马达开始运动，随着润滑油膜的建立，摩擦阻力立即下降，并随滑动速度增大和油膜变厚而减小。

实际工作中都希望启动性能好一些，即希望启动转矩和启动机械效率大一些。现将不同结构形式的液压马达的启动机械效率 η_{m0} 的大致数值列入表2-11中。

表 2-11　　　　　　　　　　液压马达的启动机械效率

液压马达的结构形式		启动机械效率 η_{m0}
齿轮马达	老结构	0.60～0.80
	新结构	0.85～0.88
叶片马达	高速小扭矩型	0.75～0.85
轴向柱塞马达	滑履式	0.80～0.90
	非滑履式	0.82～0.92

液压马达的结构形式		启动机械效率 η_{m0}
曲轴连杆马达	老结构	0.80～0.85
	新结构	0.83～0.90
静压平衡马达	老结构	0.80～0.85
	新结构	0.83～0.90
多作用内曲线马达	由横梁的滑动摩擦副传递切向力	0.90～0.94
	传递切向力的部位具有滚动副	0.95～0.98

由表 2-11 可知，多作用内曲线马达的启动性能最好，轴向柱塞马达、曲轴连杆马达和静压平衡马达居中，叶片马达较差，而齿轮马达最差。

（5）液压马达的转速：液压马达的转速取决于供液的流量和液压马达本身的排量 V，可用下式计算：

$$n_t = \frac{q_i}{V}$$

式中　　n_t——理论转速（r/min）。

由于液压马达内部有泄漏，并不是所有进入马达的液体都推动液压马达做功，一小部分因泄漏损失掉了。所以液压马达的实际转速要比理论转速低一些。

$$n = n_t \eta_v$$

式中　　n——液压马达的实际转速（r/min）；

　　　　η_v——液压马达的容积效率（%）。

（6）最低稳定转速：是指液压马达在额定负载下，不出现爬行现象的最低转速。所谓爬行现象，就是当液压马达工作转速过低时，往往保持不了均匀的速度，进入时动时停的不稳定状态。

实际工作中，一般都期望最低稳定转速越小越好。

28. 叶片式液压马达工作原理与结构特点有哪些?

答：（1）工作原理。如图 2-17 所示为叶片液压马达的工作原理图。当压力为 p 的油液从进油口进入叶片 1 和 3 之间时，叶片 2 因两面均受液压油的作用所以不产生转矩。叶片 1、3 上，一面作用有压力油，另一面为低压油。由于叶片 3 伸出的面积大于叶片 1 伸出的面积，因此作用于叶片 3 上的总液压力大于作用于叶片 1 上的总液压力，于是压力差使转子产生顺时针的转矩。同样道理，压力油进入叶片 5 和 7 之间时，叶片 7 伸出的面积大于叶片 5 伸出的面积，也产生顺时针转矩。这样，就把油液的压力能转变成了机械能，这就是叶片马达的工作原理。当输油方向改变时，液压马达就反转。

（2）结构特点。叶片液压马达
与相应的叶片泵相比有以个几个
特点：

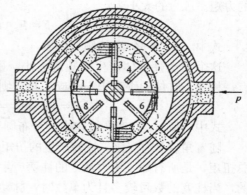

①叶片底部有弹簧，以保证在
初始条件下叶片能紧贴在定子内表
面上，以形成密封工作腔，否则进
油腔和回油腔将串通，就不能形成
油压，也不能输出转矩。

②叶片槽是径向的，以便叶片
液压马达双向都可以旋转。

1～7. 叶片

图 2 - 17　叶片液压马达的工作原理图

③在壳体中装有两个单向阀，
以使叶片底部能始终都通压力油
（使叶片与定子内表面压紧）而不受叶片液压马达回转方向的影响。

叶片马达的体积小，转动惯量小，因此动作灵敏，可适应的换向频率较
高。但泄漏较大，不能在很低的转速下工作，因此，叶片马达一般用于转速
高、转矩小和动作要求灵敏的场合。

29. 简述轴向柱塞式液压马达的工作原理是什么？

答：轴向柱塞马达的结构形式基本上与轴向柱塞泵一样，故其种类与轴向
柱塞泵相同，也分为直轴式轴向柱塞马达和斜轴式轴向柱塞马达两类。轴向柱
塞马达的工作原理如图 2 - 18 所示。

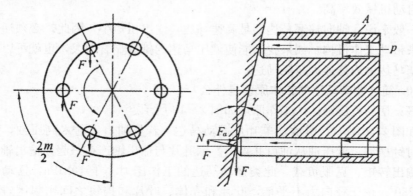

图 2 - 18　斜盘式轴向柱塞液压马达的工作原理图

当压力油进入液压马达的高压腔之后，工作柱塞便受到油作用力为 pA
（p 为油压力，A 为柱塞面积）通过滑靴压向斜盘，其反作用为 N。N 力分解
成两个分力：沿柱塞轴向分力 F_a，与柱塞所受液压力平衡；另一分力 F，与
柱塞轴线垂直向上，它与缸体中心线的距离为 r，这个力便产生驱动马达旋转

的力矩。F 力的大小为：

$$F = F_a A \tan \gamma$$

式中　γ——斜盘的倾斜角度（°）。

这个 F 力使缸体产生扭矩的大小，由柱塞在压油区所处的位置而定。设有一柱塞与缸体的垂直中心线成 ϕ 角，则该柱塞使缸体产生的扭矩 T 为：

$$T = Fr = FR \sin\phi = pAR \tan\gamma \sin\phi$$

式中　R——柱塞在缸体中的分布圆半径（m）。

随着角度 ϕ 的变化，柱塞产生的扭矩也跟着变化。整个液压马达能产生的总扭矩，是所有处于压力油区的柱塞产生的扭矩之和，因此，总扭矩也是脉动的，当柱塞的数目较多且为单数时，脉动较小。

液压马达的实际输出的总扭矩可用下式计算：

$$T = \eta_m \frac{\Delta p V}{2\pi}$$

式中　Δp——液压马达进出口油液压力差（N/m²）；

　　　V——液压马达理论排量（m³/r）；

　　　η_m——液压马达机械效率。

从式中可看出，当输入液压马达的油液压力一定时，液压马达的输出扭矩仅和每转排量有关。因此，提高液压马达的每转排量，可以增加液压马达的输出扭矩。改变输入油液的方向，就可以改变液压马达转动方向。轴向柱塞式液压马达结构简单，体积小，质量轻，工作压力高，转速范围宽，低速稳定性好，启动机械效率高。

一般来说，轴向柱塞马达都是高速马达，输出扭矩小，因此，必须通过减速器来带动工作机构。如果我们能使液压马达的排量显著增大，也就可以使轴向柱塞马达做成低速大扭矩马达。

30. 简述摆动马达的工作原理是什么？

答：摆动液压马达的工作原理如图 2-19 所示。

如图 2-19（a）所示是单叶片摆动马达。若从油口Ⅰ通入高压油，叶片作逆时针摆动，低压油从油口Ⅱ排出。因叶片与输出轴连在一起，输出轴摆动同时输出转矩、克服负载。此类摆动马达的工作压力小于 10MPa，摆动角度小于 280°。由于径向力不平衡，叶片和壳体、叶片和挡块之间密封困难，限制了其工作压力的进一步提高，从而也限制了输出转矩的进一步提高。

如图 2-19（b）所示是双叶片式摆动马达。在径向尺寸和工作压力相同的条件下，分别是单叶片式摆动马达输出转矩的 2 倍，但回转角度要相应减少，双叶片式摆动马达的回转角度一般小于 120°。

31. 液压马达与液压泵相比有哪些异同点呢？

答：（1）相同点：均是利用"密封"容积的交替变化进行工作的，均需要

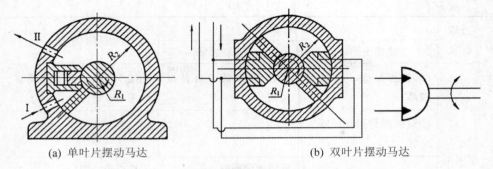

(a) 单叶片摆动马达   (b) 双叶片摆动马达

图 2－19　摆动缸摆动液压马达的工作原理图

有配流装置，油箱要和大气相通；工作中均会产生困油现象和径向不平衡力、液压冲击和液体泄漏等现象；两者都是能量转换装置；理论上它们的输入与输出量具有相同的数学关系式；两者重要的参数都是压力和流量。

（2）不同点：

①驱动动力不同。液压泵是电机带动，液压马达是液体压力驱动。

②结构不同。液压泵为保证其性能，一般是非对称结构；液压马达需要正反转，其结构必须具有对称性。

③自吸能力要求不同。马达依靠压力油工作，不需要有自吸能力，而液压泵必须要有自吸能力。

④泄漏形式不同。液压泵采用内泄漏形式，马达必须采用外泄漏式结构。

⑤容积效率不同。为了提高马达的机械效率，其轴向间隙补偿装置的压紧力比液压泵小，所以液压马达容积效率比液压泵低。

32. 齿轮泵的常见故障原因及排除方法有哪些?

答：齿轮泵的常见故障原因及排除方法见表 2－12。

表 2－12   齿轮泵的常故障原因及排除方法

故障现象	故障原因		排除方法
	使用中的泵	新安装的泵	
泵吸不进油	①密封老化变形	—	①检查吸油部分及其密封，更换失效密封件
	②吸油滤油器被脏物堵塞		②更换滤油器，更换或过滤油液
	③油箱油位过低	③泵安装位置过高，吸程超过规定	③使泵的吸程在 500mm 以内

续表 1

故障现象	故障原因		排除方法
	使用中的泵	新安装的泵	
泵吸不进油	④油温太低，油黏度过高	④油温太低，油黏度过高	④按季节换合适油液或加热油液
	⑤泵的油封损坏，吸入空气		⑤更换新的标准油封
	—	⑥吸油侧漏气	⑥检查吸油部位
	—	⑦吸油管太细或过长，阻力太大	⑦换大通径油管，缩短吸油管长度
	—	⑧泵的转向不对或转速过低	⑧改变泵的转向，增加转速到规定值
泵的排油侧不出油	①如不是吸油原因，则泵已损坏	①如不是吸油原因，则泵是次品	①检查、修理或更换泵
	②溢流阀损坏或被脏物卡死，油液从溢流阀流回油箱	②溢流阀是次品，或阀芯被卡死	②检查、修理或更换溢流阀；清除油中脏物或更换油液
泵排油但压力上不去	①泵内滑动件严重磨损，容积效率太低	—	①检修泵或更换新泵
	②溢流阀的锥阀芯严重磨损	—	②修磨或更换锥阀芯
	③溢流阀被脏物卡住，动作不良	—	③过滤油液，清除污物
	④泵的轴向或径向间隙过大	—	④修理或更换泵
	—	⑤吸油侧少量吸空气	⑤密封不良，改善密封
	—	⑥高压侧有漏油通道	⑥找出漏油部位，及时处理
	—	⑦溢流阀调压过低或关闭不严	⑦调节或修理溢流阀
	—	⑧吸油阻力过大或进入空气	⑧检查阻力过大原因，及时消除

故障现象	故 障 原 因		排 除 方 法
	使用中的泵	新安装的泵	
泵排油但压力上不去	—	⑨泵转速过高或过低	⑨使泵的转速在规定的范围内
	—	⑩高压侧管道有误，系统内部卸荷	⑩找出原因，及时处理
	—	⑪液压泵质量不好	⑪更换新泵
泵排油压力虽能上升但效率过低	①泵内密封件损伤	—	①检修泵，更换密封件
	②泵内滑动件严重磨损	—	②检修泵或更换新泵
	③溢流阀或换向阀磨损或活动件间隙过大	—	③检修溢流阀或更换新阀
	④泵内有脏物或间隙过大	④泵质量不好或吸进杂物	④清除脏物，过滤油液；更换新泵
		⑤泵转速过低或过高	⑤使泵在规定转速范围内运转
		⑥油箱内出现负压	⑥增大空气过滤器的容量
泵发出噪声	①多数情况是泵吸油不足所致，如滤油器堵塞；油位过低，吸入空气；泵的油封处吸入空气等	—	①保持油位高度，密封必须可靠，防止油液污染
	②回油管高于油面，油中有大量气泡	—	②使回油管出口浸入油面以下
	③检修后从动齿轮装倒，啮合面积变小	—	③拆开泵，将从动齿轮掉头
	④油的黏度过高，油温太低	④油的黏度过高，油温太低	④按季节选用适当黏度的油，或加温
	—	⑤泵轴与原动机轴的同轴度太差	⑤调节两轴的同轴度
	—	⑥吸油滤油器的过滤面积太小	⑥改换合适的滤油器

故障现象	故 障 原 因		排 除 方 法
	使用中的泵	新安装的泵	
泵发出噪声	—	⑦吸油部分的密封不良,吸入空气	⑦加强吸油侧的密封
	—	⑧泵的转速过高或过低	⑧使泵按规定转速转动
液压泵温升过快	①压力过高,转速太快,侧板研伤	①压力调节不当,转速太快,侧板烧损	①适当调节溢流阀;降低转速到规定值;修理泵
	②油黏度过高或内部泄漏严重	—	②换合适的油,检查密封
	③回油路的背压过高	—	③消除回油管路中背压过高的原因
	—	④油箱太小,散热不良	④加大油箱
	—	⑤油的黏度不当,温度过低	⑤换合适黏度的油或给油加热
漏油	①管路连接部分的密封老化、损伤或变质等	—	①检查并更换密封件
	②油温过高,油黏度过低	—	②换黏度较高的油或消除油温过高的原因
		③管道应力未消除,密封处接触不良	③消除管道应力,更换密封件
		④密封件规格不对,密封性不良	④更换合适密封件
	—	⑤密封圈损伤	⑤更换密封圈

33. 叶片泵的常见故障原因及排除方法有哪些?

答:叶片泵在长时期运转过程中,其运动件是要磨损的,但这种泵可以自行补偿,其径向间隙不会增大。

如果对液压油管理失误,造成污染时,叶片泵会很快把配流盘与泵体研伤,泵的工作压力下降。这种现象是逐渐形成的,如若达不到主机作业要求时,只能拆卸修研配流盘,或更换新配流盘。泵体内孔研伤不能修理时,应更换新泵体。

泵检修后，应将系统彻底清理一次，去除杂质（包括油箱、管路、控制阀和液压附件），否则还会研伤。

叶片泵在开始安装时，若把油箱，吸、排油管路和液压控制阀以及液压附件的内部彻底清理洁净，油箱盖密封良好，系统无渗漏，液压油不被污染，则叶片泵的使用期限是很长的，超过其他种类液压泵的使用寿命。叶片泵的常见故障、原因及排除方法见表2-13。

表2-13　　　　　　　　叶片泵的常见故障原因及排除方法

故障现象	故障原因		排除方法
	使用中的泵	新安装的泵	
泵高压侧不排油	①吸油侧吸不进油，油位过低	—	①增添新油
	②吸油滤油器被脏物堵塞	—	②过滤油液，清洗油箱
	③叶片在转子槽内卡住	—	③检修叶片泵
	④轴向间隙过大，内漏严重	—	④调整侧板间隙，达到规定值
	⑤吸油侧密封损坏	—	⑤更换合格密封件
	⑥更换的新油黏度过高，油温太低	⑥油温过低，油液黏度太高	⑥提高油温
	⑦液压系统有回油情况	—	⑦检查液压回路
泵不吸油	—	①泵安装位置超过规定	①调整叶片泵的吸油高度
	—	②吸油管太细或过长	②改变吸油管，按规定安装
	—	③吸油管密封不良，吸入空气	③管接头和泵连接处透气，改善密封
	—	④泵的旋转方向不对	④改变运转方向
	—	⑤不是上述原因，就是泵不合格	⑤更换叶片泵

续表1

故障现象	故 障 原 因		排 除 方 法
	使用中的泵	新安装的泵	
泵排油而无压力	①溢流阀卡死，阀质量不良或油太脏	—	①先拆卸溢流阀检查
	—	②溢流阀从内部回油	②检查溢流阀
	—	③系统中有回油现象	③阀有内部回油，查换向阀
	④溢流阀的弹簧断了（此情况很少发生）	—	④检查调压弹簧
泵调不到额定压力	①泵的容积效率过低	—	①检修叶片泵，更换磨损的零件
	②泵吸油不足，吸油侧阻力大	—	②检查吸油部位、油位和滤油器
	③溢流阀的锥阀磨损，在圆周上有痕迹	—	③将溢流阀的先导阀卸下，观察提动阀有无痕迹，更换溢流阀或零件
	—	④油中混有气体，吸油不足	④查吸油侧有进气部位
噪声过大	①轴颈处密封磨损，进入少量空气	—	①更换自紧油封
	②回油管露出油面，回油产生气体	—	②往油箱内加注合格液压油至规定液面
	③吸油滤油器被脏物堵塞	—	③过滤液压油，清洗油箱
	④配流盘、定子、叶片等件磨损	—	④检查泵，更换新件，或换新泵
	⑤若为双联泵时，高低压两排油腔相通	—	⑤检修双联泵，或更换新泵
	⑥噪声的产生原因，多数情况是吸油不足造成的	—	⑥查出吸油不足的原因，及时解决

84

故障现象	故障原因		排除方法
	使用中的泵	新安装的泵	
噪声过大	—	⑦两轴的同轴度超出规定值,噪声很大	⑦调整电机、泵两轴的同轴度
	—	⑧噪声不太大,但很刺耳,油箱内有气泡或起沫	⑧吸油中混进空气,造成回油中夹着大量气体,检查吸油管路和接头
	—	⑨有轻微噪声并有气泡的间断声音	⑨泵吸油处透气,查吸油部位的连接件,用黄油涂于连接处噪声即无,重新连接
	—	⑩滤油器的容量较小	⑩更换大容量滤油器
	—	⑪吸油发声阻力过大、流速过高,吸油管径小	⑪加大吸油管直径
	—	⑫除两轴不同轴外,就是泵吸空所造成的	⑫查找原因,再针对问题及时解决
泵不正常发热	①泵的工作压力超过额定压力		①将溢流阀的压力下调到额定值
	②新换泵时,转子侧面间隙过小		②检查泵内轴向间隙
	③油箱的油不足	③油箱的容量太小,回油未能稳定	③加大油箱或按标准油箱结构制造
	—	④油箱内的吸油管和排油管过近	④两管距离应远些,油箱中加隔板
	—	⑤泵内转子、侧板、配流盘轴向间隙过小	⑤属于泵质量欠佳,更换泵
	—	⑥溢流阀造成的发热	⑥按下列方法解决:
	—	a. 泵启动就有负载,油全部从溢流阀回油箱	a. 设计卸荷系统,执行元件不工作,泵应无负载

故障现象	故障原因		排除方法
	使用中的泵	新安装的泵	
泵不正常发热	—	b. 泵的流量大于执行元件的流量，大部分油从阀溢回油箱	b. 泵的流量应与控制元件流量合理匹配
	—	c. 泵的压力过高，超过额定值	c. 把溢流阀的压力往下调
外部漏油	①密封件老化或损坏变形	—	①更换合格的密封件
	—	②漏油原因多种情况	②找生产厂退换

34. 轴向柱塞泵的常见故障原因及排除方法有哪些?

答：轴向柱塞泵的常见故障原因及故障排除方法，见表2-14。

表 2-14　　　　　　轴向柱塞泵的常见故障原因及故障排除方法

故障现象	故障原因		排除方法
	使用中的泵	新安装的泵	
泵不吸油	①吸入管路上过滤器堵塞	—	①拆下过滤器，清洗掉污物，并用压缩空气吹净
	②液压油箱油位太低	—	②增加油液至油箱标线范围内
	③吸入管路漏气	—	③紧固吸油管各连接处，严防空气侵入
	④柱塞泵中心弹簧折断，使柱塞不能回程或缸体和配流盘初始密封不好	—	④更换损坏的中心弹簧
	⑤泵壳体内未充满液压油并存有空气	—	⑤将泵壳体内注满油液，或将液压系统回油管分路接入泵体回油口，使泵内保持充满油液的状态

故障现象	故障原因		排除方法
	使用中的泵	新安装的泵	
泵不吸油	⑥配流盘与缸体、柱塞与缸体磨损严重，造成泄漏	—	⑥修复或更换磨损件，缸体配流端面如已损坏，则以缸体上的钢套为基准，在平面磨床上重新磨削配流端面
	—	⑦由于用带轮或齿轮直接装于泵轴上，致使泵轴受径向力，引起缸体和配流盘之间产生楔形间隙，使高低压腔沟通	⑦采用弹性联轴器，使泵轴不受径向力作用
	—	⑧泵的旋转方向不对	⑧将泵的旋转方向改过来
	—	⑨油温过低，泵无法吸进	⑨加热油液，提高油温
	—	⑩油液的黏度太高或吸程过长	⑩加热油温，降低黏度，吸程不要超过规定
泵少吸油少或无压力	①泵只要吸油就能排油	—	①检查吸油侧
	②若无压力时也不一定是泵不排油，可能是压力阀出问题	—	②检查压力阀是否被脏物卡住
	—	③泵旋转方向反了，不吸油也不排油	③检查泵的旋转方向是否转反了
	—	④压力阀和方向阀等回路设计、安装不正确，压力油从控制阀油口回油	④重新设计回路，正确安装各控制阀
	—	⑤吸油侧阀门未打开	⑤打开阀门后再启动泵

续表2

故障现象	故障原因		排除方法
	使用中的泵	新安装的泵	
压力不稳定	①液压油污染后有时发生压力波动	—	①清洗油箱，过滤液压油，清洗系统
	②刚启动时压力无问题，当使用一段时间后压力往下降	—	②油温升高黏度降低使各种元件内漏增大，检修液压件，先查溢流阀，再查泵的配流盘
	—	③刚启动泵时，压力表发生严重波动，这种波动随运转时间加长渐渐减轻	③系统内存有大量空气，可把压力表开关加点阻尼，注意不要关死
噪声过大	①吸油管道阻力过大，过滤器部分堵塞，使吸油不足	—	①减小吸入管道阻力
	②吸入管路接头漏气	—	②用润滑脂涂在吸油管路接头上检查，若接头因密封不严而漏气，此时噪声会迅速降低，查出漏气原因，排除后重新紧固
	③油箱中油液不足	—	③适当增加油箱中的油液，使液面在规定范围内
	④油的黏度太高	—	④降低油液黏度，可用同类油液进行调配，或更换合适的油液
	⑤泵吸油腔距油箱液面大于500mm，使泵吸油不良	—	⑤降低泵吸油口高度
	⑥油箱中通气孔被堵	—	⑥清洗油箱上通气孔
	—	⑦泵轴与电动机轴同轴度差，泵轴受径向力，转动时产生振动	⑦调整泵轴与电动机轴的同轴度

88

故障现象	故障原因		排除方法
	使用中的泵	新安装的泵	
泵不正常发热	①油液黏度太高或黏温性能差	—	①适当降低油液的黏度
	②油箱容量小	—	②增大油箱容量，或增设冷却器
	③泵内部油液漏损太大	—	③检修泵，减少泄漏
	④泵内运动件磨损异常	—	④修复或更换磨损件，并排除异常磨损的原因
	—	⑤装配不良、间隙选配不当	⑤按装配工艺进行装配，测量间隙，再重新配研，达到规定的合理间隙
	—	⑥泵和电机二轴的同轴度超差过大，造成严重发热	⑥检查同轴度是否超差过大，及时解决
泵漏油	①泵的间隙过大，润滑油大量进入轴承端，将低压油封冲开发生外漏	—	①先更换一个旋转轴用自紧橡胶密封圈，再检修泵
	—	②泵出厂时轴向间隙超过规定，油封装配时损坏	②若漏得严重可找生产厂家，若油封损坏了可更换一个

35. 轴向柱塞液压马达的常见故障原因及排除方法有哪些？

答：轴向柱塞液压马达的故障产生原因及排除方法，见表2-15。

表2-15　　　　轴向柱塞液压马达的故障产生原因及排除方法

故障现象	故障原因	排除方法
转速低、转矩小	（1）液压泵供油量不足，可能是	（1）相应采取如下措施
	①电动机的转速过低	①核实后调换电动机

故障现象	故 障 原 因	排 除 方 法
转速低、转矩小	②吸油口的滤油器被污物堵塞，油箱中的油液不足，油管孔径过小等因素，造成吸油不畅	②清洗滤油器，加足油液，适当加大油管孔径，使吸油通畅
	③系统密封不严，有泄漏，空气侵入	③紧固各连接处，防止泄漏和空气侵入
	④油液黏度太大	④一般使用 N32 润滑油，若气温低而黏度增加，可改用 N15 润滑油
	⑤液压泵径向、轴向间隙过大，容积效率降低	⑤修复液压泵
	（2）液压泵输入的油压不足，可能是	（2）相应采取如下措施
	①系统管道长，通道小	①尽量缩短管道，减小弯角和折角，适当增加弯道截面积
	②油温升高，黏度降低，内部泄漏增加	②更换黏度较大的油液
	（3）液压马达各接合面严重泄漏	（3）紧固各接合面螺钉
	（4）液压马达内部零件磨损，内部泄漏严重	（4）修配或更换磨损件
噪声大	（1）液压泵进油处的滤油器被污物堵塞	（1）清洗滤油器
	（2）密封不严而使大量空气进入	（2）紧固各连接处
	（3）油液不清洁	（3）更换清洁的油液
	（4）联轴器碰擦或不同心	（4）校正同心并避免碰擦
	（5）油液黏度过大	（5）更换黏度较小的油液（N15润滑油）
	（6）马达活塞的径向尺寸严重磨损	（6）研磨转子内孔，单配活塞
	（7）外界振动的影响	（7）隔绝外界振动

续表2

故障现象	故 障 原 因	排 除 方 法
外部泄漏	(1) 传动轴端的密封圈损坏	(1) 更换密封圈
	(2) 各接合面及管接头的螺钉或螺母未拧紧	(2) 拧紧各接合面的螺钉及管接头处的螺母
	(3) 管塞未旋紧	(3) 旋紧管塞
内部泄漏	(1) 弹簧疲劳,转子和配流盘端面磨损使轴向间隙过大	(1) 更换弹簧,修磨转子和配流盘端面
	(2) 柱塞外圆与转子孔磨损	(2) 研磨转子孔,单配柱塞

36. 径向柱塞液压马达的常见故障现象、原因及排除方法有哪些?

答:径向柱塞液压马达的常见故障现象、原因及排除方法,见表2-16。

表 2-16　　径向柱塞液压马达的常见故障现象、原因及排除方法

故障现象	故障原因及排除方法
转速下降,转速不够	①配流轴磨损,或者配合间隙过大。以轴配流的液压马达,如 JMD 型、CLJM 型、YM-3.2 型等,当配流轴磨损时,使得配流轴与相配的孔(如阀套或配流体壳孔)间隙增大,造成内泄漏增大,压力油漏往排油腔,使进入柱塞腔的流量大为减小,转速下降。此时可刷镀配流轴外圆柱面或镀硬铬修复,情况严重者需重新加工更换
	②配流盘端面磨损,拉有沟槽。采用配流盘的液压马达,如 JMDG 型、NHM 型等,当配流盘端面磨损,特别是拉有较深沟槽时,内泄漏增大,使转速不够;另外,压力补偿间隙机构失灵也会造成这种现象。此时应平磨或研磨配流盘端面
	③柱塞上的密封圈破损。柱塞密封圈破损后,造成柱塞与缸体孔间密封失效,内泄漏增加。此时需更换密封圈
	④缸体孔因污物等原因拉有较深沟槽应予以修复
	⑤连杆球铰副磨损
	⑥系统方面的原因。例如液压泵供油不足、油温太高、油液黏度过低、液压马达背压过大等,均会造成液压马达转速不够的现象,可查明原因,采取对策

续表

故障现象	故障原因及排除方法
输出扭矩不够	①同上①～⑥
	②连杆球铰副烧死、别劲
	③连杆轴瓦烧坏，造成机械摩擦阻力大
	④轴承损坏，造成回转别劲
	可针对上述原因采取对应措施
液压马达不转圈，不工作	①无压力油进入液压马达，或者进入液压马达的压力油压力太低，可检查系统压力上不来的原因
	②输出轴与配流轮之间的十字连接轴折断或漏装，应更换或补装
	③有柱塞卡死在缸体孔内，压力油推不动，应拆修使之运动灵活
	④输出轴上的轴承烧死，可更换轴承
速度不稳定	①运动件之间存在别劲现象
	②输入的流量不稳定，如泵的流量变化太大，应检查
	③运动摩擦面的润滑油膜被破坏，造成干摩擦，特别是在低速时产生抖动（爬行）现象。此时最要注意检查连杆中心节流小孔的阻塞情况，应予以清洗和换油
	④液压马达出口无背压调节装置或无背压，此时受负载变化的影响，速度变化大，应设置可调背压
	⑤负载变化大或供油压力变化大
马达轴封处漏油（外漏）	①油封卡紧，唇部的弹簧脱落，或者油封唇部拉伤
	②液压马达因内部泄漏大，导致壳体内泄漏油的压力升高，大于油封的密封能力
	③液压马达泄油口背压太大
	可针对上述原因作出处理

第三章 液 压 缸

1. 液压缸的结构特点及分类有哪些?

答: (1) 液压缸的结构特点。液压缸是液压系统的执行元件,它是将液体的压力能转换成工作机构的机械能,用来实现直线往复运动或小于 360°的摆动。液压缸结构简单,配制灵活,设计、制造比较容易,使用维护方便,所以得到了广泛的应用。液压缸作为执行元件,将液体的压力能转换为机械能,驱动工作部件作直线运动或往复运动,在生产实际中对各种运动的控制一般需要准确地把握力、速度,甚至位移,因而了解液压缸的工作原理,以及输出力、速度的规律,对于更好地研究液压系统有着十分重要的作用。

(2) 液压缸的分类。按作用方式不同液压缸可分为单作用式和双作用式两大类。单作用式液压缸是利用液压力推动活塞向着一个方向运动,而反向运动则依靠重力或弹簧力等实现;双作用式液压缸,其正、反两个方向的运动都依靠液压力来实现。

按不同的使用压力,又可分为中低压、中高压和高压液压缸。对于机床类机械一般采用中低压液压缸,其额定压力为 2.5~6.3MPa;对于要求体积小、重量轻、输出力大的建筑车辆和飞机多数采用中高压液压缸,其额定压力为 10~16MPa;对于油压机一类机械,大多数采用高压液压缸,其额定压力为 25~31.5MPa。

按结构形式的不同,液压缸可分为活塞式、柱塞式、摆动式、伸缩式等形式。

2. 常用的液压缸的图形符号及用途符号如何?

答: 液压缸的图形符号及用途见表 3-1。

表 3-1   液压缸的图形符号及用途

图形符号	用途和符号说明
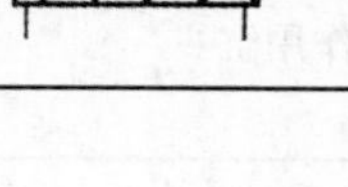	单作用单杆缸,靠弹簧力返回行程,弹簧腔带连接油口

图形符号	用途和符号说明
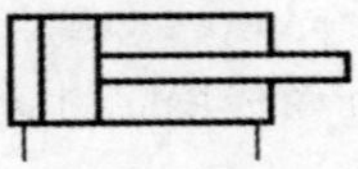	双作用单杆缸
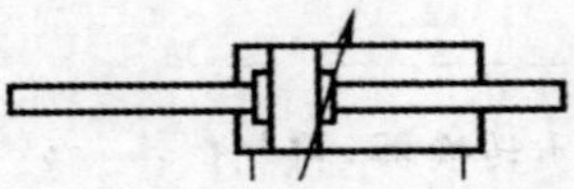	双作用双杆缸，活塞杆直径不同，双侧缓冲右侧带调节
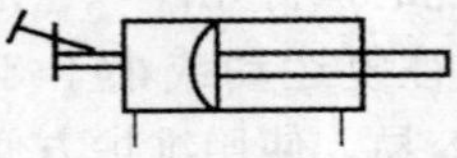	带行程限制器的双作用膜片缸
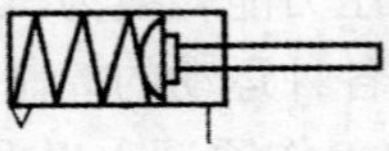	活塞杆终端带缓冲的单作用膜片缸，排气口不连接
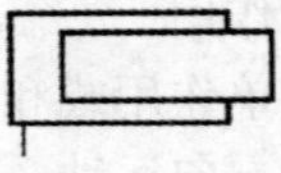	单作用缸，柱塞缸
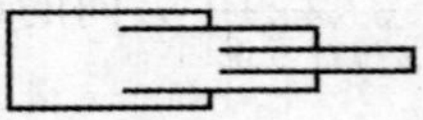	单作用伸缩缸
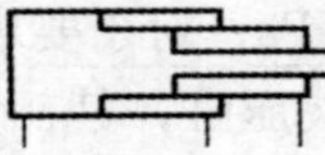	双作用伸缩缸
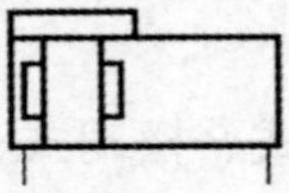	双作用带状无杆缸，活塞两端带终点位置缓冲
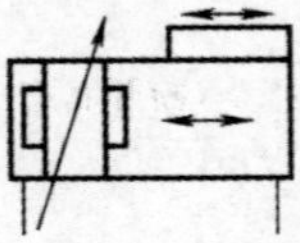	双作用缆绳式无杆缸。活塞两端带可调节终点位置缓冲
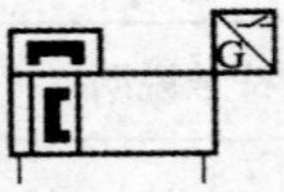	双作用磁性无杆缸，仅右边终端位置切换
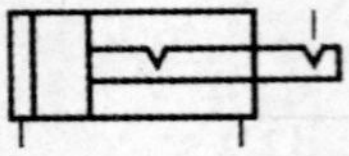	行程两端定位的双作用缸

续表2

图形符号	用途和符号说明
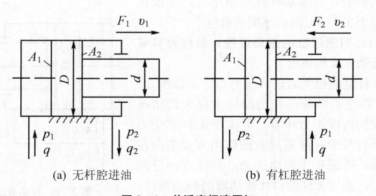	双杆双作用缸，左终点带内部限位开关，内部机械控制，右终点有外部限位开关，由活塞杆触发
	单作用压力介质转换器，将气体压力转换为等值的液体压力，反之亦然
p_1 p_2	单作用增压器，将气体压力 p_1 转换为更高的液体压力 p_2

3. 单杆活塞缸有哪些结构特点？如何计算单缸活塞缸的输出力和速度？

答： 如图 3-1 所示，单活塞杆液压缸在活塞的一端有活塞杆，通常把有活塞杆的液压腔称为有杆腔，无活塞杆的液压腔称为无杆腔。单活塞杆液压缸有缸体固定和活塞杆固定两种安装形式，活塞或缸体的移动行程等于工作行程。

(a) 无杆腔进油　　　　　　　(b) 有杆腔进油

图 3-1　单活塞杆液压缸

由于单活塞杆液压缸只在活塞的一侧装有活塞杆，因而两腔的作用面积不同，当分别向有杆腔和无杆腔输入同样压力和流量的压力油时，活塞产生不同的推力和运动速度。如图 3-1 (a) 和图 3-1 (b) 所示，当进油压力为 p_1，回油压力为 p_2 时，活塞杆所产生的推力和运动速度分别为：

$$F_1 = p_1 A_1 = p_2 A_2 = \frac{\pi}{4} D^2 (p_1 - p_2) + \frac{\pi}{4} d^2 p_2 \qquad (3-1)$$

$$F_2 = p_1 A_2 = p_2 A_1 = \frac{\pi}{4} D^2 (p_1 - p_2) + \frac{\pi}{4} d^2 p_2 \qquad (3-2)$$

$$\upsilon_1 = \frac{q}{A_1} = \frac{4q}{\pi D^2} \qquad (3-3)$$

$$\upsilon_2 = \frac{q}{A_1} = \frac{4q}{\pi (D^2 - d^2)} \qquad (3-4)$$

式中 p_1——液压缸的进油压力；

$\qquad p_2$——液压缸的回油压力；

$\qquad A_1$——液压缸无杆腔的有效作用面积；

$\qquad A_2$——液压缸有杆腔的有效作用面积；

$\qquad q$——进入无杆腔或有杆腔的流量；

$\qquad D$——活塞直径（即缸体直径）；

$\qquad d$——活塞杆直径。

比较上述各式，由于 $A_1 > A_2$，故 $F_1 > F_2$，$\upsilon_1 < \upsilon_2$，即活塞杆伸出时，推力较大，速度较小；活塞杆缩回时，推力较小，速度较大。因而它适用于伸出时承受工作载荷，缩回时为空载或轻载的场合。

由式 3-1 和式 3-3 得液压缸往复运动时的速度比为：

$$\lambda_\upsilon = \frac{\upsilon_2}{\upsilon_1} = \frac{D^2}{D^2 - d^2} \qquad (3-5)$$

上式表明，当活塞杆直径愈小时，速度比 λ_υ 愈接近于 1，两方向的速度差值愈小。

4. 什么叫液压缸的差动连接？怎样计算差动缸的运动速度和输出力？

当单杆缸两腔同时进入压力油时，如图 3-2 所示。在忽略两腔连通油路压力损失的情况下，两腔的油液压力相等。但由于无杆腔受力面积大于有杆腔，活塞向右的作用力大于向左的作用力，活塞杆作伸出运动，并将有杆腔的油液挤出，流进无杆腔，加快活塞的伸出速度。单杆液压缸两腔都进入液压油的这种连接方式称为差动连接。

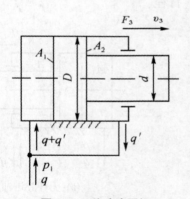

图 3-2 差动液压缸

差动连接时，$p_1 \approx p_2$，活塞推力 F_3 为：

$$F_3 = p_1 A_1 - p_2 A_2 \approx \frac{\pi}{4} D^2 p_1 - \frac{\pi}{4} (D^2 - d^2) p_1 = \frac{\pi}{4} d^2 p_1 \qquad (3-6)$$

活塞杆伸出的速度 υ_3 为：

$$\upsilon_3 = \frac{q}{A_1 - A_2} = \frac{4q}{\pi d^2} \qquad (3-7)$$

若要求差动液压缸的往复运动速度相等（$v_2 = v_3$）则有：

$$D = \sqrt{2}\, d$$

由式 3-6 和式 3-7 可知，差动连接时起有效作用的面积是活塞杆的横截面积。与非差动连接无杆腔进油工况相比，在输入油液压力和流量相同的条件下，活塞杆伸出速度较大而推力较小。因此，差动连接常用于需要快进（差动连接）→进（无杆腔进油）→快退（有杆腔进油）工作循环的组合机床等液压系统中。单活塞杆液压缸往复运动范围约为有效行程的两倍，其结构紧凑，应用广泛。

5. 双杆活塞缸有哪些结构特点？如何计算双杆活塞缸的输出力和速度？适用于哪些场合？

答： 如图 3-3 所示为双杆活塞液压缸的原理图，液压缸的两侧均装有活塞杆。当两活塞杆的直径相同，即有效工作面积相等时，向液压缸两腔输入同样压力和流量的压力油时，活塞或缸体两个方向的输出推力和运动速度相等，其值分别为：

$$F = (p_1 - p_2)\frac{\pi}{4}(D^2 - d^2) \qquad (3-8)$$

$$v = \frac{q}{A} = \frac{4q}{\pi(D^2 - d^2)} \qquad (3-9)$$

式中　　v——活塞（或缸体）的运动速度；

　　　　q——输入液压缸的流量；

　　　　p_1——液压缸的进油压力；

　　　　p_2——液压缸的回油压力；

　　　　A——活塞的有效作用面积；

　　　　D——活塞直径（即缸体直径）；

　　　　d——活塞杆直径。

如图 3-3（a）所示为缸体固定、活塞杆移动的安装形式，运动部件的移动范围是活塞有效行程的 3 倍，这种安装形式占地面积大，一般用于小型设备。如图 3-3（b）所示为活塞杆固定、缸体移动的安装形式，运动部件的移动范围是活塞有效行程的 2 倍，这种安装形式占地面积小，常用于大、中型设备。

6. 摆动式液压缸的类型及结构特点如何？如何计算单叶片摆动式液压缸的输出转矩与速度？

答： 摆动式液压缸又称为摆动式液压马达或回转液压缸，它把油液的压力能转变为摆动运动的机械能。常用的摆动式液压缸有单叶片和双叶片两种。

如图 3-4（a）所示为单叶片摆动式液压缸。隔板 1 用螺钉和圆柱销固定在缸体 2 上。当压力油进入油腔时，推动转动轴 3 作逆时针旋转，另一腔的油

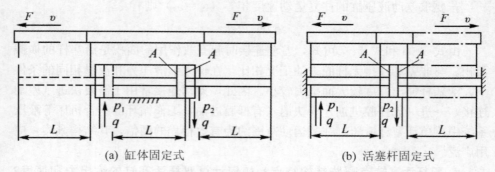

(a) 缸体固定式   (b) 活塞杆固定式

图 3-3　双杆活塞液压缸

排回油箱。当压力油反向进入油腔时，转轴顺时针转动。它的摆动范围一般在 $300°$ 以下。设摆动缸进出油口压力分别为 p_1 和 p_2，输入的流量为 q，若不考虑泄漏和摩擦损失，它的输出转矩 T 和角速度 ω 分别为：

$$T=b\int_r^R (p_1-p_2)rdr=\frac{b}{2}(R^2-r^2)(p_1-p_2) \tag{3-10}$$

$$\omega=2\pi n=\frac{2q}{b(R^2-r^2)} \tag{3-11}$$

式中　b——叶片宽度；

　　　r、R——叶片底端、顶端回转半径。

如图 3-4（b）所示为双叶片摆动式液压缸。当按图 3-4（b）所示方向输入压力油时，叶片和输出轴顺时针转动；反之，叶片和输出轴逆时针转动。双叶片摆动式液压缸的摆动范围一般不超过 $150°$。

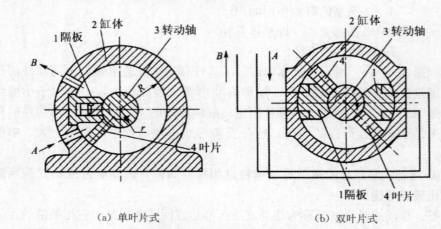

（a）单叶片式   （b）双叶片式

图 3-4　摆动液压缸类型

98

7. 柱塞式液压缸结构特点是什么? 如何计算柱塞式液压缸的输出力和速度?

答: 活塞式液压缸的内壁要求精加工, 当液压缸较长时加工就比较困难, 因此在行程较长的场合多采用柱塞缸。柱塞缸的内壁不需要精加工, 只对柱塞杆进行精加工。它结构简单, 制造方便, 成本低。如图 3 - 5 (a) 所示为柱塞缸的结构, 它由缸体、柱塞、导套、密封圈、压盖等零件组成。

柱塞缸只能在压力油作用下产生单向运动。回程借助于运动件的自重或外力的作用 (垂直旋转或弹簧力等)。为了得到双向运动, 柱塞缸成对使用, 如图 3 - 5 (b) 所示。为减轻重量, 防止柱塞水平放置时因自重而下垂, 常把柱塞做成空心的形式。

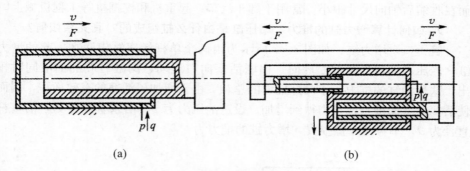

(a)   (b)

图 3 - 5 柱塞缸

柱塞缸输出力 F 和速度 v 分别由以下两式计算:

$$F = pA\eta_m = p\frac{\pi}{4}d^2\eta_m \qquad (3-12)$$

$$v = \frac{q\eta_v}{A} = \frac{4q\eta_v}{\pi d^2} \qquad (3-13)$$

式中 p、q——为油液压力、流量;

$\quad\quad\quad A$、d——为柱塞有效作用面积、直径;

$\quad\quad\quad \eta_m$、η_v——分别为缸的机械效率和容积效率。

8. 伸缩式液压缸的结构特点及用途有哪些?

答: 如图 3 - 6 所示为伸缩式液压缸的结构图, 它由两套活塞缸套装而成, 活塞 1 是缸体 3 的活塞, 同时又是活塞 2 的缸体。

当压力油从 A 口通入, 活塞 1 先伸出, 然后活塞 2 伸出。当压力油从 B 口通入, 活塞 2 先缩入, 然后活塞 1 缩入。总之, 按活塞的有效工作面积大小依次动作, 有效面积大的先动, 小的后动。伸出时的推力和速度是分级变化的, 活塞 1 有效面积大, 伸出时推力大、速度低, 第二级活塞 2 伸出时推力小速度高。这种液压缸的特点是: 在各级活塞依次伸出时可以获得较长的行程,

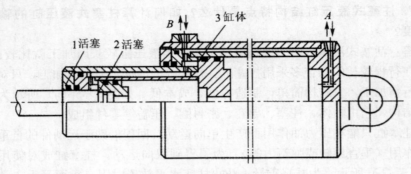

图 3 - 6   伸缩式液压缸

而在收缩后轴向尺寸很小。常用于翻斗汽车、起重机和挖掘机等工程机械上。

9. 如何计算增力缸的推力？增压缸是由什么缸组成的？其关系如何？

答：（1）增力缸：如图 3 - 7 所示为由两个单杆活塞缸串联在一起的增力缸，当压力油通入两缸左腔时，串联活塞向右运动，两缸右腔的油液同时排出，这种油缸的推力等于两缸推力的总和。由于增加了活塞的有效面积，因而使活塞杆上的推力或拉力得到增加。设进油压力为 p，活塞直径为 D，活塞杆直径为 d，不考虑摩擦损失，增力缸的推力为：

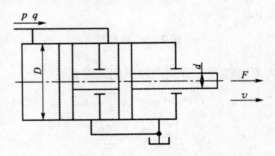

图 3 - 7   增力缸示意图

$$F = p \frac{\pi}{4} D^2 + p \frac{\pi}{4}(D^2 - d^2) = p \frac{\pi}{4}(2D^2 - d^2) \qquad (3 - 14)$$

当单个液压缸推力不足，缸径因空间限制不能加大，但轴向长度允许增加时，可采用这种增力缸。增力缸另一个用途是作为多缸的同步装置，这时常称它为等量分配缸或等量缸。

（2）增压缸：如图 3 - 8 所示为由活塞缸和柱塞缸组合而成的增压缸，用以使液压系统中的局部区域获得高压。在这里活塞缸中活塞的有效工作面积大于柱塞缸的有效工作面积，所以向活塞缸无杆腔送入低压油时，可以在柱塞缸那里得到高压油，它们之间的关系为：

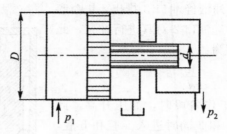

图 3-8 增压缸示意图

$$\frac{\pi}{4}D^2 p_1 = \frac{\pi}{4}d^2 p_2 \qquad (2-15)$$

$$p_2 = \left(\frac{D}{d}\right)^2 p_1 = K p_1 \qquad (2-16)$$

式中　　p_1、p_2——增压缸的输入压力（低压）、输出压力（高压）；

　　　　　D、d——活塞、柱塞的直径；

　　　　　K——增压比 $K = D^2/d^2$。

由式 3-14 可知，当 $D = 2d$ 时，$p_2 = 4p_1$，即压力增大 4 倍。单作用增压缸只能单方向间歇增压，若要连续增压就需采用双作用式增压缸。

10. 工作机构要求往复运动速度相同时，应选用何种类型的液压缸？

答：应根据工作机构的动作循环形式选用液压缸。

（1）如果工作机构的动作循环形式为仅有等速往复运动，可采用两端活塞直径相等的双杆活塞缸，并根据工作机构的布局和工作性质，决定采用缸筒固定或活塞杆固定。

（2）如果工作机构的循环形式为快速交替运动，例如组合机床动力滑台的动作循环：快进→慢进→快退，并要求快进速度与快退速度相等，这时可采用单杆差动液压缸，同时将活塞杆直径制成缸筒内径的 0.707 倍，以保证无杆腔的有效作用面积等于有杆腔的 2 倍，至于是采用缸筒固定还是活塞固定，则应根据工作机构的布局和工作性质决定。

11. 简述三腔复合增速缸的结构组成、工作原理、应用特点及适用场合。

答：（1）复合增速缸是由普通液压缸演变而来的一种液压执行元件，如图 3-9 所示为最常见的三腔复合增速缸的结构示意图，它由大小两个液压缸复合而成，活塞式大缸的活塞 6 兼作柱塞式小缸的缸筒，柱塞 7 与缸盖固结为一体，从而形成三个工作腔（a、b、c 腔，作用面积分别记为 A_a、A_b、A_c），它们的油口分别为 1、2、3。根据需要通过适当搭配液压控制阀和油路连接，即可构成节能液压系统，其原理是通过自动改变液压缸运行中自身的作用面积来改变缸的运动速度。

（2）当压力油从油口 1 进入 a 腔时，由于柱塞 7 的直径最小，故活塞 6 空载快速下行，c 腔的油液经油口 3 排出，b 腔产生部分真空，低压油经油口 2 对其进行补充，此时活塞 6 的下行速度为：

$$\upsilon_1 = \frac{4q}{\pi d^2}$$

当活塞 6 进入工作阶段时，油压升高，此时，压力油经油口 1 和 2 同时进入 a 腔和 b 腔，活塞自动转为重载、低速运动，活塞 6 的下行速度为：

$$\upsilon_2 = \frac{4q}{\pi D^2}$$

工作完毕活塞 6 上行时，压力油从油口 3 进入 c 腔，a 腔和 b 腔分别经油口 1 和 2 排油，此时，活塞 6 的上行速度为：

$$\upsilon_3 = \frac{4q}{\pi(D^2 - d_1^2)}$$

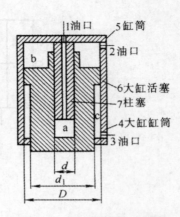

图 3-9 三腔复合增速缸结构示意图

式中，q 为缸的输入流量，D 为缸筒 5 内径，d 为柱塞 7 直径，d_1 为活塞杆直径。

（3）复合增速缸的液压源既可以是定量泵，也可以是变量泵，但定量泵居多。复合增速缸在不增大输入流量的情况下，可以得到三种不同的运动速度，用于某些快慢速交替工作的工况类型，可以大幅度降低液压泵的流量规格和运行能耗，收到显著节能效果。复合缸尚无系列产品供选用，用户通常需根据具体使用场合、要求及工作条件参照普通液压缸的设计规范自行设计制造。

12. 液压缸的活塞杆外端与工作机构有哪些连接形式？

答：活塞杆（或柱塞）的外端头部与工作机构相连接，常用的活塞杆外端连接形式见表 3-2，活塞杆螺纹形式和尺寸系列在 GB/T 2350 中作了规定。为了避免活塞杆在工作中产生偏心承载力，适应液压缸的安装要求，提高其作用效率，应该根据载荷的具体情况，进行具体选择。

表 3-2　　　　　　　　　　常见的活塞杆外端连接形式

图　示	连接形式	适　用	图　示	连接形式	适　用
	小螺栓头	工作时轴线固定不动的缸		方形双耳环	工作时轴线摆动的缸

102

图　　示	连接形式	适用	图　　示	连接形式	适用
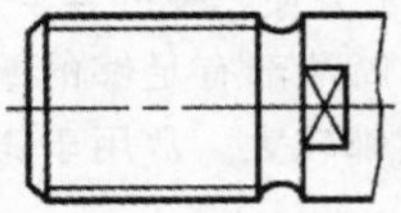	大螺栓头	工作时轴线固定不动的缸	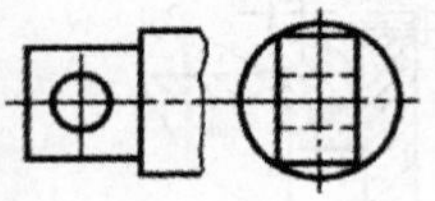	方形单耳环	工作时轴线摆动的缸
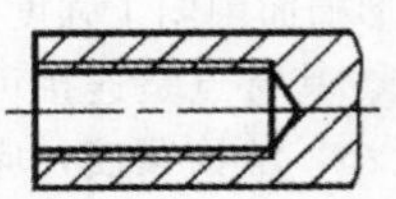	螺孔头		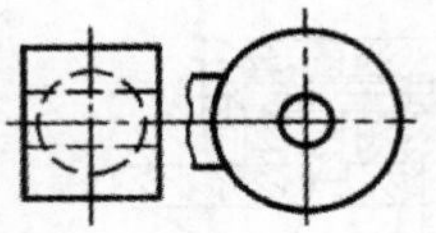	圆形耳环	
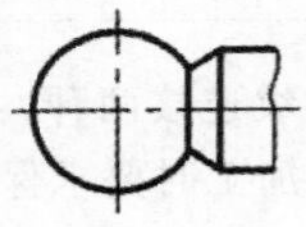	小球头	工作时轴线摆动的缸	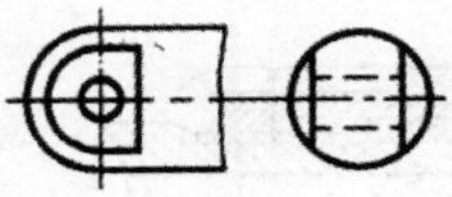	光杆耳环	工作时轴线摆动的缸
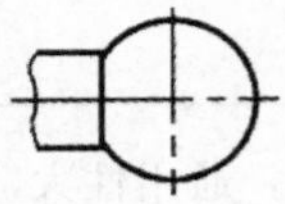	大球头		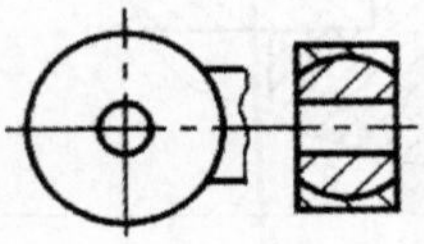	球铰单耳环	
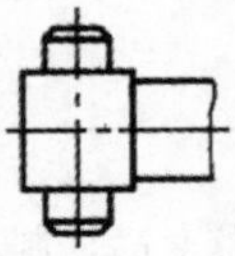	轴销				

13. 对液压缸的缸筒-缸盖组件有何基本要求？其连接方式及特点如何？

答：（1）缸筒和缸盖承受油液的压力，因此要求有足够的强度和刚性、较高的表面精度和可靠的密封性。

（2）缸筒-缸盖组件的具体结构形式与使用的材料有关。一般工作压力小于 10MPa 时可使用铸铁，小于 20MPa 时使用无缝钢管，大于 20MPa 时使用铸钢或锻钢。

（3）液压缸的缸筒-缸盖组件的结构形式及特点，见表 3-3。

103

表 3－3　　　液压缸的缸筒-缸盖组件的常见结构形式及特点

连接形式	简图	特点
法兰式	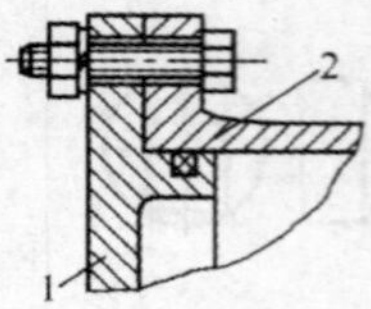	连接结构简单，加工方便，装拆容易，连接可靠。但要求缸筒端部有足够的壁厚，外形尺寸和质量都较大。常用于铸铁材料的缸筒上
半环式	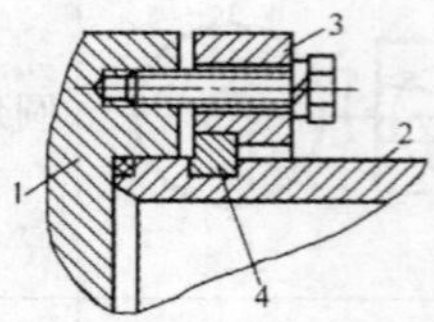	缸筒壁部因开了环形槽而削弱了强度，为此有时要加厚缸壁。其特点是连接可靠，工艺性好，质量小，结构紧凑，应用非常普遍，常用于无缝钢管或锻钢制的缸筒与缸盖的连接中
螺纹式	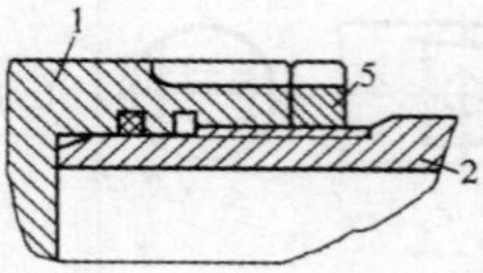	有外螺纹连接和内螺纹连接两种。缸筒端部结构复杂，外径加工时要求保证内外径同心，装拆要使用专用工具，其外形尺寸和质量都较小，常用于无缝钢管或铸钢制的缸筒上
拉杆式	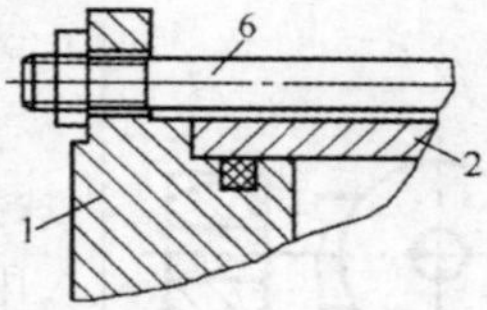	结构简单，工艺性好，通用性大，但外形尺寸和质量都较大，且拉杆受力后会拉伸变长，影响密封效果，只适用于长度不大的中低压缸
焊接式	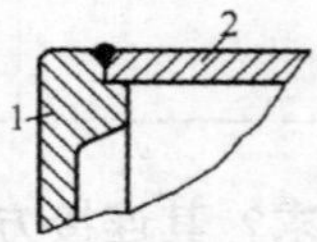	结构简单，尺寸小，强度高，制造方便，但缸底处内径不易加工，且可能引起缸筒的变形

注：表中图示零件名称 1. 缸盖；2，缸筒；3. 压板；4. 半环；5. 防松螺母；6. 拉杆。

14. 液压缸的活塞-活塞杆组件有哪些形式？特点如何？

答：活塞受油液的压力，并在缸筒内往复运动，故要有一定的强度和良好的耐磨性，活塞一般用耐磨铸铁制造。活塞杆是连接活塞和工作部件的传力零件，要求有足够的强度和刚度，其外圆表面与导向套接触，需要时可作耐磨和防锈处理。活塞杆不论空心与否，通常都用钢料制造。活塞-活塞杆组件常见结构形式及特点见表 3－4。

表 3 - 4　　　　液压缸的活塞-活塞杆组件的常见结构形式及特点

连接形式	简　图	特　点
整体式		活塞与杆一体加工可使结构简单，且容易保证同轴度要求，但损坏后需整体修复或更换，适用于小尺寸缸
焊接式		节省材料，但损坏后仍需整体修复或更换
锥销连接式		活塞与杆可用异种材料加工，装配方便，但要解决防止松动和间隙处的密封问题，一般用于中低压缸
螺纹连接式		结构简单，拆装方便。采用双螺母或单个螺母及开口销的防松措施后，是一种较好的方案
卡键式		卡键 7 是两个半圆环键，卡套 8 封装两半圆环键，弹性挡圈限制组件轴向移动。结构较复杂，但组件同轴度精度高、承载能力大，工作较可靠，适用于高压和振动较大的场合

注：零件名称 1. 活塞杆；2. 活塞；3. 锥销；4. 密封圈；5. 防松螺母；6. 螺母；7. 半环卡键；8. 卡套；9. 弹性挡圈。

15. 对液压缸密封装置主要有哪些要求？

答：密封装置的作用是用来阻止有压工作介质的泄漏，防止外界空气、灰尘、污垢与异物的侵入。其中起密封作用的元件称为密封件。通常在液压系统或元件中，存在工作介质的内泄漏和外泄漏，内泄漏会降低系统的容积效率，恶化设备的性能指标，甚至使其无法正常工作。外泄漏导致流量减少，不仅污染环境，还有可能引起火灾，严重时可能引起设备故障和人身事故。系统中若侵入空气，就会降低工作介质的弹性模量，产生气穴现象，有可能引起振动和噪声。灰尘和异物既会堵塞小孔和缝隙，又会增加液压缸中相互运动件之间的磨损，降低使用寿命，并且加速了内、外泄漏。所以为了保证液压设备工作的可靠性，并提高工作寿命，密封装置与密封件不容忽视。液压缸的密封主要指活塞、活塞杆处的动密封和缸盖等处的静密封。

16. 何种液压缸需要设置排气装置？其安装位置如何？

答：液压缸的密封装置有间隙密封、金属活塞环、橡胶密封圈等类型。其中最常用的橡胶密封圈，既可用于静密封，也可用于动密封。

（1）间隙密封。这是依靠两运动件配合面之间保持一很小的间隙，使其产生液体摩擦阻力来防止泄漏的一种方法。该密封方法只适用于直径较小、压力较低的液压缸与活塞间的密封。间隙密封属于非接触式密封，它是靠相对运动件配合面之间的微小间隙来防止泄漏以实现密封，如图 3-10 所示，常用于柱塞式液压泵（马达）中柱塞和缸体配合、圆柱滑阀的摩擦副的配合中。通常在阀芯的外表面开几条等

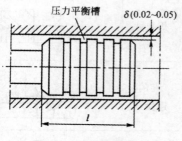

图 3-10　间隙密封

距离的均压槽，其作用是对中性好，减小液压卡紧力，增大密封能力，减轻磨损。匀压槽宽度为 0.3～0.5mm，深为 0.5～1mm，其间隙值可取 0.02～0.05mm。这种密封摩擦阻力小、结构简单，但磨损后不能自动补偿。

（2）金属活塞环。金属活塞环是一种开口的金属环，依靠其弹性变形所产生的胀力压紧在缸筒内壁上，从而产生密封作用。金属活塞环密封效果好、压力和速度变化适应能力强、耐高温、寿命长、易于维护保养，但加工要求高，目前此种密封已较少应用。

（3）橡胶密封圈。橡胶密封圈是用耐油橡胶压制而成的密封件，将其套装在活塞和活塞杆上，或压在缸盖与缸筒的结合面间，可基本防止泄漏。采用橡胶密封圈的液压缸，缸的总效率近似等于机械效率。按密封圈断面形状不同，橡胶密封圈有 O 形、V 形、Y 形等结构形式。

①O 形密封圈。O 形密封圈是由耐油橡胶制成的截面为圆形的圆环，它具有良好的密封性能，且结构紧凑、运动件的摩擦阻力小、装卸方便、容易制造、价格便宜，故在液压系统中应用广泛。

如图 3-11（a）所示为其外形图。如图 3-11（b）所示为装放密封沟槽的情况，δ_1、δ_2 是 O 形圈装配后的预压缩量，通常用压缩率 β 表示，即 $\beta=[(d_0-h)/d_0]\times100\%$。对于固定密封、往复运动密封和回转运动的密封，应分别达到 15%～20%、10%～20% 和 5%～10%，才能取得满意的密封效果。当油液工作压力大于 10MPa 时，O 形圈在往复运动中容易被油液压力挤入间隙而过早损坏，如图 3-11（c）所示。为此需在 O 形圈低压侧设置聚四氟乙烯或尼龙制成的挡圈，如图 3-11（d）所示，其厚度为 1.25～2.5mm。双向

受压时，两侧都要加挡圈，如图 3－11（e）所示。

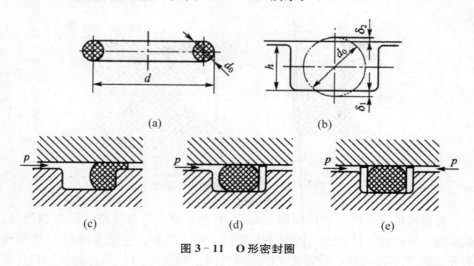

图 3－11　O 形密封圈

②V 形密封圈。V 形密封圈的形状如图 3－12 所示，它由纯耐油橡胶或多层夹织物橡胶压制而成，通常由压环［如图 3－12（a）所示］、密封环［如图 3－12（b）所示］和支承环［如图 3－12（c）所示］组成。当压环压紧密封环时，支撑环使密封环产生变形而起密封作用。当工作压力高于 10MPa 时，可增加密封环的数量，提高密封效果。安装时，密封环的开口应面向压力高的一侧。V 形圈密封性能良好，耐高压、寿命长。通过调节压紧力，可获得最佳的密封效果，但 V 形密封装置的摩擦阻力及结构尺寸较大，主要用于活塞组件的往复运动。它适宜在工作压力小于 50MPa、温度为－40℃～＋80℃的条件下工作。

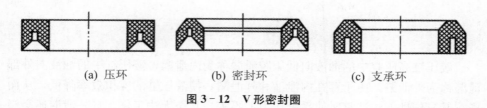

(a) 压环　　　　　　　(b) 密封环　　　　　　(c) 支承环

图 3－12　V 形密封圈

③Y 形密封圈。Y 形密封圈属唇形密封圈，其截面为 Y 形，主要用于往复运动的密封，是一种密封性、稳定性和耐压性较好，摩擦阻力小，寿命较长的密封圈，故应用也很广泛。Y 形圈的密封作用依赖于它的唇边对偶合面的紧密接触，并在压力油作用下产生较大的接触应力，达到密封的目的（如图 3－13 所示）。当液压力升高时，唇边与偶合面贴得更紧，接触压力更高，密封性能更好。Y 形圈根据截面长宽比例不同分为宽断面和窄断面两种形式。一般适

用于工作压力 $p \leqslant 20MPa$、工作温度 $-30℃ \sim +100℃$、速度 $v \leqslant 0.5m/s$ 的场合。

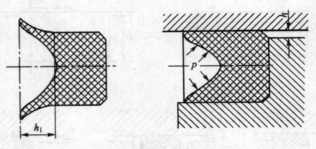

图 3-13　Y 形密封圈的工作原理

目前液压缸中广泛使用窄断面小 Y 形密封圈，它是宽断面的改型产品，截面的长宽比在 2 倍以上，因而不易翻转、稳定性好，它有等高唇 Y 形圈和不等高唇 Y 形圈两种，后者又有轴用密封圈［如图 3-14（a）所示］和孔用密封圈［如图 3-14（b）所示］两种。其短唇与密封面接触，滑动摩擦阻力小，耐磨性好，寿命长；长唇与非运动表面有较大的预压缩量，摩擦阻力大，工作时不窜动。一般适用于工作压力 $p \leqslant 32MPa$、使用温度为 $-30℃ \sim +100℃$ 的条件下工作。

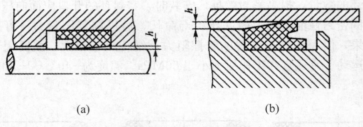

　　　　　　（a）　　　　　　　　　　　（b）

图 3-14　小 Y 形密封圈

液压缸高压腔中的油液向低压腔泄漏称为内泄漏，液压缸中的油液向外部泄漏称为外泄漏。由于存在内泄漏和外泄漏，使液压缸的容积效率降低，从而影响其工作性能，严重时使系统压力上不去，甚至无法工作，且外泄漏还会污染环境，因此为了防止泄漏，液压缸中需要密封的地方必须采取相应的密封装置。

17. 液压缸设缓冲装置的目的与原理是什么？常见缓冲方式有哪几种？

　　答：当运动件的质量较大，运动速度较高（$v > 0.2m/s$）时，由于惯性力较大而具有很大的动量。在这种情况下，当活塞运动到缸筒的终端时，会与端盖发生机械碰撞，产生很大的冲击力和噪声，严重影响运动精度，甚至会引起事故，所以在大型、高速或高精度的液压设备中，常设有缓冲装置。

缓冲装置的工作原理是：利用活塞或缸筒在其走向行程终端时，在活塞和缸盖之间封住一部分油液，强迫它从小孔或缝隙中挤出，以产生很大的阻力，使工作部件受到制动逐渐减慢运动速度，达到避免活塞和缸盖相互撞击的目的。常见的缓冲方式有以下几种：

（1）固定节流缓冲。如图 3－15（a）所示是缝隙节流，当活塞移动到其端部，活塞上的凸台进入缸盖的凹腔，将封闭在回油腔中的油液从凸台和凹腔之间的环状缝隙中挤压出去，从而造成背压，迫使运动活塞降速制动，以实现缓冲。这种缓冲装置结构简单，缓冲效果好，但冲击压力较大。

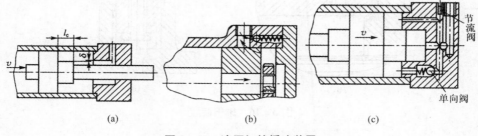

图 3－15　液压缸的缓冲装置

（2）可变节流缓冲。可变节流缓冲油缸有多种形式，有在缓冲柱塞上开三角槽，有多油孔，还有其他一些可变节流缓冲油缸，其特点是在缓冲过程中，节流口面积随着缓冲行程的增大而逐渐减小，缓冲腔中的压力几乎保持不变。图 3－15（b）所示在活塞上开有横截面为三角形的轴向斜槽，当活塞移近液压缸缸盖时，活塞与缸盖间的油液需经三角槽流出，从而在回油腔中形成背压，以达到缓冲的目的。

（3）可调节流缓冲。如图 3－15（c）所示在缸盖中装有针形节流阀 1 和单向阀 2。当活塞移近缸盖时，凸台进入凹腔，由于它们之间间隙较小，所以回油腔中的油液只能经节流阀流出，从而在回油腔中形成背压，以达到缓冲的目的。调节节流阀的开口大小就能调节制动速度。

18．液压缸气体的来源如何？液压缸中的气体对液压系统有何影响？其气体的排除方法是什么？

答：（1）气体的来源：液压系统在安装过程中或长时间停止工作之后会渗入空气，另外，密封不好也会有空气渗入，况且油液中也含有气体（无论何种油液，本身总是溶解有 3％～10％的空气）。

（2）液压缸中的气体对液压系统的影响：空气积聚使得液压缸运动不平稳，低速时会产生爬行。由于气体有很强的可压缩性，会使执行元件产生爬行。压力增大时还会产生绝热压缩而造成局部高温，有可能烧坏密封件。启动时会引起振动和噪声，换向时会降低精度。因此在设计液压缸时，要保证及时排除积留在缸中的气体。

（3）气体的排除方法：一般利用空气密度较油轻的特点，可以在液压缸内腔的最高部位设置排气孔或专门的排气装置。如图 3-16 所示为采用排气塞和排气阀的排气装置：当松开排气阀螺钉时，带着空气的油液便通过锥面间隙经小孔溢出，待系统内气体排完后，便拧紧螺钉，将锥面密封，也可在缸盖的最高部位处开排气孔，用长管道向远处排气阀排气。所有的排气装置都是按此基本原理工作的。

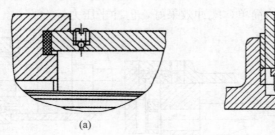

(a)　　　　　　　(b)

图 3-16　排气装置

19. 液压缸有哪些安装方式？其特点如何？应如何选用？

答：（1）液压缸的安装方式及特点见表 3-5。

表 3-5　　　　　　　　　　液压缸的安装方式

安装方式	图　示	特　点
法兰式		可提供高强度的中线支座，但对找正的要求较高。可以用有杆端法兰或无杆端法兰安装缸，有杆端法兰比较适合于拉力负载。为防止下垂，水平安装的长缸有时需要在自由端设置附加支座
中线凸耳式	凸耳	中线凸耳沿活塞杆中心线所在平面支承缸体。这种安装使安装螺栓只受单纯的拉伸或剪切，不受复合力；要求精确找正，精确找正后很牢固
耳轴式		耳轴安装使缸可以驱动曲线运动的负载。耳轴通常布置在活塞杆中心线所在平面内，并且只承受剪切载荷。因它是一种铰接安装，故有助于补偿不对正度

110

续表

安装方式	图 示	特 点
耳环式	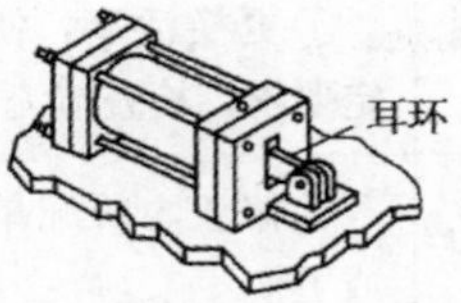 耳环	整体式耳环是缸底盖的一部分。由于支点在缸体以外,因此安装的杠杆臂较长
拉杆式	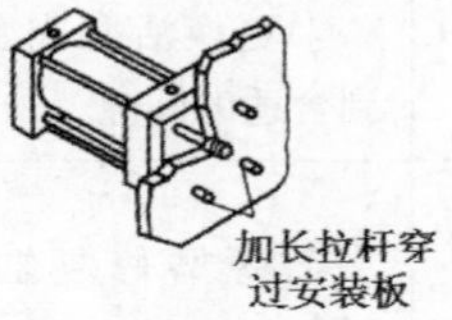 加长拉杆穿过安装板	加长拉杆安装与法兰安装一样,也提供中线支座,但刚度较低
脚架式	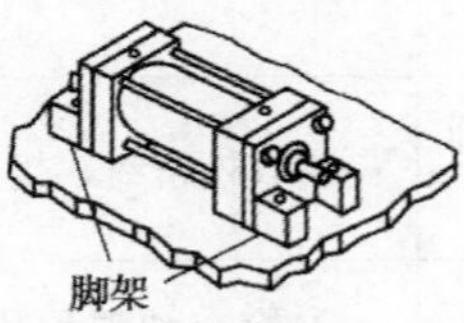 脚架	由于脚架低于活塞杆的中心线而使缸承受倾翻力矩。应力值高于中线凸耳安装而刚度较低。允许稍大的不对正度。往往用键或销来承受剪切载荷,以便使安装螺栓仅受拉力

(2)选择安装方式时,应综合考虑缸的负载特性和运动方式,使液压缸只受运动方向的负载而不受径向负载。所选定的安装方式应满足液压缸不受复合力的作用并容易找正、刚度好、成本低、维护性好等条件。

20. 液压缸的常见故障诊断及排除方法有哪些?

答:液压缸的常见故障诊断及排除方法,见表3-6。

表3-6　　　　　　　液压缸的常见故障诊断及排除方法

故 障	产 生 原 因	排 除 方 法
爬 行	①外界空气进入缸内	①设置排气装置或开动系统强迫排气
	②密封压得太紧	②调整密封,但不得泄漏
	③活塞与液压缸不同轴,活塞杆不直	③校正或更换,使同轴度小于0.04mm
	④缸内壁拉毛,局部磨损严重或腐蚀	④适当修理,严重者重新磨缸内孔,按要求重配活塞
	⑤安装位置有偏差	⑤校正
	⑥双活塞杆两端螺母拧得太紧	⑥调整

续表

故 障	产 生 原 因	排 除 方 法
冲 击	①用间隙密封的活塞，与缸筒间隙过大，节流阀失去作用	①更换活塞，使间隙达到规定要求，检查节流阀
	②端头缓冲的单向阀失灵，不起作用	②修正、研配单向阀与阀座或更换
推 力 不 足，速度不 够 或 逐 渐 下降	①由于缸与活塞配合间隙过大或 O 形密封圈损坏，使高低压腔互通	①更换活塞或密封圈，调整到合适的间隙
	②工作段不均匀，造成局部几何形状有误差，使高低压腔密封不严，产生泄漏	②镗磨修复缸内孔，重配活塞
	③缸端活塞杆密封压得太紧或活塞杆弯曲，使摩擦力或阻力增加	③放松密封，校直活塞杆
	④油温太高，黏度降低，泄漏增加，使缸速减慢	④检查油温原因，采用散热措施，如间隙过大，可单配活塞杆或增装密封环
	⑤液压泵流量不足	⑤检查泵或调节控制阀
外泄漏	①活塞杆表面损伤或密封圈损坏造成活塞杆处密封不严	①检查并修复活塞杆和密封圈
	②管接头密封不严	②检查密封圈及接触面
	③缸盖处密封不良	③检查并修正

112

第四章　液压与气动控制阀

1. 液压控制阀有哪些类型？

答：液压阀的分类方法很多，同一种阀在不同的场合，因着眼点不同而有不同的名称。图4-1所示为液压阀的详细分类。

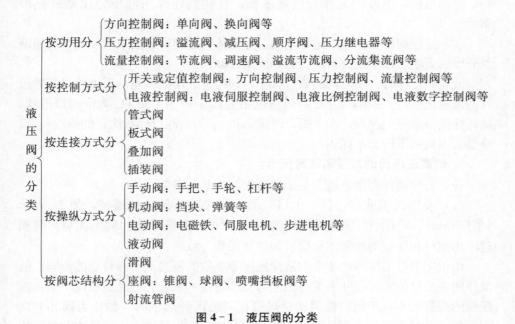

图4-1　液压阀的分类

2. 液压阀在液压系统中的功用是什么？

答：液压系统中的控制元件指各类液压控制阀（简称液压阀），其功用是通过控制调节液压系统中油液的流向、压力和流量，使执行元件及其驱动的工作机构获得所需的运动方向、推力（转矩）及运动速度（转速）等，满足不同的动作要求。液压阀是液压技术中使用品种与规格最多、应用最广泛、最活跃的元件；一个液压系统的工作过程和品质，在很大程度上取决于其中所使用的各种液压阀。

3. 对液压阀有哪些基本要求？

答：（1）动作灵敏，使用可靠，工作时冲击和振动小，噪声小，使用寿命长。

（2）阀口全开时，液体通过阀的压力损失小；阀口关闭时，密封性能好。

（3）被控参量（压力或流量）稳定，受外部干扰时变化量小。

（4）结构紧凑，安装调试及使用维护方便，通用性好。

4. 简述液压阀的基本结构与原理。

答：（1）液压阀的基本结构主要包括阀芯、阀体和驱动阀芯在阀体内做相对运动的装置。阀芯的结构形式多样；阀体上有与阀芯配合的阀体（套）孔或阀座孔，还有外接油管的进、出油口；阀芯的驱动装置可以是手调（动）机构、机动机构，也可以是弹簧或电磁铁，有些阀还采用液压力驱动或电液驱动。

（2）液压阀的工作原理是利用阀芯在阀体内的相对运动来控制阀口的通断及开度的大小，以实现方向、压力和流量控制。

液压阀工作时，所有阀的阀口大小，阀的进、出油口间的压力差以及通过阀的流量之间的关系都符合孔口流量通用公式 $q = CA\Delta p\varphi$（C 为由阀口形状、油液性质等决定的系数，A 为阀口通流面积，φ 为由阀口形状决定的指数），仅是参数因阀的不同而不同。

5. 何谓液压阀的通径和额定压力？

答：公称通径和额定压力是液压阀的两个基本参数。

（1）液压阀主油口（进、出口）的名义尺寸叫做公称通径，用 D_g 表示（单位 mm），它代表了液压阀通流能力的大小，对应于阀的额定流量。与阀进、出油口相连接的油管规格应与阀的通径相一致。

由于主油口的实际尺寸受到液流速度等参数的限制及结构特点的影响，故液压阀主油口的实际尺寸不见得完全与公称通径一致。公称通径仅用于表示液压阀的规格大小，不同功能但通径规格相同的两种液压阀（如压力阀和方向阀）的主油口实际尺寸未必相同。阀工作时的实际流量应小于或等于其额定流量，最大不得大于额定流量的 1.1 倍。

（2）额定压力指液压阀长期工作所允许的最高工作压力。

6. 何谓方向控制阀？它分为哪两类？

答：方向控制阀（简称方向阀），用来控制液压系统的油流方向，接通或断开油路，从而控制执行机构的启动、停止或改变运动方向。方向控制阀有单向阀和换向阀两大类。

7. 何谓普通单向阀的开启压力？作背压阀使用时的开启压力是多少？

答：（1）普通单向阀的阀芯刚开始开启的入口最小压力称为最小开启压力，它因应用场合不同而异，对于同一个单向阀，不同等级的开启压力可通过更换阀中的弹簧实现。

（2）若只作为控制液流单向流动，则弹簧刚度选得较小，其开启压力仅需 0.03～0.05MPa；若作背压阀使用，则需换上刚度较大的弹簧，使单向阀的开启压力达到 0.2～0.6MPa。

8. 何谓单向阀？普通单向阀工作原理、性能要求及应用在哪些场合？

答：向阀又叫止回阀、逆止阀。单向阀的作用是只允许油液从一个方向流过，而阻止反向液流通过（反向截止）。它相当于电器元件中的二极管。

液控单向阀除了具备单向阀正向导通反向截止的功能外，如果通入控制压力油，反向也可导通。

普通单向阀工作原理及应用场合如下：

利用液压力与弹簧力对阀心作用力方向的不同来控制阀心的开闭。允许油液单方向流通，反向则不通。根据阀心形状有锥阀式和钢球式；根据安装连接方式有管式和板式。

如图 4-2 所示，当压力油从阀体油口 P_1 处流入时，压力油克服压在钢球或锥阀心上的弹簧 3 的作用力以及阀心与阀体之间的摩擦力，顶开钢球或锥阀心，从阀体油口 P_2 处流出。而当压力油从油口 P_2 流入时，作用在阀心上的液压力与弹簧力同向，使阀心压紧在阀座上，阀口关闭，压力油无法通过，油口 P_1 处无油液流出。

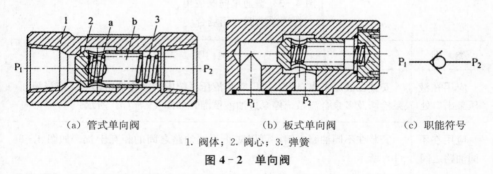

（a）管式单向阀　　　　（b）板式单向阀　　　　（c）职能符号

1. 阀体；2. 阀心；3. 弹簧

图 4-2　单向阀

（1）单向阀性能要求：

①正向最小开启压力 $pk=(F_k+F_f+G)/A$，国产单向阀的开启压力有 0.04MPa 和 0.4MPa，通过更换弹簧，改变刚度来改变开启压力的大小。

②反向密封性好。

③正向流阻小。

④动作灵敏。

（2）单向阀典型应用。主要用于不允许液流反向的场合：

①单独用于液压泵出口，防止由于系统压力突升油液倒流而损坏液压泵。

②隔开油路不必要的联系。

③配合蓄能器实现保压。

④作为旁路与其他阀组成复合阀。常见的有单向节流阀、单向顺序阀、单向调速阀等。

⑤采用较硬弹簧作背压阀。电液换向阀中位时使系统卸荷，单向阀保持进口侧油路的压力不低于它的开启压力，以保证控制油路有足够压力使换向阀换向。

（3）普通单向阀的应用场合与使用注意事项见表 4-1。

表 4-1　　　　　　　　普通单向阀的应用场合与使用注意事项

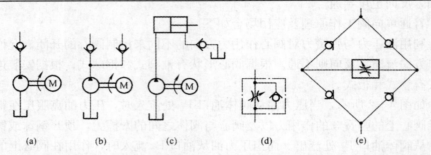

（a）安置在液压泵的出口处，防止液压冲击；（b）防止油路间相互干扰；（c）作背压阀用；（d）单向节流阀；（e）与调速阀组成的桥式整流回路

图 4-3　普通单向阀应用

普通单向阀应用场合

类　别	说　明
应用在液压泵出口处	安置在液压泵出口处，可以防止液压系统中的液压冲击影响，或当液压泵检修及多泵合流系统停泵进油液倒灌，如图 4-3（a）所示
应用在不同油路之间	安装在不同油路之间，可以防止不同油路之间的相互干扰。如图 4-3（b）所示
应用在回油路上	在液压系统的回油路上安装单向阀，当做被压阀来用，可以提高执行元件的运动平稳性，同时还可以承受负值负载。如图 4-3（c）所示
与其他液压阀组合使用	当普通单向阀与其他液压阀（如节流阀、调速阀、顺序阀、减压阀等）组成单向节流阀［如图 4-3（d）所示］、单向调速阀、单向顺序阀、单向减压阀等
应用在其他地方	一些需要控制液流方向单向流动的场合可采用多个普通单向阀来实现。如单向阀群组的半桥和全桥与其他阀组成的回路。如图 4-3（e）所示

116

续表

类　别	说　明
使用注意事项	选用单向阀时，除了要根据需要合理选择开启压力外，还应特别注意工作时的流量应与阀的额定流量相匹配，因为当通过单向阀的流量远小于额定流量时，单向阀有时会产生振动。流量越小，开启压力越高，油中含气越多，越容易产生振动 　安装时，需认清单向阀进出口方向，以免影响液压系统的正常工作。特别对于液压泵出口处安装的单向阀，若反向安装可能损坏液压泵或烧坏电动机

9. 液控单向阀结构原理如何？

答：如图 4-4（a）所示是液控单向阀的结构。当控制口 K 处无压力油通入时，它的工作机制和普通单向阀一样；压力油只能从通口 P_1 流向通口 P_2，不能反向倒流。当控制口 K 有控制压力油时，因控制活塞 1 右侧 a 腔通泄油口，活塞 1 右移，推动顶杆 2 顶开阀心 3，使通口 P_1 和 P_2 接通，油液就可在两个方向自由通流。如图 4-4（b）所示是液控单向阀的职能符号。

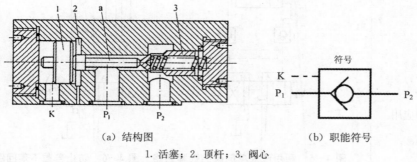

（a）结构图　　　　　（b）职能符号
1. 活塞；2. 顶杆；3. 阀心
图 4-4　液控单向阀

用来控制液压阀工作的控制油液，一般从主油路上单独引出，其压力不应低于主油路压力的 30%～50%，为了减小控制活塞移动的背压阻力，将控制活塞制成台阶状并增设一外泄油口 L。为减少压力损失，单向阀的弹簧刚度很小，但若置于回油路作背压阀使用时，则应换成较大刚度的弹簧。

10. 液控单向阀性能要求、使用与注意事项有哪些？

（2）液控单向阀性能要求、使用与注意事项

液控单向阀性能要求、使用与注意事项见表 4-2。

表 4-2　　　　　　　液控单向阀性能要求、使用与注意事项

类　别	说　明
主要性能 要求	①正向最小开启压力小，最小正向开启压力与单向阀相同，为 0.03～0.05MPa ②反向密封性好 ③压力损失小 ④反向开启最小控制压力一般为：不带卸荷阀 $pk=(0.4\sim0.5)p_2$，带卸荷阀 $pk=0.05p_2$
选　用	选用液控单向阀时，应考虑打开液控单向阀所需的控制压力。此外还应考虑系统压力变化对控制油路压力变化的影响，以免出现误开启。在油流反向出口无背压的油路中可选用内泄式；否则需用外泄式，以降低控制油的压力，而外泄式的泄油口必须无压回油，否则会抵消一部分控制压力
典型应用	液控单向阀在液压系统中的应用范围很广，主要利用液控单向阀锥阀良好的密封性。如图 4-5 所示的锁紧回路，锁紧的可靠性及锁定位置的精度，仅仅受液压缸本身内泄漏的影响。如图 4-6 所示的保压回路，可保证将活塞锁定在任何位置，并可防止由于换向阀的内部泄漏引起带有负载的活塞杆下落 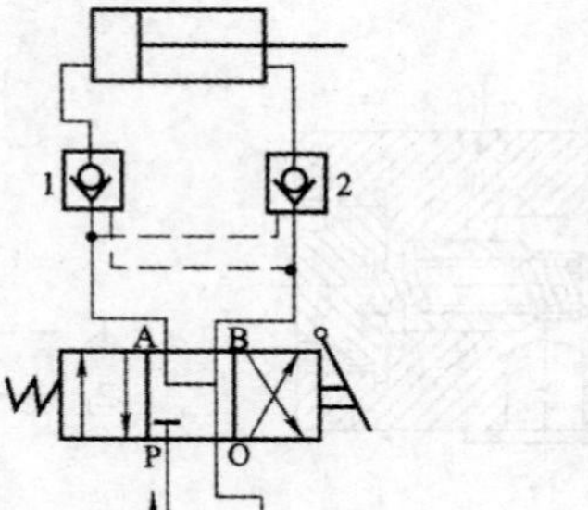 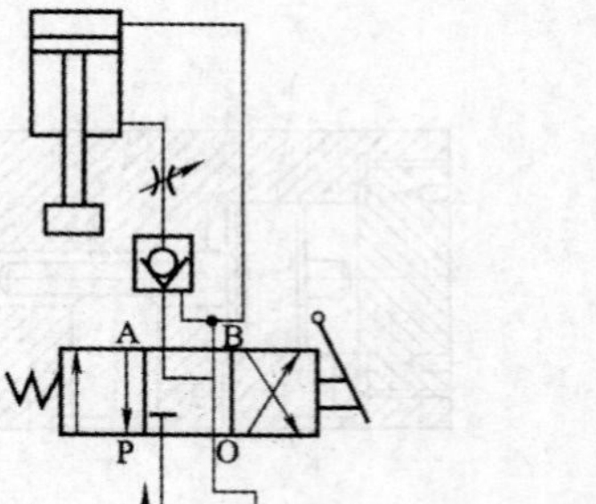 图 4-5　利用液控单向阀的锁紧回路　图 4-6　防止自重下落回路

在液压缸活塞夹紧工件或顶起重物过程中，由于停电等突然事故而使液压泵供电中断时，可采用液控单向阀，打开蓄能器回路，以保持其压力，如图 4-7 所示。当二位四通电磁阀处于左位时，液压泵输出的压力油正向通过液控单向阀 1 和 2，向液压缸和蓄能器同时供油，以夹紧工件或顶起重物。当突然停电液压泵停止供油时，液控单向阀 1 关闭，而液控单向阀 2 仍靠液压缸 A 腔的压力油打开，沟通蓄能器，液压缸靠蓄能器内的压力油保持压力。这种场合的液控单向阀，必须带卸荷阀芯，并且是外泄式的结构。否则，由于这里液控单向阀反向出油腔油流的背压就是液压缸 A 腔的压力，因此压力较高而有可能打不开液控单向阀

类　别	说　明
典型应用	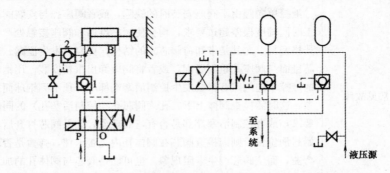 图4-7　利用液控单向阀的保压回路　　图4-8　蓄能器供油回路 　　在蓄能器回路里，可以采用液控单向阀，利用蓄能器本身的压力将液控单向阀打开，使蓄能器向系统供油。这种场合应选择带卸荷阀芯的并且是外泄式结构的液控单向阀，如图4-8所示。当二位四通电磁换向阀处于右位时，液控单向阀处于关闭状态；当电磁铁通电使换向阀处于左位时，蓄能器内的压力油将液控单向阀打开，同时向系统供油 　　液控单向阀也可作充液阀，如图4-9所示。活塞等以自重空程下行时，液压缸上腔产生部分真空，液控单向阀正向导通从充液箱吸油。活塞回程时，依靠液压缸下腔油路压力打开液控单向阀，使液压缸的上腔通过它向充液油箱排油。因为充液时通过的流量很大，所以充液阀一般需要自行设计 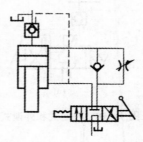 图4-9　液控单向阀作充液阀

类 别	说 明
常见故障	液控单向阀由于阀座安装时的缺陷，或者阀座孔与安装阀芯的阀体孔加工时同轴度误差超过要求，均会使阀芯锥面和阀座接触处产生缝隙，不能严格密封，尤其是带卸荷阀芯式的结构，更容易发生泄漏。这时需要将阀芯锥面与阀座孔重新研配，或者将阀座卸出重新安装。用钢球作卸荷阀芯的液控单向阀，有时会发生控制活塞端部小杆顶不到钢球而打不开阀的现象，这时需检查阀体上下二孔（阀芯孔与控制活塞孔）的同轴度是否符合要求，或者控制活塞端部是否有弯曲现象，如果阀芯打开后不能回复到初始封油位置，则需检查阀芯在阀体孔内是否卡住，弹簧是否断裂或者过分弯曲，而使阀芯产生卡阻现象。也可能是阀芯与阀体孔的加工几何精度达不到要求，或者二者的配合间隙太小而引起卡阻
其他应注意的问题	①液控单向阀回路设计应确保反向油流有足够的控制压力，以保证阀芯的开启。如图 4-10 所示，如果没有节流阀，则当三位四通换向阀换向到右边通路时，液压泵向液压缸上腔供油，同时打开液控单向阀，液压缸活塞受负载重力的作用迅速下降，造成由于液压泵向液压缸上腔供油不足而使压力降低，即液控单向阀的控制压力降低，使液控单向阀有可能关闭，活塞停止下降。随后，在流量继续补充的情形下，压力再升高，控制油再将液控单向阀打开。这样由于液控单向阀的开开闭闭，使液压缸活塞的下降断断续续，从而产生低频振荡 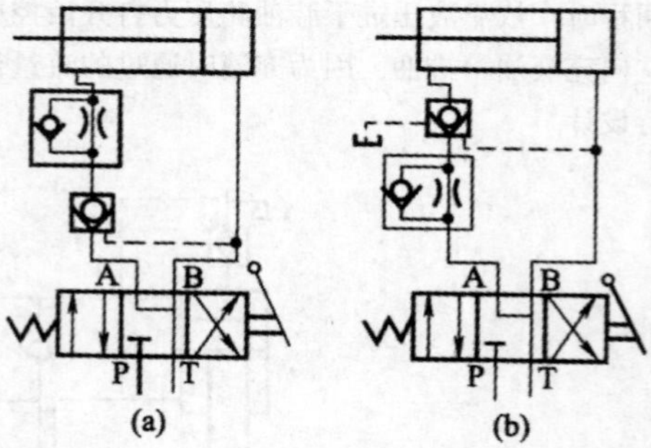 图 4-10　内泄式和外泄式液控单向阀的不同使用场合 ②前面介绍的内泄式和外泄式液控单向阀，分别使用在反向出口腔油流背压较低或较高的场合，以降低控制压力。如图 4-10（a）所示，液控单向阀装在单向节流阀的后部，反向出油腔油流直接接回油箱，背压很小，可采用内泄式结构。图 4-10（b）所示中的液控单向阀安装在单向节流阀的前部，反向出油腔通过单向节流阀回油箱，背压很高，采用外泄式结构为宜

类　别	说　明
其他应注意的问题	③当液控单向阀从控制活塞将阀芯打开，使反向油液通过，到卸掉控制油，控制活塞返回，使阀芯重新关闭的过程中，控制活塞容腔中的油要从控制油口排出，如果控制油路回油背压较高，排油不通畅，则控制活塞不能迅速返回，阀芯的关闭速度也要受到影响，这对需要快速切断反向油流的系统来说是不能满足要求的。为此，可以采用外泄式结构的液控单向阀，如图 4－11 所示，将压力油引入外泄口，强迫控制活塞迅速返回 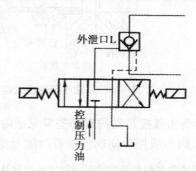 图 4－11　液控单向阀的强迫返回回路

11. 管式阀和板式阀各有什么结构特点？

答：（1）管式阀是通过阀体上的螺纹孔直接与油管、管接头连接（大型阀用法兰连接）组成系统（如图 4－12 所示），结构简单、质量轻，适合于移动式设备和流量较小的液压元件的连接，应用较广。其缺点是元件分散布置，可能的漏油环节多，装卸不够方便。

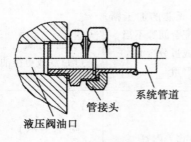
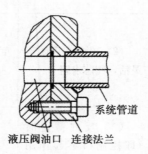

(a) 用管接头连接　　　　　　　　　(b) 用法兰连接

图 4－12　液压阀的管式连接

（2）板式阀需专用过渡连接板（包括单层连接板、双层连接板和整体连接板等多种形式），管路与连接板相连，阀用螺钉固定在连接板上（如图 4－13 所示），由于元件集中布置，安装、操纵、调节及维修都比较方便，应用极为广泛。

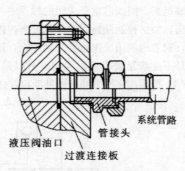

图 4－13　液压阀的板式连接

12. 普通单向阀和液控单向阀有哪些常见故障？如何诊断排除？

答：普通单向阀和液控单向阀的常见故障及排除方法，见表 4－3。

表 4－3　　　普通单向阀和液控单向阀的常见故障及诊断排除方法

	故 障 现 象	故 障 原 因	排 除 方 法
普通单向阀	（1）单向阀反向截止时，阀芯不能将液流严格封闭而产生泄漏	①阀芯与阀座接触不紧密 ②阀体孔与阀芯的不同轴度过大 ③阀座压入阀体孔有歪斜 ④油液污染严重	①重新研配阀芯与阀座 ②检修或更换 ③拆下阀座重新压装 ④过滤或更换油液
	（2）单向阀启闭不灵活，阀芯卡阻	①阀体孔与阀芯的加工精度低，二者的配合间隙不当 ②弹簧断裂或过分弯曲 ③油液污染严重	①修整 ②更换弹簧 ③过滤或更换油液
液控单向阀	（3）反向截止时（即控制口不起作用时），阀芯不能将液流严格封闭而产生泄漏	同本表（1）相关内容	同本表（1）相关内容

122

续表

故障现象	故障原因	排除方法
液控单向阀	（4）复式液控单向阀不能反向卸载	阀芯孔与控制活塞孔的不同轴度超标，控制活塞端部弯曲，导致控制活塞顶杆顶不到卸载阀芯，使卸载阀芯不能开启	修整或更换
	（5）液控单向阀关闭时不能回复到初始封油位置	同本表（2）相关内容	同本表（2）相关内容

13. 何谓换向阀？其作用是什么？有哪些结构形式？

答： 换向阀是利用改变阀芯与阀体的相对位置，切断或变换油流方向，从而实现对执行元件方向的控制。换向阀的作用是利用阀芯相对于阀体的相对运动，实现油路的通、断或改变液压系统中液流的方向，从而实现液压执行元件的启动、停止或运动方向的变换。换向阀阀芯的结构形式有：滑阀式、转阀式和锥阀式等，其中以滑阀式应用最多。一般所说的换向阀是指滑阀式换向阀。

14. 换向阀的结构特点和工作原理如何？

答： 滑阀式换向阀是靠阀芯在阀体内沿轴向做往复滑动而实现换向作用的，因此，这种阀芯又称滑阀。滑阀是一个有多段环形槽的圆柱体，如图4-14所示中直径大的部分称凸肩。有的滑阀还在轴的中心处加工出回油通路孔。阀体内孔与阀体凸肩相配合，阀体上加

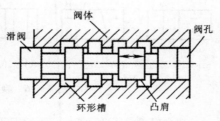

图4-14 滑阀结构图

工出若干段环形槽。阀体上有若干个与外部相通的通路孔，它们分别与相应的环形槽相通。

下面以三位四通阀为例说明换向阀是如何实现换向的。如图4-15所示，三位四通换向阀有三个工作位置，四个通路口。三个工作位置就是滑阀在中间以及滑阀移到左、右两端时的位置，四个通路口即压力油口 P、回油口 O 和通往执行元件两端的油口 A 和 B。由于滑阀相对阀体做轴向移动，改变了位置，所以各油口的连接关系就改变了，这就是滑阀式换向阀的换向原理。

15. 如何识读换向阀的图形符号的构成和滑阀机能？

答： 换向阀按阀芯的可变位置数可分为二位和三位，通常用一个方框符号

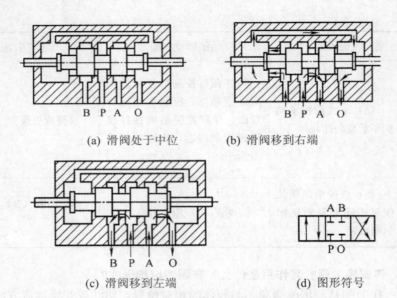

(a) 滑阀处于中位   (b) 滑阀移到右端

(c) 滑阀移到左端   (d) 图形符号

图 4-15　滑阀式换向阀的换向原理

代表一个位置。按主油路进、出油口的数目又可分为二通、三通、四通、五通等，表达方法是在相应位置的方框内表示油口的数目及通道的方向，如图 4-16 所示。

(a) 二位二通   (b) 二位三通   (c) 二位四通   (d) 三位四通   (e)三位五通

图 4-16　换向阀的位和通路符号

其中箭头表示通路，一般情况下表示液流方向，"⊥"和"⊤"与方框的交点表示通路被阀芯堵死。

根据改变阀芯位置的操纵方式不同，换向阀可以分为手动、机动、电磁、液动和电液动换向阀，其符号如图 4-17 所示。

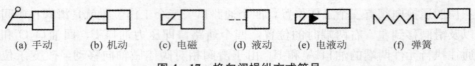

(a) 手动   (b) 机动   (c) 电磁   (d) 液动   (e) 电液动   (f) 弹簧

图 4-17　换向阀操纵方式符号

三位换向阀的阀芯在阀体中有左、中、右三个位置。左、右位置是使执行元件产生不同的运动方向，而阀芯在中间位置时，利用不同形状及尺寸的阀芯结构，可以得到多种油口连接方式，除了使执行元件停止运动外，还具有其他一些不同的功能。因此，三位阀在中位时的油口连接关系又称为滑阀机能。常用的滑阀机能见表4-4。

表4-4　　　　　　　　　　　　　　滑阀机能

类型	名称	结构简图	符号	中间位置时的性能特点
O型	中间全密封	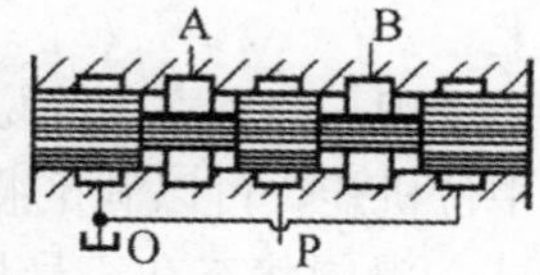		油口全闭，油不流动。液压缸锁紧，液压泵不卸荷，并联的其他执行元件运动不受影响
H型	中间开启	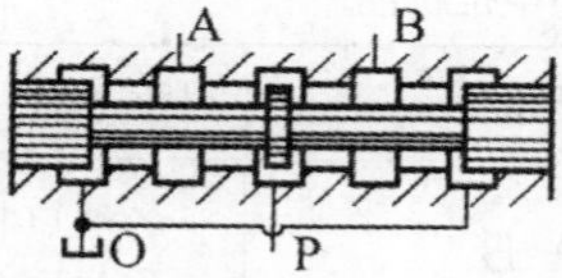		油口全开，液压泵卸荷，活塞在缸中浮动。由于油口互通，故换向较O型平稳，但冲击量较大
Y型	ABO连接	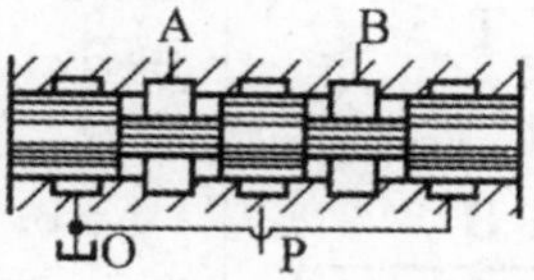	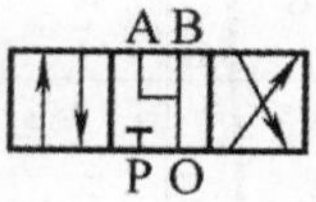	油口关闭，活塞在缸中浮动，液压泵不卸荷。换向过程的性能处于O型与H型之间
P型	PAB连接	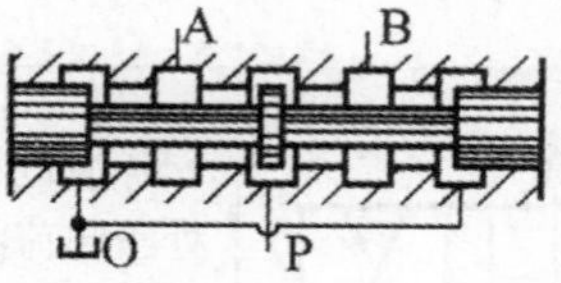	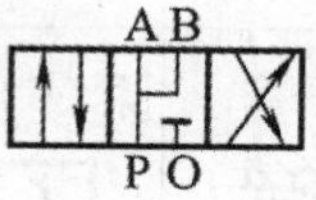	回油口关闭，泵口和两液压缸口连通，液压泵不卸荷。换向过程中缸两腔均通压力油，换向时最平稳，可做差动连接
M型	PO连接	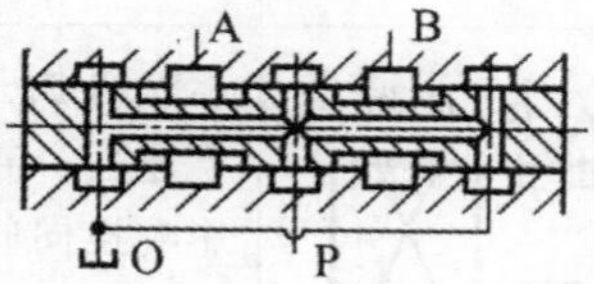	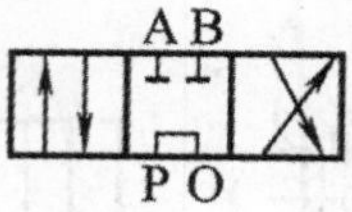	液压缸锁紧，液压泵卸荷。换向时，与O型性能相同，可用于立式或锁紧的系统中

除表 4-4 所列以外，还有 C 型、D 型、J 型、K 型、N 型、U 型、X 型等滑阀机能，可参见有关资料。

16. 如何识读换向阀的常态与换向性能？

答：换向阀的常态与换向性能的识读该方法如下：

（1）常态。换向阀都有两个或两个以上的工作位置，其中一个为常态位，即阀心未受到操纵力时所处的位置。图形符号中的中位是三位阀的常态位。利用弹簧复位的二位阀则以靠近弹簧的方框内的通路状态为其常态位。绘制系统图时，油路一般应连接在换向阀的常态位上。

（2）中位机能。对于各种操纵方式换向滑阀，阀心在中间位置时各油口的连通情况称为换向阀的中位机能，不同的中位机能，可以满足液压油系统的不同要求，常见的三位四通，中位机能的型式，滑阀状态和符号见表 4-5 及三位四通和三位五通换向阀常见的中位机能见表 4-6。

表 4-5　　　　　　　　　　　三位四通阀的中位机能

型别	结构简图	图形符号	中位机能主要特点及作用
O 型	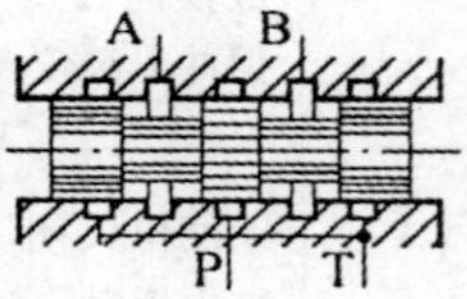	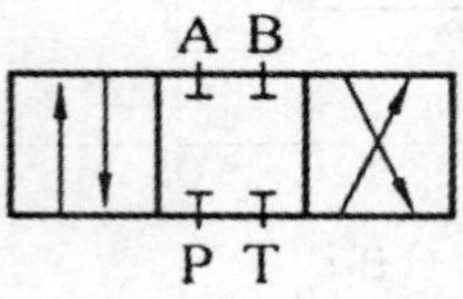	各油口相互不连通；油泵不能卸荷；不影响换向之间的并联；可以将执行元件短时间锁紧（有间隙泄漏）
Y 型	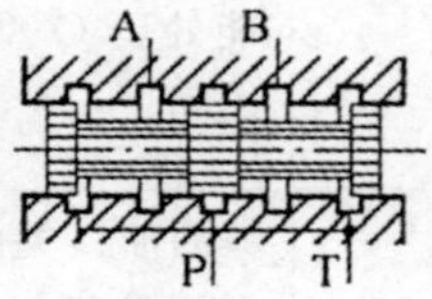	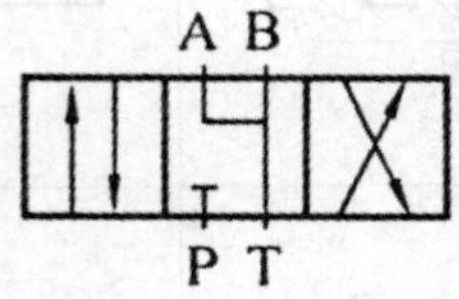	A、B、T 油口之间相互连通；油泵不能卸荷；不影响换向阀之间的并联；执行元件处于浮动状态
H 型	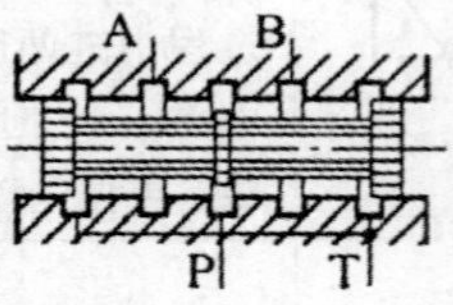	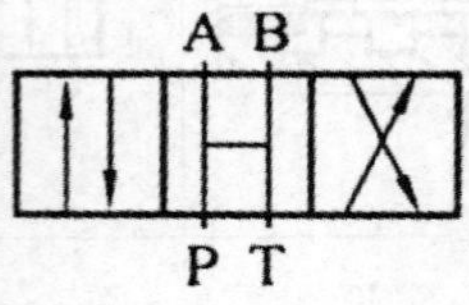	各油口相互连通；油泵处于卸荷状态；影响换向阀之间的并联；执行元件处于浮动状态
M 型	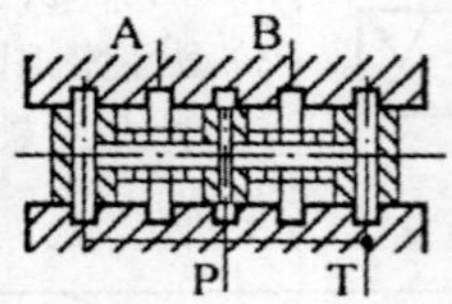	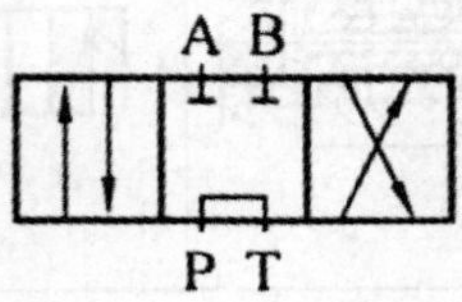	A 与 B、P 与 T 油口相互连通；油泵可以卸荷；影响换向阀之间的并联；可以将执行元件短时间锁紧

126

机能代号	中位时间的滑阀状态	中间位置的符号		中间位置的性能特点
		三位四通	三位五通	
O	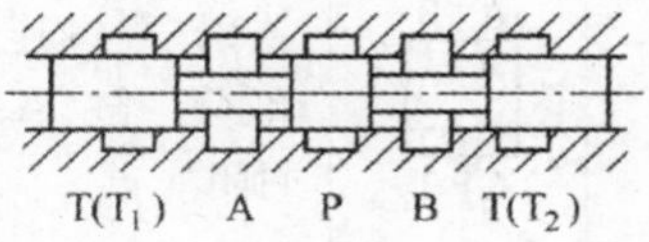 T(T₁)　A　P　B　T(T₂)	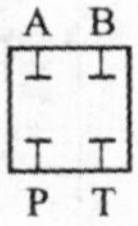 A B / P T	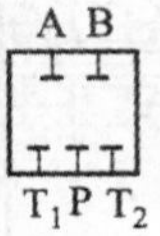 A B / T₁ P T₂	各油口全关闭，系统保持压力，缸密封
H	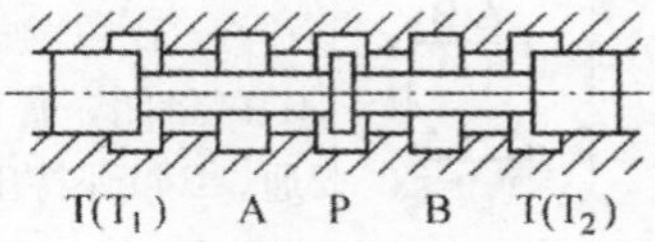 T(T₁)　A　P　B　T(T₂)	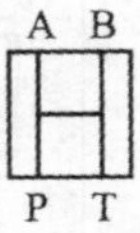 A B / P T	 A B / T₁ P T₂	各油口 A、B、P、T 全部连通，泵卸荷，缸两腔连通
Y	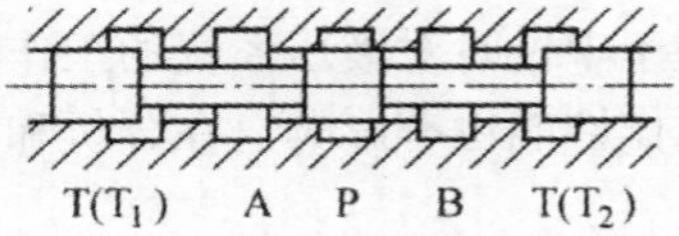 T(T₁)　A　P　B　T(T₂)	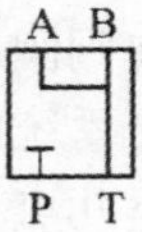 A B / P T	 A B / T₁ P T₂	A、B、T 连通，P 口保持压力，缸两腔连通
J	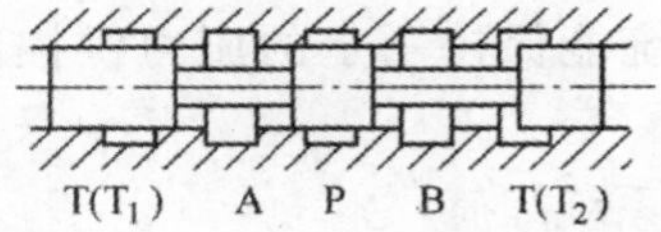 T(T₁)　A　P　B　T(T₂)	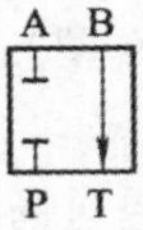 A B / P T	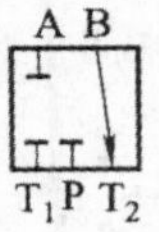 A B / T₁ P T₂	P 口保持压力，缸 A 口封闭，B 口与回油 T 接通
C	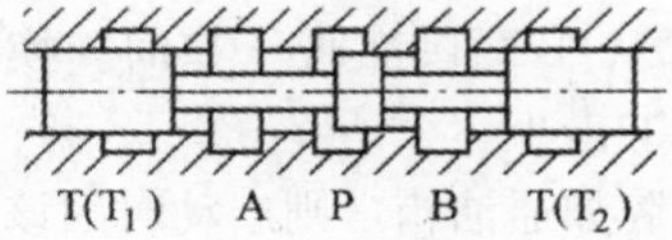 T(T₁)　A　P　B　T(T₂)	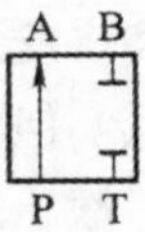 A B / P T	 A B / T₁ P T₂	缸 A 口通压力油，B 口与回油 T 不通
P	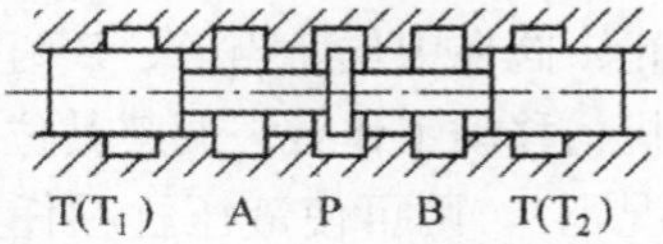 T(T₁)　A　P　B　T(T₂)	 A B / P T	 A B / T₁ P T₂	P 口与 A、B 口都连通，回油口封闭
K	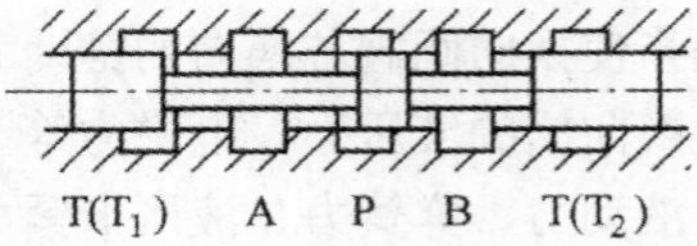 T(T₁)　A　P　B　T(T₂)	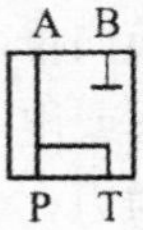 A B / P T	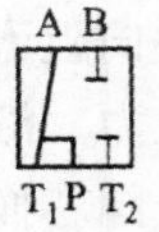 A B / T₁ P T₂	P、A、T 口连通，泵卸荷，缸 B 封闭
X	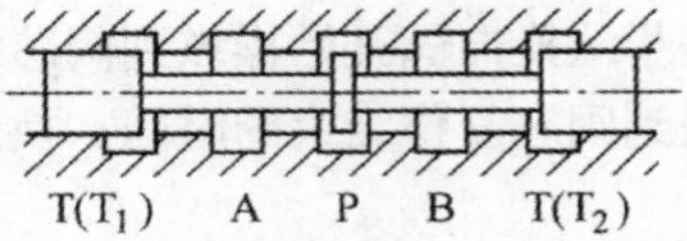 T(T₁)　A　P　B　T(T₂)	 A B / P T	 A B / T₁ P T₂	A、B、P、T 口半开启接通，P 口保持一定压力

127

续表

机能代号	中位时间的滑阀状态	中间位置的符号		中间位置的性能特点
		三位四通	三位五通	
M	T(T₁) A P B T(T₂)	A B P T	A B T₁ P T₂	P、T 口连通，泵卸荷，缸 A、B 都封闭
U	T(T₁) A P B T(T₂)	A B P T	A B T₁ P T₂	A、B 口接通，P、T 口封闭，缸两腔连通。P 口保持压力

换向阀的中位机能不仅在换向阀阀芯处于中位时对液压系统的工作状态有影响，而且在换向阀切换时对液压系统的工作性能也有影响。在分析和选择换向阀的中位机能时，通常考虑以下几点：

①系统保压：当 P 口被堵塞时，系统保压，液压泵能用于多缸系统。当 P 口与 T 口接通不太通畅时（如 X 型），系统能保持一定的压力供控制油路使用。

②系统卸荷：P 口与 T 口接通通畅时，系统卸荷。

③换向平稳性和精度：当通液压缸的 A、B 两口堵塞时，换向过程易产生冲击，换向不平稳，但换向精度高。反之，A、B 两口都通 T 口时，换向过程中工作部件不易制动，换向精度低，但液压冲击小。

④启动平稳性：阀在中位时，液压缸某腔如通油箱，则启动时因该腔内无油液起缓冲作用，启动不太平稳。

⑤液压缸"浮动"和在任意位置上的停止：阀在中位，当 A、B 两口互通时，卧式液压缸呈"浮动"状态，可用其他机构移动工作台，调整其位置。当 A、B 两口堵住或与 P 口连接（在非差动情况下），则可使液压缸在任意位置停止，位不能"浮动"。

（3）换向推力与换向阻力。换向推力是指使换向阀阀芯换向的推动力，包括手动阀和行程阀的推力、液动阀或电—液换向阀的液压力、电磁力等。

换向阻力是指阻止阀芯换向的力，包括液动力、弹簧力、液压卡紧力、摩擦力等。

（4）换向冲击与换向时间。换向时间是指从换向阀开始操纵到阀芯终止换向的时间，复位时间是指换向操纵信号消失到阀芯复位结束的时间。换向冲击是指换向时造成的油路压力变化的大小。

换向动作迅速与换向平稳性是互相矛盾的。如果换向时间短，油路的切换就迅速，但是往往会造成油路的压力冲击。因此在要求具有较好换向平稳性的场合，要采取其他措施。如电一液换向阀在主阀两端控制油路上设置有可调节的单向节流阀，使主阀两端的回油路上建立适当的节流背压，以延长换向时间，减小冲击。还可以选择适当机能的换向阀，或对过渡位置时的换向机能作某种特殊的考虑，使通往液压缸的两条油路先互通或逐步先接通一条油路，最后才完成两条油路的切断、接通或交换。

（5）换向频率。换向频率是指在单位时间内阀所允许的换向次数，电磁换向阀或电一液换向阀的换向频率主要受电磁铁特性的限制。湿式电磁铁的散热条件较好，所以允许工作频率可以比干式电磁铁高一些。交流电磁铁因起动电流较大，易造成线圈过热而烧坏，允许工作频率比直流电磁铁低。一般交流电磁铁的允许工作频率在 60 次/min 以下（性能好的可达 120 次/min），直流电磁铁由于不受起动电流的限制，允许工作频率可达 250～300 次/min。

（6）压力损失。压力损失是指换向阀换向时，液流经过阀口产生的压降。合理选择换向阀的规格，使其在允许的压力和流量范围内工作，可以减小换向阀的压力损失。

（7）内泄漏。换向阀的阀芯在不同的工作位置时，在规定的工作压力下，从高压腔到低压腔的泄漏量称为内泄漏量。过大的内泄漏量不仅会降低系统的效率，引起发热，还会影响执行元件的正常工作。

（8）使用寿命。使用寿命是指换向阀从开始使用到某一零件损坏不能进行正常的换向或复位，或换向阀的主要性能指标不能满足规定指标要求的工作次数。换向滑阀的使用寿命主要取决于电磁铁的工作寿命，其中，绝缘的老化是主要因素。

交流电磁铁的工作寿命在一二百万次左右，优良的交流电磁铁可达一千万次。直流电磁铁的工作寿命比交流电磁铁高，一般在一千万次以上。

（9）工作可靠性。换向阀的工作可靠性主要是指操纵换向阀的作用力能否正常施加到阀芯上，或施加作用力后阀芯能否正常换向，以及当该作用力消失后阀芯能否复位到原来的位置。换向阀的工作可靠性与其设计、制造和应用有关，换向阀应在允许的压力和流量范围内工作。

17. 换向阀有哪些操纵控制方式，其图形符号与适用场合怎样？何谓换向阀的静态位？如何判定换向阀的实际工作位置？

答：（1）滑阀式换向阀可用不同的操纵控制方式进行换向，常用的操纵控制方式有手动、机动（行程）、电磁、液动和电液动等，不同的操纵控制方式与具有不同机能的主体结构进行组合即可得到不同的换向阀。常用操纵方式及其构成的换向阀完整图形符号、特点及其适用场合，见表 4-7。

表 4-7 　　　　　　滑阀式换向阀的操纵方式及其完整图形符号

操纵方式	符号	示例		特点及适用场合
		名　称	图形符号	
手动		三位四通手动换向阀		O 型中位机能，手动操纵，弹簧复位。适用于动作频繁、持续时间较短的场合，常用于工程机械
机动（滚轮式）		二位二通机动换向阀		常闭机能，滚轮式机械操纵，弹簧复位。适用于机械运动部件的行程控制，如组合机床动力滑台
电磁		二位三通电磁换向阀		单电磁铁操纵，弹簧复位。借助按钮开关、行程开关等信号进行控制，适用于自动化程度要求较高的场合，应用广泛
		三位四通电磁换向阀		M 型中位机能，双电磁铁操纵，弹簧复位对中，适用场合同上
液动		三位五通液动换向阀		O 型中位机能，液压操纵，弹簧复位对中，适用于大流量系统

操纵方式	符号	示　例		特点及适用场合
		名　称	图形符号	
电液动	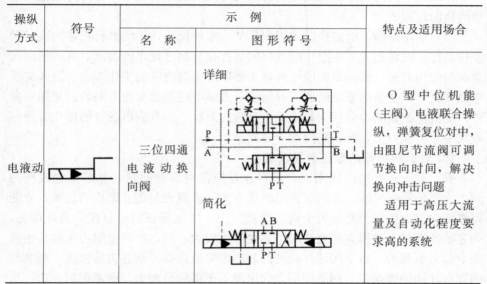	三位四通电液动换向阀	详细 简化	O 型中位机能（主阀）电液联合操纵，弹簧复位对中，由阻尼节流阀可调节换向时间，解决换向冲击问题 适用于高压大流量及自动化程度要求高的系统

（2）换向阀都有两个或两个以上的工作位置，其中一个是静态位，即阀芯未受到控制源操纵力作用时所处的位置。对于三位阀，其图形符号的中位是阀的静态位；对于利用弹簧复位的二位阀，则以靠近弹簧的方框内的通路状态为其静态位。绘制图形符号时，油路一般应连接在换向阀的静态位上。

（3）阀的实际工作位置应根据液压系统的实际工作状态来判别。一般将阀两端的操纵驱动元件的驱动力视为推力，例表 4－3 中所示的二位三通电磁换向阀，若电磁铁没有通电，此时的图形符号称阀处于右位，油口 P→A 相通，B 口封闭；若电磁铁通电，则阀芯在电磁铁的作用下向右移动，称阀处于左位，此时 P 口与 B 口相通，A 口封闭。之所以称阀位于"左位"、"右位"，是指图形符号而言，并不指阀芯的实际位置。

18. 试比较交流电磁换向阀和直流电磁换向阀的换向时间、换向频率和使用寿命？

答：（1）换向时间。从电磁铁通电到阀芯换向终止的时间称为换向时间。换向时间短对提高工作效率有利，但会引起液压冲击。交流电磁阀的换向时间为 0.01～0.03s（动作较慢的一般也不超过 0.08s），换向冲击较大；直流电磁阀的换向时间为 0.02～0.07s（动作慢的为 0.1～0.2s），换向冲击较小。

（2）换向频率。单位时间内所允许的换向次数称为换向频率，它主要受电磁铁特性的限制。一般交流电磁铁的换向工作频率在 60 次/min 以下（性能好的可达 120 次/min）。湿式电磁铁的散热条件较好，所以换向频率比干式高些。直流电磁铁由于不受启动电流的限制，换向频率可达 250～300 次/min。

使用时，换向频率不能超过阀的换向时间所规定的极限，否则无法完成完整的换向过程。

（3）使用寿命。电磁换向阀用到其某一零件损坏，不能进行正常的换向和复位动作，或者到了其主要性能指标明显恶化且超过规定值时所具有的换向次数称为使用寿命。换向阀的使用寿命主要取决于电磁铁的工作寿命。湿式交流电磁铁比干式交流电磁铁的使用寿命长，直流电磁铁比交流电磁铁的使用寿命长。交流电磁铁的寿命仅为数十万次到数百万次，而直流电磁铁的使用寿命一般在一千万次以上，有的高达四千万次。

19. 什么叫滑阀的液压卡紧现象？

答：对于所有换向阀来说，都存在着换向可靠性问题，尤其是电磁换向阀。为了使换向可靠，必须保证电磁推力大于弹簧力与阀芯摩擦力之和，方能可靠换向，而弹簧力必须大于阀芯摩擦阻力，才能保证可靠复位，由此可见，阀芯的摩擦阻力对换向阀的换向可靠性影响很大。阀芯的摩擦阻力主要是由液压卡紧力引起的。由于阀芯与阀套的制造和安装误差，阀芯出现锥度，阀芯与阀套存在同轴度误差，阀芯周围方向出现不平衡的径向力，阀芯偏向一边，当阀芯与阀套间的油膜被挤破，出现金属间的干摩擦时，这个径向不平衡力达到某饱和值，造成移动阀芯十分费力，这种现象叫液压卡紧现象。滑阀的液压卡紧现象是一个共性问题，不只是换向阀上有，其他液压阀也普遍存在。这就是各种液压阀的滑阀阀芯上都开有环形槽，制造精度和配合精度都要求很严格的缘故。

20. 以电液动换向阀为例，说明滑阀式换向阀的典型结构组成与原理。如何调节其换向时间？

答：（1）如图 4-18 所示，电液动换向阀由电磁滑阀（先导阀）和液动滑阀（主阀）复合而成。先导阀用来改变控制压力油流的方向，从而改变主阀的工作位置，所以可将主阀看作先导阀的"负载"；主阀用来更换主油路压力油流的方向，从而改变执行元件的运动方向。

具体工作过程为：当电磁先导阀的两个电磁铁都不通电时，先导阀阀芯在其对中弹簧作用下处于中位，来自主阀 P 口或外接油口的控制压力油不再进入主阀左右两端的弹簧腔，两弹簧腔的油液通过先导阀中位的 A、B 油口与先导阀 T 口相通，再经主阀 T 口或外接油口排回油箱。主阀芯在两端复位弹簧的作用下处于中位，主阀（即整个电液换向阀）的中位机能就由主阀芯的结构决定，图 4-18 所示为 O 型机能，故此时主阀的 P、A、B、T 口口均不通。

如果导阀左端电磁铁通电，则导阀芯右移，控制压力油经单向阀进入主阀芯左端弹簧腔，其右端弹簧腔的油经节流器和导阀接通油箱，于是主阀芯右移（移动速度取决于节流器），从而使主阀的 P→A 相通，B→T 相通；同理，当右端电磁铁通电时，先导阀芯左移，主阀芯也左移，主阀的 P→B 相通，A→

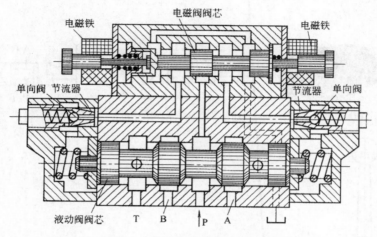

图 4 - 18　电液动换向阀的结构原理图

T 相通。

（2）电液动换向阀的换向时间取决于主阀芯的移动速度，主阀芯右移时的速度可通过右端节流器的开度调节，左移时的速度可通过左端节流器的开度调节。

21. 三位四通手动换向阀的结构与特点是什么？

答：手动换向阀是依靠手动杠杆的作用力驱动阀芯运动来实现油路通断或切换的换向阀。如图 4 - 19 所示，三位四通手动换向阀有弹簧复位式和钢球定位式两种，操纵手柄即可使滑阀轴向移动实现换向。弹簧复位式，其阀芯松开手柄后，靠右端弹簧恢复到中间位置。钢球定位式，其阀芯靠右端的钢球和弹簧定位，可以分别定在左、中、右三个位置。如图 4 - 19 （b）、图 4 - 19 （c）所示为手动换向阀的图形符号，1993 版标和 2009 版的图形符号一样，没有变化。如图 4 - 19 （a）所示为手动换向阀外形。

手动换向阀操作简便，工作可靠，又能使用在没有电力供应的场合，但操纵力较小，在复杂的系统中，尤其在各执行元件的动作需要联动、互锁或工作节拍需要严格控制的场合，不宜采用手动换向阀。

22. 三位四通电液换向阀的结构特点与原理？

答：电液操纵式换向阀简称电液换向阀，它由一个普通的电磁阀和液动换向阀组合而成，是改变控制油液流向的。液动阀是主阀，它在控制油液的作用下，改变阀芯的位置，使油路换向。由于控制油液的流量不必很大，因而可实现以小容量的电磁阀来控制大通径的液动换向阀。

如图 4 - 20 （a）所示为三位四通电液换向阀的结构。当右边电磁铁通电时，控制油路的压力油由通道 b、c 经单向阀 4 和孔 f 进入主滑阀 2 的右腔，

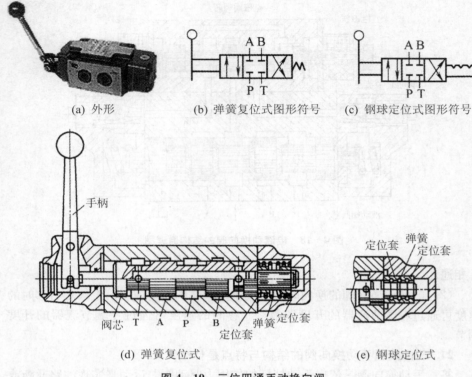

(a) 外形　　　　(b) 弹簧复位式图形符号　　　　(c) 钢球定位式图形符号

手柄

阀芯　T　A　P　B　弹簧　定位套
定位套

(d) 弹簧复位式

定位套　弹簧
定位套

(e) 钢球定位式

图 4-19　三位四通手动换向阀

将主滑阀的阀芯推向左端,这时主滑阀左端的油经节流口 d、通道 e、a 和电磁换向阀流回油箱。主滑阀左移的速度受节流口 d 的控制。这时进油口 P 和油口 A 连通,油口 B 通过阀芯中心孔和回油口 O 连通。当左边的电磁铁通电时,控制油路的压力油就将主滑阀的阀芯推向右端,使主油路换向。两个电磁铁都断电时,定子弹簧 1 和 3 使主滑阀的阀芯处于中间位置。由于主滑阀左、右移动速度分别由两端的节流阀 5 来调节,这样就调节了液压缸换向的停留时间,并可使换向平稳而无冲击,所以电液换向阀的换向性能较好。图 4-20(b) 所示为电液换向阀的职能符号,图 4-20(c) 所示为电液换向阀的 1993版标准图形符号,图 4-20(d) 所示为电液换向阀的 2009 版标准图形符号。

23. 二位三通电磁换向阀的结构与原理?

答:电磁换向阀是利用电磁铁的推力来实现阀芯换位的换向阀,因其自动化程度高,操作轻便,易实现远距离自动控制,因而应用非常广泛。

电磁换向阀按电磁铁所用电源的不同可分为交流(D 型)和直流(E 型)两种。交流电磁铁使用电源方便,换向时间短,动力大,但换向冲击大,噪声大,换向频率较低,且启动电流大,在阀芯被卡住时会使电磁铁线圈烧毁。相

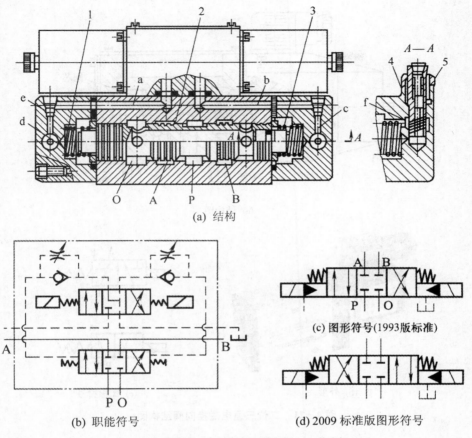

(a) 结构

(b) 职能符号

(c) 图形符号(1993版标准)

(d) 2009 标准版图形符号

1，3. 定子弹簧；2. 阀芯；4. 单向阀；5. 节流阀

图 4 - 20　三位四通电液动换向阀结构图

比之下，直流电磁铁工作比较可靠，换向冲击小，噪声小，换向频率可较高，且在阀芯被卡住时电流不会增大以致烧毁电磁铁线圈，但它需要直流电源或整流装置，使用不太方便。如图 4 - 21（a）、图 4 - 21（b）所示分别为二位三通电磁换向阀的结构和外形。如图 4 - 21（c）所示为二位三通电磁换向阀的图形符号。如图 4 - 21（a）所示为断电位置，阀芯 3 被弹簧 2 推至左端位置，油口 P 和 A 相通；当电磁铁通电时，衔铁通过推杆 4 将阀芯推至右端位置，油口 P 和 A 的通道被封闭，使油口 P 和 B 接通时，实现液流换向。另一种二位三通电磁换向阀是一个进油口 P，一个工作油口 A 和一个回油口 T。二位二通电磁换向阀常用于单作用液压缸的换向和速度换接回路中。

24. 机动换向阀的结构与原理？

答：机动换向阀又称行程换向阀，它是依靠安装在执行元件上的行程挡块

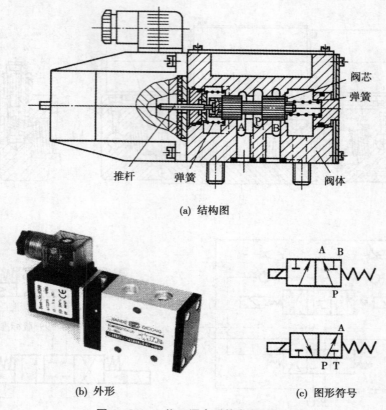

(a) 结构图

(b) 外形

(c) 图形符号

图 4-21　二位三通电磁换向阀结构图

（或凸轮）推动阀芯实现换向的。机动换向阀通常是二位的，有二通、三通、四通、五通几种。二位二通的机动换向阀又分为常闭式和常通式两种。

　　如图 4-22 所示是二位二通常闭式机动换向阀结构图。当挡铁压下滚轮 1，使阀芯 2 移至下端位置时，油口 P 和 A 逐渐相通；当挡铁移开滚轮时，阀芯靠其底部弹簧 4 进行复位，油口 P 和 A 逐渐关闭。改变挡铁斜面的斜角 α 或凸轮外廓的形状，可改变阀移动的速度，因而可以调节换向过程的时间，故换向性能较好。但这种阀不能安装在液压泵站上，须安装在执行元件附近，因此连接管路较长，并使整个液压装置不够紧凑。如图 4-22（b）所示为 1993 版标准的图形符号，图 4-22（c）所示为 2009 版标准的图形符号。图 4-22（d）所示为机动换向阀的外形。

25. 换向阀工作时有哪些常见故障及诊断排除方法？

　　答：滑阀式换向阀是应用最普遍的换向阀，其使用中的常见故障及其排除方法见表 4-8，其他换向阀的故障也可参考此表进行排除。

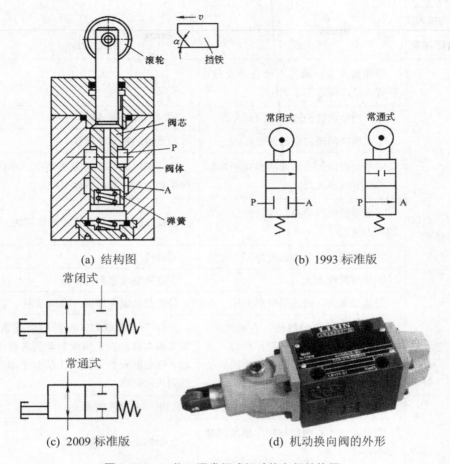

(a) 结构图

(b) 1993 标准版

(c) 2009 标准版

(d) 机动换向阀的外形

图 4 - 22 二位二通常闭式机动换向阀结构图

表 4 - 8 滑阀式换向阀使用中可能出现的故障及诊断排除方法

故障现象	产生原因	排除方法
阀芯不能移动	①阀芯表面划伤，阀体内孔划伤，油液污染使阀芯卡阻，阀芯弯曲	①卸开换向阀，仔细清洗，研磨修复阀体，校直或更换阀芯
阀芯不能移动	②阀芯与阀体内孔配合间隙不当，间隙过大，阀芯在阀体内歪斜，使阀芯卡住；间隙过小，摩擦阻力增加，阀芯移不动	②查配合间隙。间隙太小，研磨阀芯，间隙太大，重配阀芯。也可以采用电镀工艺，增大阀芯直径，阀芯直径小于 20mm 时，正常配合间隙在 0.008～0.015mm 范围内；阀芯直径大于 20mm 时，正常配合间隙在 0.015～0.025mm 范围内

137

故障现象	产生原因	排除方法
阀芯不能移动	③弹簧太软，阀芯不能自动复位；弹簧太硬，阀芯推不到位	③更换弹簧
	④手动换向阀的连杆磨损或失灵	④更换或修复连杆
	⑤电磁换向阀的电磁铁损坏	⑤更换或修复电磁铁
	⑥液动换向阀或电液动换向阀两端的单向节流器失灵	⑥仔细检查节流器是否堵塞、单向阀是否泄漏，并进行修复
	⑦液动或电液动换向阀的控制压力油压力过低	⑦检查压力低的原因，对症解决
	⑧气控液压换向阀的气源压力过低	⑧检修气源
	⑨油液黏度太大	⑨更换黏度适合的油液
	⑩油温太高，阀芯热变形卡住	⑩查找油温高原因并降低油温
	⑪连接螺钉有的过松，有的过紧，致使阀体变形，阀芯移下不动。另外，安装基面平面度超差，紧固后基面体也会变形	⑪松开全部螺钉，重新均匀拧紧。如果因安装基面平面度超差阀芯移不动，则重磨安装基面，使基面平面度达到规定要求
电磁铁线圈烧坏	①线圈绝缘不良	①更换电磁铁线圈
	②电磁铁铁心轴线与阀芯轴线同轴度不良	②拆卸电磁铁重新装配
	③供电电压太高	③按规定电压值来纠正供电电压
	④阀芯被卡住，电磁力推不动阀芯	④拆开换向阀，仔细检查弹簧是否太硬、阀芯是否被脏物卡住以及其他推不动阀芯的原因，进行修复并更换电磁铁线圈
	⑤回油口背压过高	⑤检查背压过高原因，并对症解决
外泄漏	①泄油腔压力过高或O形密封圈失效造成电磁阀推杆处外泄漏	①检查泄油腔压力，如对于多个换向阀泄油腔串接在一起，则将它们分别接回油箱；更换密封圈
	②安装面粗糙、安装螺钉松动、漏装O形密封圈或密封圈失效	②磨削安装面，使其粗糙度符合产品要求（通常阀的安装面的粗糙度Ra不大于$0.8\mu m$）；拧紧螺钉；补装或更换O形密封圈

故障现象	产生原因	排除方法
噪声过大	①电磁铁推杆过长或过短	①修整或更换推杆
	②电磁铁铁心的吸合面不平或接触不良	②拆开电磁铁，修整吸合面，清除污物

26. 压力控制阀液压系统中的功用是什么？有哪些类型？其共同特点是什么？

答：在液压系统中，执行元件向外做功，输出力、输出转矩，不同情况下需要油液具有大小不同的压力，以满足不同的输出力和输出转矩的要求。用来控制和调节液压系统压力高低的阀类称压力控制阀。按其功能和用途不同，压力控制阀可分为溢流阀、减压阀、顺序阀和压力继电器等。

所有的压力控制阀都是利用液压力和弹簧力的平衡原理进行工作的，调节弹簧的预压缩量，便可获得不同的控制压力。

27. 溢流阀在液压系统中的功用如何？

答：溢流阀的主要功用是定量泵供油的串联节流调速液压系统的定压溢流，定量泵供油的并联节流调速系统及变量泵供油系统的安全保护，系统的远程调压、多级压力控制、卸荷及作背压阀用。

28. 何谓溢流阀的启闭特性？何谓开启压力、调整压力、闭合压力？何谓开启比与闭合比？

答：（1）溢流阀工作时的通过流量与被控压力之间的关系，称为启闭特性，它是开启特性与闭合特性的统称，用于评定溢流阀的定压精度。开启特性指溢流阀从关闭状态逐渐开启过程中，阀的通过流量与被控压力之间的关系，具有流量增加时被控压力升高的特点；闭合特性指溢流阀从全开状态逐渐关闭过程中，阀的通过流量减小与被控压力之间的关系，具有流量减小时被控压力降低的特点。由于开启与闭合时阀芯摩擦力方向不同的影响，阀的开启特性曲线与闭合特性曲线不重合。

典型的溢流阀启闭特性曲线如图 4-23 所示。

（2）溢流阀似开未开时的被控压力称为开启压力，通过额定流量 q_n 时的压力称为调定压力 p_n。由图 4-23（a）可看出，K 与 B 点分别对应直动式溢流阀的开启压力 p_k 和闭合压力 p_b，N 点对应的压力为阀的调定压力 p_n。改变调压弹簧的预压缩量即可改变溢流阀的压力，即使 K 与 B 点及整个曲线上下移动。

先导式溢流阀工作中，开启时，导阀开启后主阀才能开启，而闭合时正好与此相反，所以其启闭特性曲线中有两个开启点及两个闭合点。如图 4-23

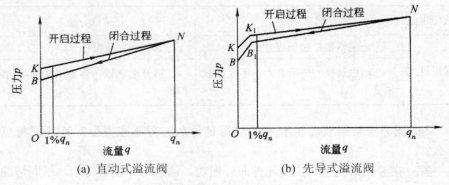

(a) 直动式溢流阀　　　　　(b) 先导式溢流阀

图 4‑23　溢流阀的启闭特性曲线

(b) 所示，K 与 B 点分别对应导阀的开启压力 p_k 和闭合压力 p_b，K_1 与 B_1 分别对应主阀的开启压力 P_{k1} 和闭合压力 p_{b1}。N 点对应的压力为阀的调定压力 p_n（通过主阀口机械限位前可能通过的最大流量 q_n 时的压力）。

（3）溢流阀的开启压力与调定压力的百分比称为开启比；闭合压力与调定压力之百分比称为闭合比。开启比和闭合比越大，溢流阀的调压偏差 $|p_n-p_k|$ 或 $|p_n-p_b|$ 越小，表明阀的定压精度越高。通常，溢流阀的开启比不应低于 85％，而闭合比不应低于 80％。由图 4‑23 所示可以看出，在相同的调定压力和流量变化下，先导式溢流阀的启闭特性曲线比直动式溢流阀的平坦，说明先导式溢流阀的启闭特性要比直动式溢流阀的好，即定压精度远优于直动式溢流阀。

29. 溢流阀的结构及其工作原理如何？

答： 常用的溢流阀按其结构形式和基本动作方式可归结为直动式和先导式两种。

（1）直动式溢流阀。直动式溢流阀是靠系统中的压力油直接作用在阀心上与弹簧力相平衡，控制阀心的启闭动作实现溢流。如图 4‑24 所示为一低压直动式溢流阀。进油口 P 的压力油进入阀体，并经阻尼孔 a 进入阀心 7 的下端油腔，当进油压力较小时，阀心在弹簧 3 的作用下处于下端位置，将进油口 P 和与油箱连通的出油口 O 隔开，即不溢流。当进油压力升高，阀心所受的压力油作用力 pA（A 为阀心 7 下端的有效面积）超过弹簧的作用力 F_s 时，阀心抬起，将油口 P 和 O 连通，使多余的油液排回油箱，即起溢流、定压作用。阻尼孔 a 的作用是减小油压的脉动，提高阀工作的平稳性。弹簧的压紧力可通过调整螺母 2 调节。

这种溢流阀因压力油直接作用在阀心，故称直动式溢流阀。特点是结构简单，反应灵敏。若用直动式溢流阀控制较高压力或较大流量时，需用刚度较大的硬弹簧，造成调节困难，油液压力和流量波动较大。直动式溢流阀一般只用于低压小流量系统或作为先导阀使用，而中、高压系统常采用先导式溢流阀。

经改进发展，直动式溢流阀采取适当的措施也可用于高压大流量。

（2）先导式溢流阀。先导式溢流阀的工作原理是通过压力油先作用在先导阀心上与弹簧力相平衡，再作用在主阀心上与弹簧力相平衡，实现控制主阀心的启闭动作。如图4－25所示为先导式溢流阀，它由先导阀和主阀两部分组成。进油口P的

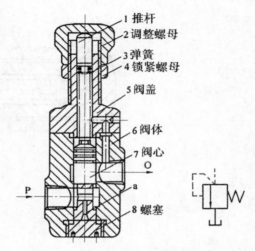

图4－24　直动式溢流阀结构示意图

1 推杆
2 调整螺母
3 弹簧
4 锁紧螺母
5 阀盖
6 阀体
7 阀心
8 螺塞

压力油进入阀体，并经孔f进入阀心下腔；同时经阻尼孔e进入阀心上腔；而主阀心上腔压力油由先导式溢流阀来调整并控制。当系统压力低于先导阀调定值时，先导阀关闭，阀内无油液流动，主阀心上、下腔油压相等，因而它在主阀弹簧作用下使阀口关闭，阀不溢流。当进油口P的压力升高时，先导阀进油腔油压也升高，直至达到先导阀弹簧的调定压力时，先导阀被打开，主阀心上腔油液经先导阀口及阀体上的孔道a经回油口T流回油箱，经孔e的油液因流动产生压降，使主阀心两端产生压力差，当此压差大于主阀弹簧的作用力时，主阀心抬起，实现溢流稳压。调节先导阀的手轮，便可调整溢流阀的工作压力。

结构特点分析：由于主阀心开度是靠上下面压差形成的液压力与弹簧力相互作用来调节，所以主阀弹簧的刚度很小。这样在阀的开口度随溢流量发生变化时，调定压力的波动很小。当更换先导阀的弹簧刚度不同时，便可得到不同的调压范围。在先导式溢流阀的主阀心上腔另外开有一油口K（称为远控口）与外界相通，不用时可用螺塞堵住，这时主阀心上腔的油压只能由自身的先导阀来控制。但当用一油管将远控口K与其他压力控制阀相连时，主阀心上腔的油压就可以由安装在别处的另一个压力阀控制，而不受自身的先导阀调控，从而实现溢流阀的远程控制，但此时，远控阀的调整压力要低于自身先导阀的调整压力。

与直动式溢流阀的区别：阀的进口控制压力是通过先导阀心和主阀心两次比较得来的，故稳压性能好；因流经先导阀的流量很小，所以即使是高压阀，其弹簧刚度也不大，阀的调节性能得到很大改善；大量溢流流量经主阀阀口流回油箱，主阀弹簧只在阀口关闭时起复位作用，弹簧力很小，所以主阀弹簧刚

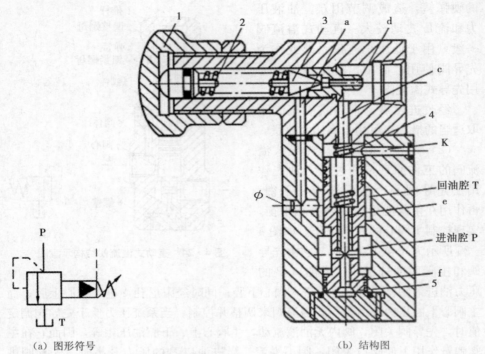

（a）图形符号   （b）结构图

1. 调压手轮；2. 弹簧；3. 先导阀心；4. 主阀弹簧；5. 主阀心

图 4－25　先导式溢流阀结构示意图

度也很小；主阀心的开启是利用液流流经阻尼孔而形成的压力差来实现的，由于阻尼孔是细长孔，所以易堵塞。

30. 溢流阀的主要性能要求、应用及调压回路如何？

答：（1）主要性能要求

额定压力和公称通径应满足系统的要求，调压范围要大，调压偏差和压力振摆要小，动作灵敏，过流能力大，压力损失小，噪声低，启闭特性好。

（2）应用及调压回路

溢流阀在液压系统中能分别起到溢流稳压、安全保护、远程调压与多级调压，使泵卸荷以及使液压缸回油腔形成背压等多种作用。

①溢流稳压。如图 4－26（a）所示为系统采用定量泵供油，且其进油路或回油路上设置节流阀或调速阀，使液压泵输出的压力油一部分进入液压缸工作，而多余的油液须经溢流阀流回油箱，溢流阀处于其调定压力的常开状态。调节弹簧的压紧力，也就调节了系统的工作压力。因此，在这种情况下，溢流阀的作用即为溢流稳压。

②安全保护。如图 4－26（b）所示系统采用变量泵供油，液压泵供油量

142

随负载大小自动调节至需要值，系统内没有多余的油液需要溢流，其工作压力由负载决定。溢流阀只有在过载时才打开，对系统起安全保护作用。故该系统中的溢流阀又称作安全阀，且系统正常工作时它是常闭的。

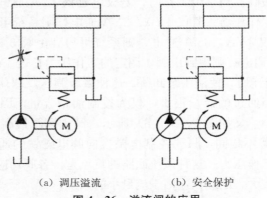

（a）调压溢流　　　（b）安全保护

图 4 - 26　溢流阀的应用

③使泵卸荷。如图 4 - 27（a）所示，当电磁铁通电时，先导式溢流阀的远程控制口 K 与油箱连通，相当于先导阀的调定值为零，此时其主阀心在进口压力很低时即可迅速抬起，使泵卸荷，以减少能量损耗与泵的磨损。

④远程调压。如图 4 - 27（b）所示，当换向阀的电磁铁不通电时，其右位工作，先导式溢流阀的外控口与低压调压阀连通，当溢流阀主阀心上腔的油压达到低压阀的调整压力时，主阀心即可抬起溢流（其先导阀不再起调压作用），即实现远程调压。

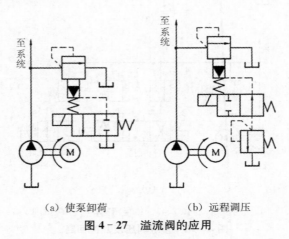

（a）使泵卸荷　　　　　（b）远程调压

图 4 - 27　溢流阀的应用

⑤形成背压。将溢流阀设置在液压缸的回油路上，这样缸的回油腔只有达到溢流阀的调定压力时，回油路才与油箱连通，使缸的回油腔形成背压，从而

避免了当负载突然减小时活塞的前冲现象，提高运动部件运动的平稳性。

⑥多级调压。如图4-28所示多级调压回路中，系统可实现四级压力控制。图4-28（a）中，先导式溢流阀1与溢流阀2、3、4的调定压力都不相同，且阀1调压最高。当系统工作时，若仅电磁铁1YA通电，则系统获得由阀1调定的最高工作压力；若仅1YA、2YA通电，则系统可得到由阀2调定的工作压力；若仅1YA、3YA通电，则系统可得到由阀3调定的工作压力；若仅1YA、4YA通电，则得到由阀4调定的工作压力；若1YA不通电，则阀1的外控口与油箱连通，使液压泵卸荷。这种多级调压及卸荷回路，除阀1以外的控制阀，由于通过的流量很小，仅为控制油路流量，因此可用小规格的阀，结构尺寸较小。又如图4-28（b）所示，阀1调压最高，且与溢流阀2、3、4的调定压力都不相同，只要控制电磁换向阀电磁铁的通电顺序，就可使系统得到相应的工作压力。这种调压回路的特点是，各阀均应与泵有相同的额定流量，其尺寸较大，因此只适用于流量小的系统。

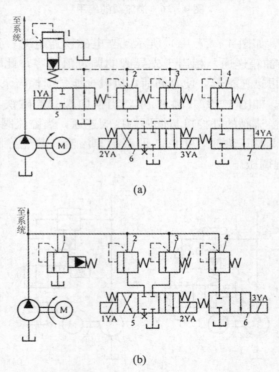

（a）

（b）

1. 先导式溢流阀；2、3、4. 溢流阀；5、6. 换向阀

图4-28　多级调压及卸荷回路

31. 溢流阀的常见故障及其诊断排除方法有哪些?

　　答：溢流阀的常见故障及其诊断排除方法见表4-9。

144

表 4 - 9 溢流阀的常见故障及其诊断排除方法

故障现象	故障原因	诊断排除方法
调紧调压机构，不能建立压力或压力不能达到额定值	进出口装反；先导式溢流阀的导阀芯与阀座处密封不严，可能有异物（如棉丝）存在于导阀芯与阀座间；阻尼孔被堵塞；调压弹簧变形或折断；导阀芯过度磨损，内泄漏过大；遥控口未封堵；三节同心式溢流阀的主阀芯三部分圆柱不同心	检查进出口方向并更正；拆检并清洗导阀，同时检查油液污染情况，如污染严重，则应换油；如弹簧变形或折断则换新；如阀芯磨损严重，则研修或更换导阀芯；封堵遥控口；重新组装三节同心式溢流阀的主阀芯
调压过程中压力非连续上升，而是不均匀上升	调压弹簧弯曲或折断	拆检换新
调松调压机构，压力不下降甚至不断上升	先导阀孔堵塞或主阀芯卡阻	检查导阀孔是否堵塞。如正常，再检查主阀芯卡阻情况。如卡阻，拆检后若发现阀孔与主阀芯有划伤，则用油石和金相砂纸先磨后抛；如检查正常，则应检查主阀芯的同心度，如同心度差，则应拆下重新安装，并在试验台上调试正常后再装上系统
噪声和振动	先导阀弹簧自振频率与调压过程中产生的压力-流量脉动合拍，产生共振	迅速拧调节螺杆，使之超过共振区，如无效或实际上不允许这样做（如压力值正在工作区，无法超过），则在先导阀高压油进口处增加阻尼，如在空腔内加一个松动的堵塞，缓冲先导阀的先导压力-流量脉动

32. 减压阀有何作用？

答：减压阀主要用来降低液压系统中某一分支油路油液的压力，使分支油路的压力比主油路的压力低且很稳定，它相当于电网中的降压变压器。减压阀起减压和稳压作用。

33. 减压阀主要应用于哪些减压回路中?

答:(1)采用减压阀单级减压回路。采用减压阀单级减压回路(如图 4-29 所示),压液压源 1(压力由溢流阀 6 设定)除了供给主工作回路的压力油外,还经过减压阀 2、单向阀 3 及二位四通电磁阀 4 进入工作缸 5。根据工作所需力的大小,可用减压阀来调节缸 5 的工作压力。单向阀 3 可以供主油路压力降低(低于阀 2 设定值)时防止油液倒流,起短时保压作用。

(2)用远程调压阀的二级减压回路。用远程调压阀的二级减压回路(如图 4-30 所示),在先导式减压阀 1 遥控油路上接入远程调压阀 2,使减压回路获得两种预定的压力;图示位置,减压阀出口压力由该阀本身调定,当二位二通电磁阀 3 切换至下位后,减压阀出口压力改由阀 2 调定较低压力值;阀 3 接在阀 2 之后可以减缓压力转换时的冲击。

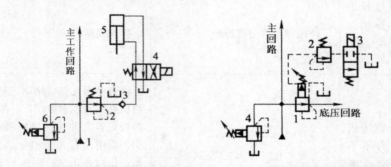

图 4-29 采用减压阀单级减压回路　图 4-30 用远程调压阀的二级减压回路

(3)用电液比例减压阀无级减压回路。用电液比例减压阀无级减压回路(如图 4-31 所示),调节比例减压阀 1 的输入电流,即可使分支油路无级减压,并易实现遥控。也可用小规格的比例先导压力阀接在普通先导式减压阀的遥控口上,使分支油路实现连续遥控无级减压。

(4)用单向减压阀的单级减压回路。用单向减压阀的单级减压回路(如图 4-32 所示),进入液压缸 2 的油压由溢流阀 4 设定;进入液压缸 1 的油压由单向减压阀 3 调节。采用单向减压阀是为了在缸 1 活塞向上移动时,使油液经单向减压阀中的单向阀流回油箱。

(5)用阀的双向减压回路。用阀的双向减压回路(如图 4-33 所示),回路采用两只减压阀,液压缸 3 右移的压力由减压阀 1 调定;液压缸左移的压力由减压阀 2 调定;该回路适用于液压系统中需要低压的部分回路。

(6)减压阀并联的多级减压回路。减压阀并联的多级减压回路(如图 4-34 所示),三个不同设定压力的减压阀并联,通过三位四通电磁阀 4 进行转换,可使液压缸 5 得到不同压力。阀 4 分别处于中位、左位、右位时,供油分别经阀 3、阀 1、阀 2 减压。此种回路也可以每个减压阀后接一个执行元件,

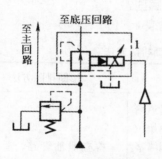
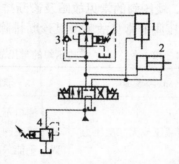

图 4‑31 用电液比例减压阀无级减压回路 图 4‑32 用单向减压阀的单级减压回路

而每个执行元件所需的工作压力由各路减压阀单独设定，执行元件间动作和压力互不干扰。

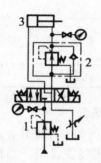
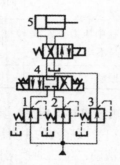

图 4‑33 用阀的双向减压回路 图 3‑34 减压阀并联的多级减压回路

34. 减压阀的主要性能要求及应用场合有哪些?

答:（1）主要性能要求。除了与溢流阀有类似特性外，还要求其减压稳定性要好，即入口压力变化引起的出口压力变化小，还要求通过阀的流量变化引起的出口压力变化小。

（2）应用场合。

①减压稳压。减压稳压是减压阀在液压系统中的主要用途。在需要低压的液压执行元件油路上串接定值减压阀组成的减压回路，通过减压阀的减压稳压作用，可保证该低压液压执行元件不受供油压力及其他因素的影响。例如在机床液压系统的夹紧油路或采用了液动或电液动换向阀的液压系统，可以主油路和夹紧油路或控制油路共用一个液压泵供油，主油路工作压力由溢流阀设定，通过在夹紧油路或控制油路设置减压阀给液动或电液动换向阀提供稳定可靠的夹紧压力或控制压力。

②多级减压。利用先导式减压阀的遥控口外接远程调压阀，可以实现系统的二级、三级减压。通过在液压源处并接几个减压阀的也可以实现多级减压。

35. 减压阀的常见故障及诊断排除方法有哪些？

减压阀的常见故障及其诊断排除方法，见表 4-10。

表 4-10　　　　　　　　　减压阀的常见故障及其诊断排除方法

故障现象	故障原因	诊断排除方法
不能减压或无二次压力	泄油口不通或泄油通道堵塞，使主阀芯卡阻在原始位置，不能关闭；先导阀堵塞	检查泄油管路、泄油口、先导阀、主阀芯、单向阀等并修理之。检查排除执行元件机械干扰
二次压力不能继续升高或压力不稳定	先导阀密封不严，主阀芯卡阻在某一位置，负载有机械干扰；单向减压阀中的单向阀泄漏过大	
调压过程中压力非连续升降，而是不均匀下降	调压弹簧弯曲或折断	拆检换新
噪声和振动	同溢流阀（表 4-9）	同溢流阀（表 4-9）

36. 顺序阀有何用途？其类型如何？应用于什么场合？

答：（1）顺序阀的主要用途是控制多执行元件之间的顺序动作。通常顺序阀可视为液动二位二通换向阀，其启闭压力可用调压弹簧设定，当控制压力（阀的进口压力或液压系统某处的压力）达到或低于设定值时，阀可以自动启闭，实现进、出口间的通断。

（2）按照工作原理与结构不同，顺序阀也有直动式和先导式两类；按照压力控制方式的不同，顺序阀有内控式和外控式之分。

顺序阀还可以和单向阀并联组合成单向顺序阀（平衡阀，如图 4-35 所示）。

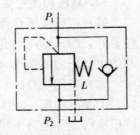

图 4-35　顺序阀与单向阀并联

（3）顺序阀的主要应用场合如下。

①多执行元件的顺序动作控制。例如图 4-36 所示为用两个单向顺序阀的双缸顺序动作回路。当换向阀 5 切换至左位且单向顺序阀 3 的设定压力大于液压缸 2 的最大前进负载压力时，液压泵 7 的压力油先进入缸 2 的无杆腔，实现动作①。当动作①完成后，系统压力升高，压力油打开顺序阀 3 进入液压缸 1 的无杆腔，实现动作②。同样地，当换向阀 5 切换至右位且单向顺序阀 4 的设定压力大于液压缸 1 最大返回负载压力时，两液压缸 1 和 2 按③和④的顺序向左

返回，返回中，缸 1 和缸 2 的无杆腔的油液分别经阀 3 中的单向阀和阀 4 中的单向阀排回油箱。

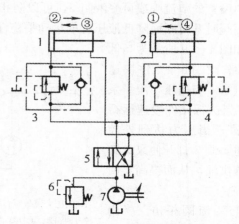

1、2. 液压缸；3、4. 单向顺序阀；5. 二位四通换向阀；6. 溢流阀；7. 定量液压泵

图 4 - 36　用单向顺序阀的双缸顺序动作回路

②立置液压缸的平衡。如图 4 - 37 所示为用内控式单向顺序阀的平衡回路。适当调节顺序阀 2 的开启压力，可使立置液压缸拖动的重物 W 下降时液压缸 3 的有杆腔中产生的背压平衡活塞自重，防止重物超速下降发生事故和气穴现象。此平衡回路工作较平稳，但因缸 3 需克服内控顺序阀 2 的压力回油，故能量损失较大。

如图 4 - 38 所示为采用外控式顺序阀和单向阀的平衡回路，外控顺序阀 3

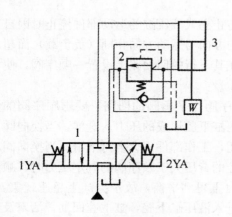

1. 三位四通电磁阀；2. 单向顺序阀；3. 液压缸

图 4 - 37　用内控单向顺序阀的平衡回路

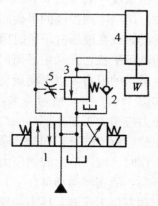

1. 三位四通电磁换向器；2. 单向阀；3. 外控顺序阀；4. 液压缸；5. 节流阀或可变液阻

图 4 - 38　用外控顺序阀的平衡回路

的启、闭取决于控制油口油压的高低，与顺序阀的进口压力无关。液压缸4下行时，顺序阀被无杆腔压力（即顺序阀控制压力）打开，背压消失，故能量损失较小。控制油路中设置的节流阀或可变液阻5，可以防止因液压缸下行时控制压力变化导致顺序阀时开时断而降低液压缸的运动平稳性。

③系统卸荷。如图4-39所示为高低压双泵供油卸荷回路。在执行元件快速运动时，低压大流量泵1与高压小流量泵2一并向系统供油；当执行元件慢速运行时，系统的压力升高；当压力达到外控顺序阀3的调压值时，阀3打开使泵1卸荷，泵2单独向系统供油，从而提高了回路效率。

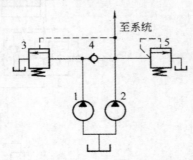

1. 低压大流量泵；2. 高压小流量泵；3. 液控顺序阀；4. 单向阀；5. 溢流阀

图4-39　高低压双泵供油卸荷回路

④作背压阀。与溢流阀相仿，将内控式顺序阀作背压阀接至执行元件的回油口，可提高执行元件的运动平稳性。

37. 顺序阀主要应用于哪些回路？

答：（1）顺序动作回路。如图4-40所示为顺序阀实现机床加工工件先定位后夹紧的顺序动作回路。当电磁阀由通电状态转到断电状态时，压力油分别进入定位缸和夹紧缸上腔，但夹紧缸此时不动作，定位缸活塞下移实现工件定位。同时，定位缸上腔压力升高，直到压力等于顺序阀调定压力时，顺序阀开启，夹紧缸开始动作。单向阀用以实现夹紧缸退回动作。

顺序阀的调整压力应高于先动作的缸的正常工作压力，以保证动作顺序可靠。中压系统一般要高0.5~0.8MPa。

（2）用顺序阀控制的平衡回路。为防止立式液压缸的运动部件停止时因自重而下滑，或在液压缸下行时因负载力的方向与运动方向相同（负负载）而超速，运动不平稳，常采用平衡回路。即在其下行的回油路上设置一顺序阀，使其产生适当的阻力，以平衡运动部件的质量。

如图4-41（a）所示为采用单向顺序阀作平衡阀的回路。要求顺序阀的调定压力应稍大于工作部件的自重在液压缸下腔形成的压力。这样，当换向阀处于中位，液压缸不工作时，顺序阀关闭，工作部件不会自行下滑。当换向阀左位工作时，液压缸上腔通压力油，下腔的背压大于顺序阀的调定压力时，顺序阀开启，活塞与运动部件下行，由于自重得到平衡，故不会产生超速现象。当换向阀右位工作时，压力油经单向阀进入液压缸下腔，缸上腔回油，活塞及工作部件上行。这种回路采用M型中位机能换向阀，可使液压缸停止工作时，缸上下腔油被封闭，从而有助于锁紧工作部件，另外还可以使泵卸荷，以减少能耗。另外，由于下行时回油腔背压大，必须提高进油腔工作压力，所以功率

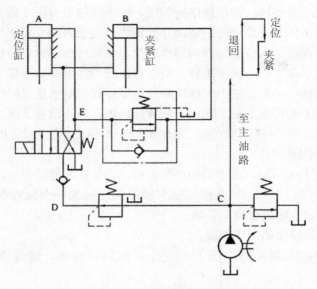

图 4‑40　顺序动作回路

损失较大。它主要用于工作部件质量不变，且质量较小的系统。如立式组合机床、插床和锻压机床的液压系统中皆有应用。

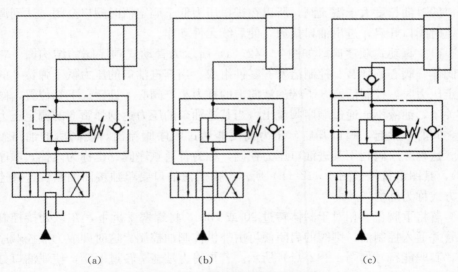

图 4‑41　采用顺序阀的平衡回路

如图 4‑41（b）所示为采用液控单向顺序阀作平衡阀的回路。它适用于工作部件的质量变化较大的场合，如起重机立式液压缸的油路。当换向阀右位工作时，压力油进入缸下腔，缸上腔回油，使活塞上升吊起重物。当换向阀处于中位时，缸上腔卸压，液控顺序阀关闭，缸下腔油被封闭，因而不论其质量大小，活塞及工作部件均能停止运动并被锁住。当换向阀右位工作时，压力油进入缸上腔，同时进入液控顺序阀的外控口，使顺序阀开启，液压缸下腔可顺利回油，于是活塞下行，放下重物。由于背压较小，因而功率损失较小。下行时，若速度过快，必然使缸上腔油压降低，顺序阀控制油压也降低，因而液控顺序阀在弹簧力的作用下关小阀口，使背压增加，阻止活塞下降，故也能保证工作安全可靠。但由于下行时液控顺序阀处于不稳定状态，其开口量有变化，故运动的平稳性较差。

以上两种平衡回路，由于顺序阀总有泄漏，故在长时间停止时，工作部件仍会有缓慢下移。为些，可在液压缸与顺序阀之间加一个液控单向阀［如图4－41（c）所示］能减少泄漏影响。

38. 简述顺序阀的工作原理。

答：顺序阀利用油路中压力的变化控制阀口启闭，实现执行元件顺序动作。

顺序阀与溢流阀类同，也有直动式和先导式两类，从控制方式上可有内控式和外控式，从卸油形式上可有内泄式和外泄式。

内控式顺序阀的工作原理与溢流阀很相似，区别在于：一是顺序阀的出油口不接油箱而是接后续的液压元件，因此泄油口要单独接回油箱；二是顺序阀阀口的封油长度大于溢流阀，所以在进口压力低于调定值时阀口全闭，达到调定值时阀口开启，进出油口接通，使后续元件动作。

（1）直动式顺序阀。如图4－42（a）所示为直动式顺序阀的结构图。它由阀体、阀心、弹簧、控制活塞等零件组成。当其进油口的压力低于弹簧6的调定压力时，控制活塞3下端油液向上的推力小，阀心5处于最下端位置，阀口关闭，油液不能通过顺序阀流出。当其进油口的压力达到弹簧6的调定压力时，阀心5抬起，阀口开启，压力油便能通过顺序阀流出，使阀后的油路工作。这种顺序阀利用其进油口压力控制，称为普通顺序阀（也称为内控式顺序阀），其图形符号如图4－42（b）所示。由于泄油口要单独接回油箱，这种连接方式称为外泄。

若将下阀盖2相对于阀体转过90°或180°，将螺塞1拆下，在该处接控制油管并通入控制油，则阀的启闭便可由外供控制油控制。这时即成为液控顺序阀，其职能符号如图4－42（c）所示。若再将上端盖7转过180°，使泄油口处的小孔a与阀体上的小孔b连通，将泄油口用螺塞封住，并使顺序阀的出油口与油箱连通，则顺序阀就成为卸荷阀，其泄油可由阀的出油口流回油箱，这种连接方式称为内泄。卸荷阀的图形符号如图4－42（d）所示。

（2）先导式顺序阀。如图4－43所示，先导式顺序阀的工作原理与溢流阀很相似，所不同的是二次油路即出口不接回油箱，泄漏油口L必须单独接回

152

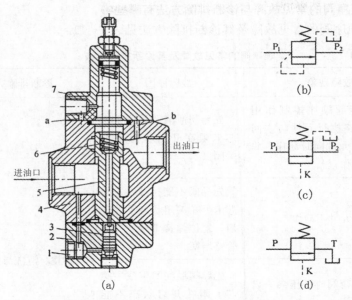

1. 螺塞；2. 下阀盖；3. 控制活塞；4. 阀体；5. 阀心；6. 弹簧；7. 上阀盖

图 4-42　直动式顺序阀

油箱。但这种顺序阀的缺点是外泄漏量过大。因先导阀是按顺序压力调整的，当执行元件达到顺序动作后，压力可能继续升高，将先导阀口开得很大，导致大量流量从导阀处外泄。故在小流量液压系统中不宜采用这种结构。

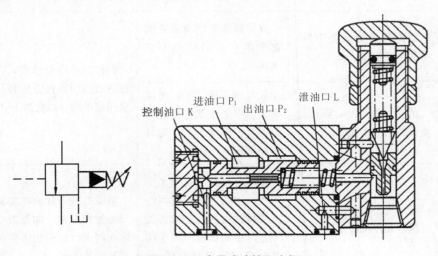

图 4-43　先导式液控顺序阀

39. 顺序阀的常见故障与诊断排除方法有哪些?

答: 顺序阀的常见故障及其诊断排除方法见表 4 - 11。

表 4 - 11　　　　　　　　顺序阀的常见故障及其诊断排除方法

	故障现象	故障原因	诊断排除方法
顺序阀	不能起顺序控制作用(子回路执行元件与主回路执行元件同时动作,非顺序动作)	先导阀泄漏严重或主阀芯卡阻在开启状态不能关闭	拆检、清洗与修理
	执行元件不动作	先导阀不能打开,主阀芯卡阻在关闭状态不能开启,复位弹簧卡死,先导管路堵塞	
	作卸荷阀时液压泵一启动就卸荷	先导阀泄漏严重或主阀芯卡阻在开启状态不能关闭	
	作卸荷阀时不能卸荷	先导阀不能打开、主阀芯卡阻在关闭状态不能开启,复位弹簧卡死,先导管路堵塞	
单向顺序阀	不能保持负载不下降,不起平衡作用	先导阀泄漏严重或主阀芯卡阻在开启状态不能关闭	拆检、清洗与修理,拆检时必须用机械方法将负载固定不动,以免落下
	负载不能下降,液压缸能够伸出但不能缩回	先导阀不能打开、主阀芯卡阻在关闭状态不能开启,复位弹簧卡死,先导管路堵塞	
	执行元件爬行或振动	负载有机械干扰或虽无干扰而主阀芯开启时执行元件排油过速,造成进油不足产生局部真空时主阀芯在启闭临界状态跳动,时开时关跳动	消除机械干扰并在导轨等处加润滑剂,如无效则应在阀出口处另加固定节流孔或节流阀

154

40. 溢流阀和顺序阀是否可以互换使用？

答：尽管溢流阀和顺序阀的结构基本相同，但是多数溢流阀为内泄式，而顺序阀必须是外泄式，所以二者不能直接互换使用。

41. 现有三个压力阀，其铭牌不清楚，若不进行拆解，如何判断哪个是溢流阀？

答：首先判断减压阀。由于溢流阀、减压阀和顺序阀在外形上大体相同，故只能根据进、出油口的连接情况进行判断。在静态下，减压阀是常开的，进、出油口相通，而溢流阀和顺序阀是常闭的。据此，分别向各阀进油口注入工作介质，能从出油口排出大量介质者即为减压阀，其余则为溢流阀或顺序阀。

其次判断溢流阀还是顺序阀。此两种阀有直动式和先导式两种。直动式溢流阀和直动式顺序阀外形相同，但直动式溢流阀只有两个主油口：进油口 P 和出油口 T。而直动式顺序阀除有两个主油口，即进油口 P_1 和出油口 P_2 外，还有一个外泄油口 L。因此油口数目多的是顺序阀，少的是溢流阀。先导式溢流阀和先导式顺序阀外形相同，但先导式溢流阀有三个油口：进油口 P 和出油口 T 及一个遥控口 K。而先导式顺序阀除了两个主油口：进油口 P_1 和出油口 P_2 外，还有一个外泄油口 L 和一个遥控口 K，因此油口多者是顺序阀，少的是溢流阀。

42. 溢流阀、减压阀和顺序阀有哪些异同点？

答：溢流阀、减压阀、顺序阀的结构原理与适用场合既有相近之处，又有很多不同之处，它们的异同点综合比较见表 4－12。具体使用中应该特别注意加以区别，以便正确有效地发挥其在系统中的作用。

表 4－12　　　　　溢流阀、减压阀、顺序阀的异同点综合比较

比较内容	溢流阀		减压阀		顺序阀	
	直动式	先导式	直动式	先导式	直动式	先导式
图形符号						
阀芯结构	滑阀、锥阀、球阀	滑阀、锥阀、球阀式导阀；滑阀、锥阀式主阀	滑阀、锥阀、球阀	滑阀、锥阀、球阀式导阀；滑阀、锥阀式主阀	滑阀、锥阀、球阀	滑阀、锥阀、球阀式导阀；滑阀、锥阀式主阀

续表

比较内容	溢流阀		减压阀		顺序阀	
	直动式	先导式	直动式	先导式	直动式	先导式
阀口状态	常闭	主阀常闭	常开	主阀常开	主阀常闭	主阀常闭
控制压力来源	入口	入口	出口	出口	入口	入口
控制方式	通常为内控	既可内控又可外控	内控	既可内控又可外控	既可内控又可外控	既可内控又可外控
二次油路	接油箱	接油箱	接次级负载	接次级负载	通常接负载；作背压阀或卸荷阀时接油箱	通常接负载；作背压阀或卸荷阀时接油箱
泄油方式	通常为内泄，可以外泄	通常为内泄，可以外泄	外泄	外泄	外泄	外泄
组成复合阀	可与电磁换向阀组成电磁溢流阀	可与电磁换向阀组成电磁溢流阀，或与单向阀组成卸荷溢流阀	可与单向阀组成单向减压阀	可与单向阀组成单向减压阀	可与单向阀组成单向顺序阀	可与单向阀组成单向顺序阀
适用场合	定压溢流、安全保护、系统卸荷、远程和多级调压、作背压阀		减压稳压	减压稳压、多级减压	顺序控制、系统保压、系统卸荷、作平衡阀、作背压阀	

43. 压力继电器的功能是什么？

答：压力继电器是一种用油液的压力信号转换成电信号的电液转换控制元

件，即它是用一定压力的压力油操纵的电开关。当油液压力上升或下降到压力继电器预先调定的启、闭压力时，微动开关接通或者断开，发出电信号，去控制诸如电磁铁、电磁离合器、继电器等电气元件的通断或开合动作，实现液压泵的加载或卸荷、电磁阀的换向或复位、执行元件的顺序动作；或者关闭液压泵电机，使系统停止工作，起到安全保护和互锁等功能，在液压设备的自动控制中起着重要的作用。

44. 压力继电器主要应用于哪些场合？

答：（1）液压泵的卸荷与加载。如图 4-44 所示为用压力继电器的液压泵卸荷加载回路。当主换向阀 7 切换至左位时，液压泵 1 的压力油经单向阀 2 和阀 7 进入液压缸的无杆腔，液压缸向右运动并压紧工件。当进油压力升高至压力继电器 3 的设定值时，发出电信号使二位二通电磁换向阀 5 通电切换至上位，液压泵 1 即卸荷，单向阀 2 随即关闭，液压缸 8 由蓄能器 6 保压。当液压缸压力下降时，压力继电器复位使泵启动，重新加载。调节压力继电器的工作区间，即可调节液压缸中压力的最大和最小值。

（2）顺序动作控制。如图 4-45 所示为用压力继电器控制双油路顺序动作的回路。当支路工作压力达到设定值时，压力继电器 5 发出信号，操纵主油路电磁换向阀动作，主油路工作。当主油路压力低于支路压力时，单向阀 3 关闭，支路由蓄能器 4 补油并保压。

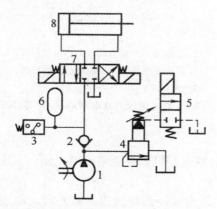

1. 定量液压泵；2. 单向阀；3. 压力继电器；4. 先导式溢流阀；5. 二位二通电磁换向阀；6. 蓄能器；7. 三位四通电磁换向阀；8. 液压缸

图 4-44 用压力继电器卸荷与加载回路

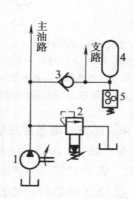

1. 定量泵；2. 溢流阀；3. 单向阀；4. 蓄能器；5. 压力继电器

图 4-45 压力继电器控制顺序动作回路

（3）执行元件换向。图 4-46 所示为用压力继电器控制液压缸换向的回路。节流阀 5 用于调节液压缸 7 的工作进给速度，电磁换向阀 4 提供液压缸退回通路。电磁换向阀 3 为回路的主换向阀。图示状态，压力油经阀 3、阀 5 进入缸 7 的无杆腔，当液压缸右行碰上死挡铁后，缸进油路压力升高，压力继电器 6 发出电信号，使电磁铁 1YA 断电，阀 3 切换至右位，电磁铁 2YA 通电，阀 4 切换至左位，液压缸快速返回。

（4）系统限压和安全保护。如图 4-47 所示为用压力继电器的限压和换向回路。当电磁换向阀 3 通电切换至右位时，液压缸无杆腔进油右行，当无杆腔压力超过顺序阀 6 的设定值时开启，由节流阀 5 引起的回油背压使压力继电器 4 动作发出电信号，使阀 3 断电复至图示左位，液压缸向左退回。由于压力继电器承受的是低压，只需用低压元件，设定压力只需调整顺序阀，而不必调整压力继电器，故精确方便。

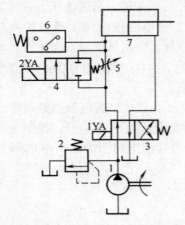

1. 定量液压泵；2. 溢流阀；3. 二位四通电磁换向阀；4. 二位二通电磁换向阀；5. 节流阀；6. 压力继电器；7. 液压缸

图 4-46　用压力继电器的液压缸换向回路

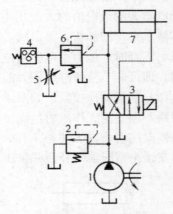

1. 定量泵；2. 溢流阀；3. 电磁换向阀；4. 压力继电器；5. 节流阀；6. 顺序阀；7. 液压缸

图 4-47　用压力继电器的限压和换向回路

45. 压力继电器应用举例。

答：在图 4-48 所示的回路中，压力继电器可以控制电磁阀工作，实现由"工进"转为"快退"的顺序动作。

当 1YA 通电时，电磁阀左位工作，压力油经调速阀进入缸左腔，缸右腔回油，活塞慢速右移，即"工进"。当活塞行至终点停止时，缸左腔油压升高，当油压达到压力继电器的开启压力时，压力继电器发出电信号，使 2YA 通电，1YA 断电，换向阀右位工作。这时，压力油进入缸右腔，缸左腔回油（经单向阀），活塞快速向左退回，即"快退"。

在这种回路中，一般液压系统压力继电器的调定压力（开启压力）应比液压缸的最高工作压力约高 0.5MPa，应比溢流阀的调定压力约低 0.5MPa。

46. 使用压力继电器时有哪些注意事项？其修理要点是什么？

答：（1）使用压力继电器的注意事项：

①安装压力继电器的方位要正确，不能装反方向。

②压力继电器调节好动作压力后，应予以锁定，防止工作过程中受振动导致所调压力的变动。

③配用灵敏度好的微动开关，微动开关的好坏对压力继电器的灵敏度和工作可靠性有很大影响。

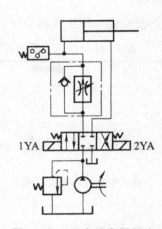

图 4-48　压力继电器的应用举例

（2）修理要点：

①压力继电器主要是阀芯外圆与相配孔磨损后需要修理，修理方法和基本要求基本上同一般其他阀类元件。

②阀芯（柱塞）修复后的要求是：圆度和圆柱度允差不应超过 0.003mm，表面粗糙度为 $Ra\,0.2\mu m$；阀体孔的圆度和圆柱度要求为 0.003mm，表面粗糙度为 $Ra\,0.4\mu m$；二者配合间隙一般为 0.008～0.012mm。

47. 压力继电器常见故障及诊断排除方法有哪些？

答：压力继电器的常见故障及其排除方法，见表 4-13。

表 4-13　　　　　　　压力继电器的常见故障及诊断排除方法

故障现象	故障原因	诊断排除方法
压力继电器失灵	微动开关损坏不发信号	修复或更换
	微动开关发信号，但调节弹簧永久变形、压力-位移机构卡阻；感压元件失效	更换弹簧；拆洗压力-位移机构；拆检和更换失效的感压元件（如弹簧管、膜片、波纹管等）
压力继电器灵敏度降低	压力位移机构卡阻；微动开关支架变形或零位可调部分松动引起微动开关空行程过大；泄油背压过高	拆洗压力位移机构；拆检或更换微动开关支架；检查泄油路是否接至油箱或是否堵塞

48. 国内开发和生产的常规液压阀（方向阀、压力阀和流量阀）的产品有哪些系列？

答：国内开发和生产的常规液压阀（方向阀、压力阀和流量阀）的主流产品系列见表 4-14，其具体型号规格、外形连接尺寸及生产厂可从《机械设计手册》或《液压气动手册》中查取。

表 4-14　　　　　国内开发和生产的常规液压阀主流产品系列

系　　列	公称压力（MPa）	通径（mm）	流量 （L·min⁻¹）
广州机床研究所中低压系列液压阀	2.5、6.3		～300
榆次中高压系列液压阀	21，个别 35	6、10、20、32、50、80	～1200
联合设计系列高压阀	31.5	6、10、20、32、50、80	～1250
威格士（VICKERS）系列液压阀	20、25、电磁阀 35	6、10、20（25）、32、50、80	900
力士乐（REXROTH）系列液压阀	25、31.5、个别阀 63		1200
广州机床研究所 GE 系列中高压液压阀	16	6、10、1 6、20	300
大连组合机床研究所 D 系列液压阀	10，方向阀为 20	6、10、16、20	
新 YUKEN 系列液压阀	21、25、31.5	01、03、06、10	

49. 何谓流量控制阀？流量控制阀包括哪些阀？

答：流量控制阀简称流量阀，是液压系统中控制流量的液压阀。通过调节流量阀通流面积的大小，来控制流经阀的流量，从而实现对执行元件运动速度的调节或改变分支流量的大小。流量阀包括节流阀、调速阀、溢流节流阀和分流集流阀等。

50. 节流阀有哪些基本功能？其性能要求是什么？

答：节流阀的基本功能就是在一定的阀口压差作用下，通过改变阀口的通流面积来调节其通过流量，因而可对液压执行元件进行调速。另外，节流阀实质上还是一个局部的可变液阻，因而还可利用它对系统进行加载。

对节流阀的性能要求主要是：要有足够宽的流量调节范围，微量调节性能要好；流量要稳定，受温度变化的影响要小；要有足够的刚度；抗堵塞性好；节流损失要小。

51. 常见节流口的结构有哪些？其特点是什么？

答： 任何一个流量控制阀都有一个起节流作用的阀口，通常称为节流口，其结构形式和几何参数如何，对流量控制阀的工作性能起着决定性作用。节流口的结构形式很多，常用的见表 4-15。

表 4-15　　　　　　　　　　常用节流口的结构图

阀口结构	结构简图	特　　点
圆柱滑阀阀口	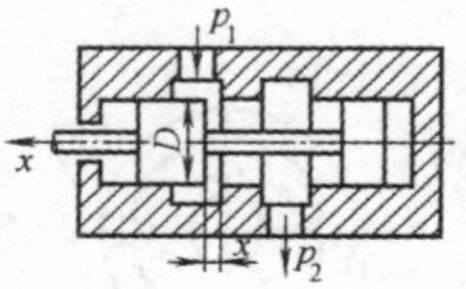	阀口的通流截面面积 A 与阀芯轴向位移 x 成正比，是比较理想的薄壁小孔；面积梯度大，灵敏度高。但流量的稳定性较差，不适于微调，一般应用较少
锥阀阀口	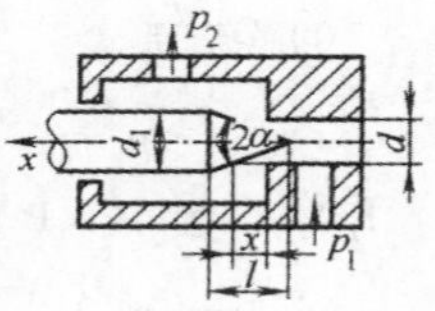	阀口的通流截面面积 A 与阀芯的轴向位移 x 近似成正比。阀口的距离较长，水力半径较小，在小流量时阀口易堵塞。但其阀芯所受径向液压力平衡，适用于高压节流阀
轴向三角形阀口	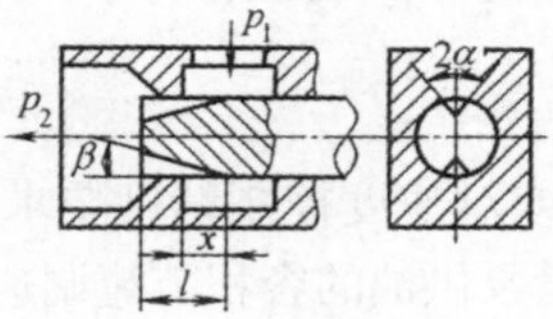	阀口的横断面一般为三角形或矩形，通常在阀芯上切两条对称斜槽，使其径向液压力平衡。这种阀口加工方便，水力半径较大，小流量时阀口不易堵塞，故应用较广
圆周三角槽阀口	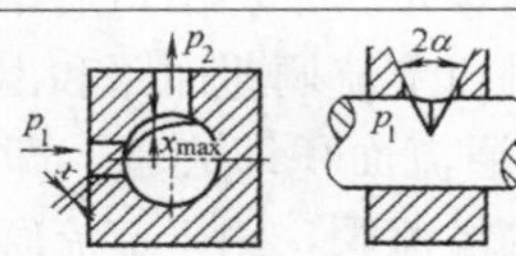	阀口的加工工艺性较好，但径向液压力不平衡，故不适用高压节流阀
圆周缝隙阀口	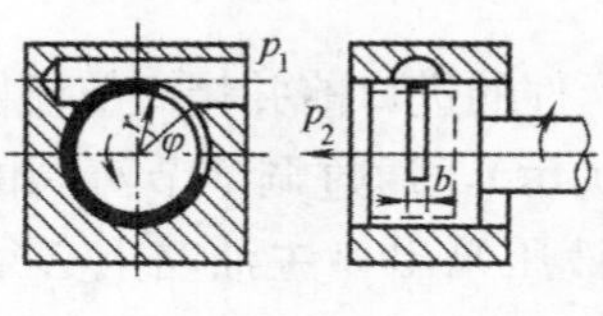	加工工艺性较差，但可设计成接近薄壁小孔的结构，因而可以获得较小的最小稳定流量值。但其阀芯的径向液压力不能完全平衡，所以只适用于中低压节流阀
轴向缝隙阀口	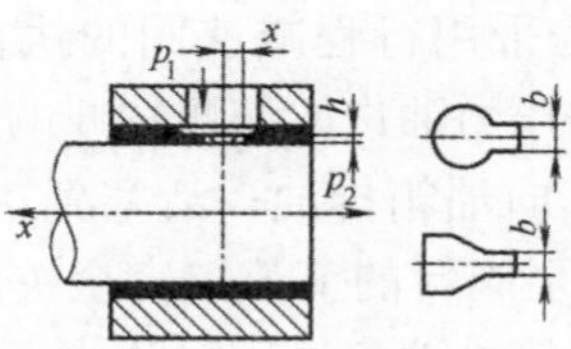	阀口开在套筒上，可以设计成很接近薄壁小孔的结构，阀口的流量受温度变化的影响较小，而且不易堵塞。它的缺点是结构比较复杂，缝隙在高压下易发生变形。它主要应用于对流量稳定性要求较高的中低压节流阀中

161

如图 4-49 所示是节流阀的结构及图形符号。该阀采用轴向三角槽式的节流口形式［如图 4-49（b）所示］，主要由阀体 1、阀芯 2、推杆 3、调节手柄 4 和弹簧 5 等件组成。油液从进油口 P_1 流入，经孔道 a、节流阀阀口、孔道 b，从出油口 P_2 流出。调节手柄 4 借助推杆 3 可使阀芯 2 做轴向移动，改变节流口通流面积的大小，达到调节流量的目的。阀芯 2 在弹簧 5 的推力作用下，始终紧靠在推杆 3 上。如图 4-49（c）所示是 DR/DRV 型节流阀的外形。

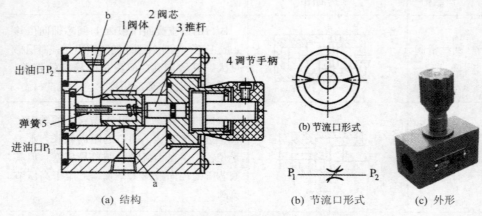

图 4-49　节流阀的结构、节流口形式及图形符号

52. 节流阀有哪些主要应用场合？

答：（1）节流阀常用于负载变化不大或对速度控制精度要求不高的定量泵供油节流调速液压系统中，有时也用于变量泵供油的容积节流调速液压系统中。

①串联节流调速。将执行元件的进口前串接一个、出口后串接一个或进口前、出口后各串接一个节流阀，可以组成进口节流调速回路和出口节流调速回路（如图 4-50 所示）。通过调节节流阀的通流面积即流量，即可实现执行元件的速度调节。液压泵出口主油路上并联的溢流阀，用于节流阀工作时将液压泵多余的流量溢回油箱。

②并联（旁路）节流调速。将执行元件的进口前并接一节流阀，可组成并联（旁路）节流调速回路（如图 4-51 所示），通过调节节流阀的通流面积即流量，即可实现执行元件的速度调节，液压泵出口主油路上必须并联的溢流阀，对系统起安全保护作用。

③执行元件减速。如图 4-52 所示为采用行程减速阀的执行元件减速回路。换向阀 4 切换至左位时，定量泵 1 的压力油进入液压缸 6 的无杆腔，活塞快速右行，液压缸经行程节流阀 5 和阀 4 向油箱排油；活塞到达规定位置时，挡块 7 逐渐压下阀 5，使活塞运动减速直至阀 5 的节流口完全关闭，此时，液压缸回油经单向节流阀 3 中的节流阀向油箱排油，液压缸的速度由节流阀 3 的

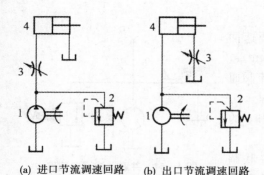

(a) 进口节流调速回路　　(b) 出口节流调速回路

1. 定量泵；2. 溢流阀；3. 节流阀；4. 液压缸

图 4-50　节流阀串联节流调速回路

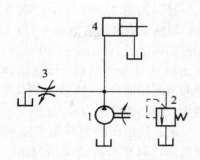

1. 定量泵；2. 溢流阀；3. 节流阀；4. 液压缸

图 4-51　节流阀并联节流调速回路

开度决定，减速行程可通过调整挡块 7 的位置实现。

（2）执行元件缓冲。如图 4-53 所示为采用单向行程节流阀的执行元件缓冲回路。双杆液压缸 6 的进出口设置了单向行程节流阀 4 和 5，当换向阀 3 左位工作时，定量泵 1 的压力油经阀 3、阀 4 的单向阀进入液压缸的左腔，右腔的油液经阀 4 中的行程节流阀回油，活塞杆右行；当液压缸行程接近右端终点时，随同活塞杆一并运动的活动挡块 8 逐渐压下阀 5 中的行程节流阀，直至关闭，使液压缸速度逐渐变慢，直至平缓停止，以免出现终点冲击，达到缓冲之目的。液压缸左行时的缓冲工作原理与右行时相同。

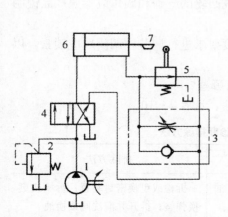

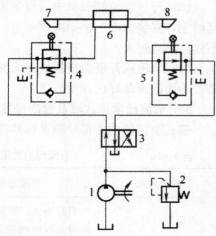

1. 定量泵；2. 溢流阀；3. 单向节流阀；
4. 二位四通换向阀；5. 行程节流阀；
6. 液压缸；7. 挡块

**图 4-52　行程节流阀的执行元件减
　　　　　速回路**

1. 定量泵；2. 溢流阀；3. 二位四通换向
阀；4、5. 单向行程节流阀；6. 液压缸；
7、8. 挡块

图 4-53　单向行程节流阀的缓冲回路

53. 节流阀应用分析举例。

答: 如图 4 - 54 所示并联节流调速回路,液压泵输出流量为 $q_p = 1.0 \times 10^{-3} \text{m}^3/\text{s}$,溢流阀调定压力为 $p_p = 6\text{MPa}$。当节流阀通流面积 A 从全开启到关闭逐渐调节时,p_p 值和节流阀通过流量 q 怎样变化? p_p 和 q 的最大、最小值分别为多大?

解: 所给回路为采用节流阀的并联调速回路,且至系统的油路封闭,故负载趋

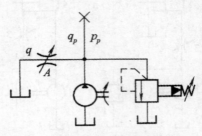

图 4 - 54　并联节流调速回路

向于无限大,液压泵的工作压力 p_p 和节流阀通过流量 q,都取决于节流阀的开度,开度越小,压力 p_p 越高,流量 q 越小,溢流阀则用于限定系统最高压力。

(1) 节流阀从全开到全闭逐渐调节时,p_p 值逐渐增大,q 逐渐减小,$p_{p\max} = 6\text{MPa}$,$q_{\min} = 0\text{m}^3/\text{s}$;

(2) 节流阀从全闭到全开逐渐调节时,p_p 值逐渐减小,q 逐渐增大,$p_{p\min} = 0\text{MPa}$,$q_{\max} = 1.0 \times 10^{-3} \text{m}^3/\text{s}$。

54. 使用节流阀时有哪些注意事项?

答: (1) 普通节流阀的进、出口,有的产品可以任意对调,但有的产品则不可以对调,应按照产品使用说明接入系统。

(2) 节流阀不宜在较小开度下工作,否则极易阻塞并导致执行元件爬行。

(3) 行程节流阀和单向行程节流阀应用螺钉固定在行程挡块路径的已加工基面上,安装方向可根据需要而定;挡块或凸轮的行程和倾角应参照产品说明制作,不应过大。

(4) 节流阀开度应根据执行元件的速度要求进行调节,调闭后应锁紧,以防松动而改变调好的开度。

55. 节流阀常见故障及诊断排除方法有哪些?

答: 节流阀的常见故障及诊断排除方法,见表 4 - 16。

表 4 - 16　　　　　　　　　节流阀的常见故障及诊断排除方法

故障现象	故障原因	排除方法
流量调节失灵	密封失效;弹簧失效;油液污染致使阀芯卡阻	拆检或更换密封装置;拆检或更换弹簧;拆开并清洗阀或换油
流量不稳定	锁紧装置松动;节流口堵塞;内泄漏量过大;油温过高;负载压力变化过大	锁紧调节螺钉;拆洗节流阀;拆检或更换阀芯与密封;降低油温;尽可能使负载不变化或少变化

故障现象	故障原因	排除方法
行程节流阀不能 压下或不能复位	阀芯卡阻或泄油口堵塞致 使阀芯反力过大；弹簧失效	拆检或更换阀芯；泄油口接油箱 并降低泄油背压检查更换弹簧

56. 为什么调速阀能够使执行元件的运动速度稳定？调速阀正常工作所需的最小压差为多少？调速阀一般用于哪些场合？

答：（1）调速阀是由定差减压阀与节流阀串联复合而成的复合阀，如图 4-55（a）所示为其结构原理图。整个调速阀有两个外接油口。液压泵的供油压力亦即调速阀的进口压力 p_1 由溢流阀 4 调定后基本不变，p_1 经减压阀口降至 p_m，并分别经流道 f 和 e 进入 c 腔和 d 腔作用在减压阀芯下端；节流阀阀口又将 p_m 降至 p_2，在进入液压缸 3 的无杆腔驱动负载 F 的同时，通过流道 a 进入弹簧腔 b 作用在减压阀芯 1 上端，从而使反馈作用在减压阀芯上、下两端的液压力与阀芯上的弹簧力 F_s 相比较。若忽略减压阀芯的摩擦力、自重和液动力等的影响，则减压阀阀芯在其弹簧力 F_s 及油液压力 p_m、p_2 作用下处于某一平衡位置时有

$$p_m(A_1+A_2)=p_2A+F_s$$

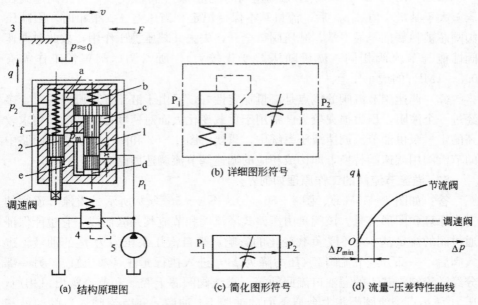

1. 减压阀；2. 节流阀；3. 液压缸；4. 溢流阀；5. 液压泵

图 4-55　调速阀

式中，A、A_1 和 A_2 分别为 b 腔、c 腔和 d 腔中减压阀芯的有效作用面积，且 $A_1 + A_2 = A$，所以节流阀压差：

$$p_m - p_2 = \Delta p = F_s/A$$

由于弹簧刚度较低，且工作过程中减压阀芯位移很小，故可认为弹簧力 F_s 基本保持不变，所以节流阀压差 $\Delta p_2 = p_m - p_2$ 也基本不变，从而保证了节流阀开口面积 A_j 一定时流量 q 的稳定。

若 $p_2 = F/A_C$（F 和 A_C 为液压缸 3 的负载和有效作用面积）随着 F 的增大而增大时，作用在减压阀芯上端的液压力也随之增大，使减压阀芯受力平衡破坏而下移，于是减压口 x 增大，液阻减小使减压阀的减压作用减弱，从而使 p_m 相应增大，直到 $\Delta p_2 = p_m - p_2$ 恢复到原来值，减压阀芯达到新的平衡位置；p_2 随 F 的减小而减小时的情况可作类似分析。总之，由于定差减压阀的自动调节（压力补偿）作用，无论 p_2 随液压缸负载如何变化，节流阀压差 Δp_2 总能保持不变，从而保证了调速阀的流量 $q = CA_j \Delta p_n \varphi = CA_j (p_1 - p_2) \varphi$ 基本为调定值，最终也就保证了所要求的液压缸输出速度 $v = q/A_c$ 的稳定，不受负载变化之影响。

如图 4-55（b）、图 4-55（c）所示分别为调速阀的详细和简化图形符号。

（2）如图 4-55（d）所示为调速阀的流量-压差特性曲线，可见调速阀在压差大于其最小值 Δp_{min} 后，流量基本保持恒定。当压差 Δp 很小时，因减压阀阀芯被弹簧推至最下端，减压阀口全开，失去其减压稳压作用，故此时调速阀性能与节流阀相同（流量随压差变化较大），所以调速阀正常工作需有 0.5～1MPa 的最小压差。

（3）调速阀节流阀的优点是流量稳定性好，但由于液流经过调速阀时，多经过一个液阻，压力损失较大。常用于负载变化大而对速度控制精度又要求较高的定量泵供油节流调速液压系统中，只要将图 4-52 和图 4-53 所示回路中的节流阀用调速阀替换，即构成相应的调速阀节流调速回路。

57. 溢流节流阀的工作原理如何？

答：如图 4-56（a）、图 4-56（b）、图 4-56（c）所示是溢流节流阀的工作原理和图形符号。该阀是由压差式溢流阀和节流阀并联而成，它也能保证通过阀的流量基本上不受负载变化的影响。来自液压泵压力为 p_1 的油液，进入阀后，一部分经节流阀 2（压力降为 p_2）进入执行元件（液压缸），另一部分经溢流阀阀芯 1 的溢油口流回油箱。溢流阀阀芯上腔 a 和节流阀出口相通，压力为 p_2；溢流阀阀芯大台肩下面的油腔 b、油腔 c 和节流阀入口的油液相通，压力为 p_1。当负载 F_L 增大时，出口压力 p_2 增大，因而溢流阀阀芯上腔 a 的压力增大，阀芯下移，关小溢流口，使节流阀入口压力 p_1 增大，因而节流阀前后压差（$p_1 - p_2$）基本保持不变；反之亦然。

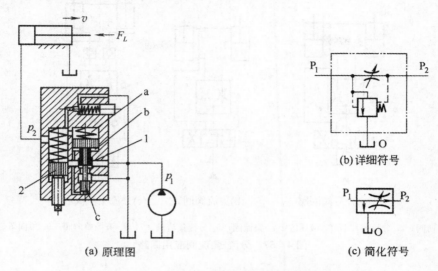

(a) 原理图   (b) 详细符号   (c) 简化符号

图 4-56   溢流节流阀的工作原理和图形符号

溢流节流阀上设有安全阀 3。当出口压力 p_2 增大到等于安全阀的调整压力时，安全阀打开，使 p_2（因而也使 p_1）不再升高，防止系统过载。

58. 分流集流阀的功用、分类及应用如何？

答：（1）分流集流阀用来保证两个或两个以上的执行元件在承受不同负载时仍能获得相同或成一定比例的流量，从而使执行元件间以相同的位移或相同的速度运动（同步运动），故又称同步阀。

（2）按液流方向的不同，分流集流阀有分流阀、集流阀和分流集流阀之分。分流阀按固定的比例自动将输入的单一液流分成两股支流输出，例如图 4-57（a）所示回路，分流阀 2 将液压源经换向阀 1 左位来的液压油等量分成两路，分别送向两个液压缸 3，实现双缸单向同步运动；集流阀按固定的比例自动将输入的两股液流合成单一液流输出，例如图 4-57（b）所示回路，换向阀 1 切换至右位时，集流阀 4 将两个液压缸 3 的无杆腔油液等量合为一股，实现双缸单向同步运动。分流集流阀能使执行元件双向运动都起同步作用，例如图 4-57（c）所示回路，通过输出流量等分的分流集流阀 5 可实现液压缸 3 和 6 的双向同步运动：当换向阀 1 切换至左位时，液压源的压力油经阀 1、单向节流阀 9 中的单向阀、分流集流阀 5（此时作分流阀用）、液控单向阀 7 和 8 分别进入液压缸 6 和 3 的无杆腔，实现双缸伸出同步运动；当换向阀 1 切换至右位时，液压源的压力油经阀 1 进入液压缸的有杆腔，同时反向导通液控单向阀 7 和 8，双缸无杆腔经阀 7 和 8、分流集流阀 5（此时作集流阀用）、换向阀 1 回油，实现双缸缩回同步运动。

167

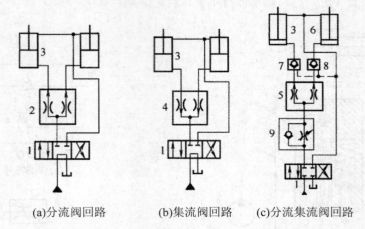

(a)分流阀回路   (b)集流阀回路   (c)分流集流阀回路

1. 换向阀；2. 分流阀；3，6. 液压缸；4. 集流阀；5. 分流集流阀；7，8. 液控单向阀；9. 单向节流阀

图 4-57　分流-集流阀应用回路

59. 如何识读流量控制阀故障诊断与修理。

答：1）节流阀

（1）节流阀的故障现象、原因与排除方法见表 4-17。

表 4-17　　　　　　节流阀的故障现象、原因与排除方法

故障现象	故障原因	排除方法
流量可调节但不稳定，造成执行元件速度不稳定	①油液中极化分子和金属表面吸附层破坏了节流缝隙几何形状和大小，在受压时遭到周期性破坏，使流量出现周期性脉动	①采用电位差小的金属作节流阀
	②系统长时间运行，油温升高，油液氧化变质，在节流口析出胶质、沥青、炭渣等污物，吸附于节流口壁面，使节流口有效通流面积减少甚至堵塞，流量不稳定	②在系统结构上进行改进，提高油液抗温升能力，油液选用抗氧化能力强的油液，减少通道湿周长，扩大水力半径，使污物不易停留，节流口选用薄刃口，比狭长缝隙节流口抗堵塞能力强
	③油液中的尘埃、切屑粉尘、油漆剥落片等机械杂质及油液劣化老化生成物在节流缝隙处产生堆积，堵塞节流通道，造成流量不稳定	③在节流阀前安设过滤器，对油液进行精滤，更换新的抗老化的清洁油液

故障现象	故障原因	排除方法
流量可调节但不稳定，造成执行元件速度不稳定	④节流阀调整好锁紧后，由于机械振动，使锁紧螺钉松动，导致调节杆在支承套上旋转松动、节流阀开度发生改变，引起流量不稳定	④消除机械振动的振源，采用带锁调节手柄的节流阀
	⑤系统负载变化大，导致执行元件工作压力变化，造成节流阀两端压差发生变化，引起流量不稳定	⑤改节流阀为调速阀
	⑥节流阀阀芯采用间隙密封，存在内泄漏，磨损使配合间隙和内泄漏增大，内泄漏随油温变化而改变，引起流量不稳定	⑥研修或更换阀芯，保证节流阀芯与阀体孔的配合间隙合理，不能过大或过小
	⑦系统中混进空气，使油液可压缩性大大增加，油液时而压缩时而释放，导致流量不稳定	⑦排除系统内空气，减少系统发热，更换黏度指数高的油液
	⑧节流阀外泄漏大，造成流量不稳定	⑧更换密封圈
	⑨单向节流阀中的单向阀关不严，锥面不密合，引起流量不稳定	⑨查明单向阀关不严、锥面不能密合的原因，采取对应措施，解决单向阀内泄漏问题
节流调节作用失灵	①阀体沉割槽尖边或阀芯倒角处毛刺卡住阀芯，调节手柄松开时带动调节杆上移，但复位弹簧力不能克服阀芯卡紧力使阀芯随调节杆上移，导致调速失效	①用尼龙刷去除阀孔内毛刺，用油石等手工精修方法去除阀芯上毛刺，使阀芯移动灵活
	②油中污物卡死阀芯或堵塞节流口，导致节流失灵	②拆卸清洗节流阀，更换洁净新油加装过滤器对油液进行过滤
	③阀芯和阀孔的形位公差不好，造成液压卡紧，导致节流调节失灵	③研磨修复阀孔，或重配阀芯
	④阀芯与阀体孔配合间隙过小或过大，造成阀芯卡死或泄漏大，导致节流作用失灵	④研磨单向阀配合锥面，使之紧密配合

169

故障现象	故障原因	排除方法
节流调节作用失灵	⑤设备长时间停机，油中水分等使阀芯锈死在阀孔内，导致节流阀重新使用时出现节流调节失灵现象	⑤设备长期停机时需放干净设备中的液压油
	⑥阀芯与阀孔内外圆柱面出现拉伤划痕，导致阀芯运动不灵活甚至卡死，或者内泄漏增大，造成节流失灵	⑥对轻微拉伤进行抛光，对严重拉伤，先用无心磨磨去伤痕，再电镀修复
节流阀外泄漏严重	O 形密封圈压缩永久变形、破损及漏装	更换或补换 O 形密封圈
节流阀内泄漏严重	①节流阀芯与阀孔配合间隙过大或使用过程发生严重磨损	①电刷镀或重新加工阀芯进行研磨装配，保证阀芯与阀体孔公差及二者之间的配合间隙
	②阀芯与阀孔拉有沟槽，其中圆柱阀芯为轴向沟槽，平板阀为径向沟槽	②电刷镀或重新加工阀芯进行研磨配合
	③油温过高	③采取措施，控制系统油温
阀芯反力过大	阀芯径向卡住，泄油口堵住	阀泄油口单独接回油箱

（2）节流阀的修理。

阀芯的修理：磨损严重和拉伤沟槽较紧的阀芯需修理时，可先在无心磨床上用贯穿磨削法磨去 0.05～0.10mm，然后电刷镀一层硬铬，再用无芯磨配磨，用氧化铬抛光膏进行抛光、修复即可。

阀体的修理：与其他阀一样，阀体主要是阀孔的磨损拉毛及孔精度丧失。阀体的修复部位一般是与阀芯外圆相配的阀孔（几何精度、尺寸精度及表面粗糙度）。阀孔修复阀孔拉伤或几何精度超差，可用研磨棒或用可调金刚石铰刀研磨或铰削修复。磨损严重时，可刷镀或电镀内孔，再经铰研，或者另配新阀芯。

调节杆：调节杆需要更换时可按原来的零件图进行加工，并且各项技术指标、满足要求。

2）调速阀

（1）调速阀的故障现象、原因与排除方法见表4-18。

表 4-18 调速阀的故障现象、原因与排除方法

故障现象	故障原因	排除方法
压力补偿机构（定差减压阀）不动作，调速阀如同一般节流阀	①定差减压阀阀芯被污物卡住	①拆卸阀进行清洗
	②阀孔被污物堵塞	②拆开阀进行清洗
	③进出口压差过小	③保证减压阀进出口压差足够，对中低压 Q 型调速阀工作压差不低于 0.6MPa，对中高压 Q 型调速阀工作压差不低于 1MPa
节流阀流量调节手柄调节时费劲	①调节杆被污物卡住，或调节手柄螺纹配合不好	①拆开调节杆进行清洗，重新对调节手柄螺纹进行配合
	②实现进油节流调速的调速阀的出口压力过高	②对调速阀出口压力先进行卸压，然后调节手柄
调速阀节流作用失效	①定差减压阀阀芯卡死在全闭或小开度位置，使出油腔无油或极小流量油液通过节流阀	①拆阀进行清洗和去毛刺，使减压阀芯灵活移动
	②调速阀进出油口接反，使减压阀芯总趋于关闭，造成节流作用失灵	②正确连接调速阀进出油口，特别是 Q 型和 QF 型调速阀安装面的安装孔对称，更应注意，板式调速阀底面上各油口处标有进口与出口字样，仔细辨认，保证正确连接
	③调速阀进出口压差太小，产生流量调节失灵	③当调速阀进出口压差足够大时，再进行流量调节，Q 型调速阀进出口压差要大于 0.5MPa，QF 型阀进出口压差要大于 1MPa

续表 1

故障现象	故障原因	排除方法
流量不稳定	①参阅节流阀流量不稳定故障原因	①参阅节流阀流量不稳定故障排除方法
	②污物或毛刺导致定差减压阀芯移动不灵活，起不到压力反馈稳定节流阀前后压差成定值的作用，或定压差减压阀阀芯大小头不同心，配合不好，导致流量不稳定	②拆开阀端部螺塞，从阀套中抽出减压阀芯，进行去毛刺和清洗，同时检查减压阀芯大小头是否同轴，不同轴进行修复或更换
	③调速阀中减压阀芯与阀盖上的压力反馈小孔阻塞，失去压力补偿作用，造成节流阀进出油口压差发生变化，导致流量调节不稳定	③用 ϕ1mm 的细钢丝通一通阀盖及阀芯上的压力反馈小孔，或用压缩空气吹通小孔
	④减压阀弹簧漏装、折断或装错	④补装或更换减压阀弹簧
	⑤调速阀内外泄漏量大，导致流量不稳定	⑤查明调速阀内外泄漏量大的故障原因，采取措施排除故障
	⑥进出油口接反，造成调速阀无压力反馈补偿作用	⑥正确连接调速阀进出油口
最小稳定流量不稳定	阀套内外圆和定压减压阀阀芯大小头的同轴度误差引起装配间隙过大，造成内泄漏量增加，导致最小稳定流量不稳定	将调速阀两级阀芯改为两体阀芯，可减小阀芯加工难度和装配间隙，降低泄漏量变化对最小稳定流量稳定性的不利影响

（2）调速阀的修理。

阀芯的修理：调速阀阀芯有二，即节流阀阀芯和定压差减压阀阀芯；阀芯在拉伤和磨损不严重时，经抛光后能保证与阀孔的间隙仍可继续使用。但如磨损拉伤严重时，须先经无心磨磨去 0.05～0.08mm，再电镀外圆后磨配，或者刷镀。无刷镀电镀设备者，可重新加工一新阀芯。

节流阀阀芯与阀孔配合间隙应保证在 0.007～0.015mm 的范围内，阀芯配合表面光洁度不得低于技术要求。减压阀阀芯大头与阀孔配合间隙保证在 0.015～0.025mm，小头与阀套配合间隙保证在 0.007～0.015mm。

阀套的修理：阀套经热压或冷压压在阀体孔内，经过一段时间使用后，阀套孔会因磨损变大而出现精度丧失的现象。需要修复，阀套孔一般修理时不从阀体上压出，以免压出后破坏外圆过盈配合，如果更换或修复减压阀芯，一般只研磨阀套孔即可。

阀体的修理：阀体的修复主要是阀孔，经过较长时间使用后，阀孔一般出现因磨损而失圆和出现锥度及拉伤，一般可研磨修复阀孔，有条件的用户可用金刚石铰刀修复阀孔，根据修复后的阀孔尺寸，重配阀芯。

阀套的热压与冷压的修理：阀套与阀体孔保持 0.002～0.010mm 的过盈量，所以装配时需热压或冷压而不可敲入，以免破坏孔的精度。

热压时一般在 150℃ 左右的热油中放入阀体，浸泡 5～10min，再将阀套放入阀孔中，取出冷却便成。

冷却时，可用一瓶消防用的二氧化碳灭火器对准阀套吹，2～3min 可收缩到可装入阀孔内即可。操作时要注意，用二氧化碳灭火器吹时要小心，不能吹在人身上，操作者要戴好手套，以防冻伤。装配前内孔和顶盖均要去除污物，表面涂上机油。

3）分流集流阀

分流集流阀的故障现象、原因与排除方法见表 4-19。

表 4-19　　　　　　分流集流阀的故障现象、原因与排除方法

故障现象	故障原因	排除方法
同步失灵（多个执行元件不能同步运动）	①由于分流阀阀芯几何加工精度不高，或毛刺卡住阀芯，造成阀芯不能灵活运动，导致多个执行元件同步失灵	①修复阀芯，提高加工精度，清洗去毛刺，保证阀芯灵活运动
	②系统油液污染或油温过高，造成阀芯径向卡住，导致同步失灵	②注意保证油液清洁度和控制油液温度，使阀芯灵活运动
	③执行元件安装位置不好，动作不灵活，产生多个执行元件同步失灵	③矫正执行元件安装位置
	④流入分流阀油液的工作压力过低，造成一次固定节流孔压降低于 0.6～0.8MPa，分流阀不起作用，导致同步失灵	④提高流入分流阀的压力，保证固定节流孔两端压降不低于 0.6～0.8MPa
	⑤分流阀两腔负载压力不等，造成两腔油液相互窜流，而分流阀内部各节流孔相通，这导致多个执行元件在行程停止时油液相互窜流，造成下一步同步动作失灵	⑤分别为同步回路中各个执行元件接入液控单向阀

故障现象	故障原因	排除方法
同步失灵（多个执行元件不能同步运动）	⑥执行元件动作频繁，造成负载压力变化频繁或换向频繁，分流阀来不及起同步作用，导致同步失灵	⑥避免将分流阀用于执行元件同步动作频繁的同步回路中
	⑦同步阀阀芯由于磨损造成配合间隙过大，导致泄漏量大，同步阀不能正常工作	⑦阀芯刷镀或重配阀芯，保证配合间隙大小适宜
	⑧弹簧没有对中，停止工作时无油液通过，导致阀芯停止在任意位置，起动瞬间不起调节作用，执行元件立即动作会出现同步失灵	⑧分流阀接通后至少在5s后再进行同步工作
同步误差大	①污物或毛刺造成阀芯径向运动阻力增加，流经两腔的流量差增大，导致速度同步精度下降	①拆卸阀进行清洗、去毛刺
	②流经同步阀流量过小，或进出油腔压差过低，造成两侧定节流孔前后压差降低，导致定节流孔速度同步精度降低	②定节流孔两端压力降不小于0.8MPa，流经同步阀的流量不低于公称流量的25%
	③在分流阀与执行元件之间接入液压元件过多且元件泄漏量大，导致回路同步误差大	③在分流阀与执行元件间尽可能不接入其他控制元件
	④同步阀垂直安装，会因阀芯自重而影响同步精度	④同步阀要水平安装
	⑤在同步系统中串联的分流阀个数太多，造成系统速度同步误差过大	⑤尽量减少串联同步阀的个数，增加并联同步阀的个数
	⑥负载压力偏差过大，导致作用在阀芯上的液动力不平衡，减小阀芯反馈平衡速度，降低速度同步精度	⑥增加一个修正节流孔，减少或消除液动力对速度同步精度的影响
	⑦同步阀装错成刚度较大的弹簧，造成同步精度降	⑦在保证阀芯能复位前提下，将复位弹簧更换为刚度尽量小的弹簧

故障现象	故障原因	排除方法
同步误差大	⑧负载压力频繁强烈波动，导致分流阀在自动调节过程中产生分流误差及误差累积，造成同步精度降低	⑧尽量减少负载压力的波动
执行元件运动终点动作异常	阀套上的常通小孔堵塞	进行清洗使小孔通畅，同时在分流阀阀芯两端设置可调节限位器，避免小孔堵塞

60. 何谓叠加阀？其有何特点？其应用如何？

答：以叠加方式连接的液压阀称为叠加阀。叠加阀的分类与一般液压阀相同，可分为压力控制阀，流量控制阀和方向控制阀三类，其中方向控制阀仅有单向阀类，换向阀不属于叠加阀。叠加阀现有通径为 6mm、10mm、16mm 及 22mm 四个规格系列，额定压力为 20MPa，额定流量为 30～200L/min。

叠加阀及由叠加阀组成的液压系统具有以下特点：

（1）每个叠加阀不仅具有某种控制功能，同时还起着油路通道的作用，所以同一组叠加阀之间无管道连接。

（2）一般来说，同一规格系列的叠加阀的油口和螺钉孔的位置、大小、数量都与相同规格的标准换向阀相同，即主换向阀、叠加阀底板块之间的通径及连接尺寸一致。

（3）一个叠加阀因在液压系统回路中的位置不同，选择的元件型号也不同。例如同是单向阀，但放置在油路 A 还是油路 B，单向阀的型号不同。

（4）由叠加阀组成液压系统，阀与阀之间由自身作通道体，将压力、流量和方向控制的叠加阀按一定次序叠加后，由螺栓将其串联在换向阀与底板块之间，即可组成各种典型液压回路。

（5）叠加阀系统最下面一般为底板，其上具有进、回油口及各回路与执行机构连接的油口。底板上面第一个元件一般是压力表开关，否则将无法测出各点压力；最上层是换向阀兼作顶盖用；中间是各种方向、压力和流量控制阀。一般压力阀都有测压点，可以直接与压力表相连，实现压力的测量。

（6）回油路上的节流阀、调速阀等，应尽量布置在靠主换向阀近的地方，以减小回油路压力损失。

（7）通常一组叠加阀回路只控制一个执行元件，将几组叠加阀放在同一个多联底板上，就可以组成一个控制多执行元件的液压系统。

（8）由叠加阀组成的液压系统结构紧凑，配置灵活，系统设计、制造周期短，标准化、通用化和集成化程度较高。

叠加阀的应用有如下说明：

（1）成叠加阀系统。叠加阀组成的液压系统一般最下面是连接底板，底板上有进、回油口及各回路与执行机构连接的油口，底板上的第一个元件一般是压力表开关，然后依次向上可以叠加各种流量阀和压力阀，最上层是换向阀，最后用螺栓将它们紧固成一个叠加阀组，用来控制一个执行元件。叠加阀系统具有结构紧凑、体积小、质量轻、配置灵活及安装、维护方便等特点，已广泛应用于机床、冶金、工程机械等领域。

如图 4-58（a）、（b）所示分别为多联叠加液压阀组的外形图及原理图。

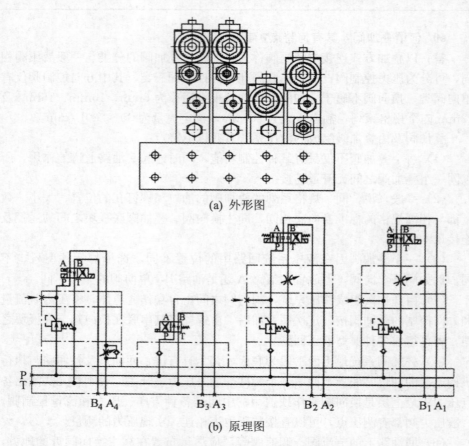

(a) 外形图

(b) 原理图

图 4-58　多联叠加液压阀组外形与原理

（2）用于盖板式二通插装方向阀的控制。叠加阀用作盖板式二通插装方向阀的先导阀，是叠加阀的一种重要应用方式。如图 4-59 所示为带叠加阀的盖板式二通插装方向阀控制组件。叠加式单向节流阀与控制盖板叠加在一起，作为插装阀的先导控制阀，这样便可以方便地调整插装阀主阀阀芯的开关响应速度。也可用电磁球阀替代电磁换向阀进行叠加控制，以便提高整个组件的开关响应速度。

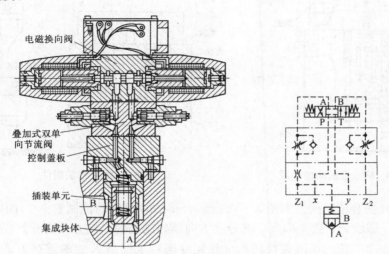

图 4-59　带叠加阀的盖板式二通插装方向阀控制组件与原理图

61. 何谓插装阀？插装阀的工作原理如何？

答：方向、压力和流量三类普通液压控制阀，一般功能单一，其通径最大不超过 32mm，而且结构尺寸大，不适应小体积、集成化的发展方向和大流量液压系统的应用要求。插装阀具有通流能力大、密封性能好、抗污染、集成度高和组合形式灵活多样等特点，特别适合于大流量液压系统的应用要求。它是把作为主控元件的锥阀插装在油路块中，故得名插装阀。

插装阀的工作原理是：插装阀由插装组件、控制盖板和先导阀等组成，如图 4-60 所示。插装组件（如图 4-61 所示）又称主阀组件，它由阀芯、阀套、弹簧和密封件等组成。插装组件有两个主油路口 A 和 B，一个控制油口 X，插装组件装在油路块中。

插装组件的主要功能是控制主油路的流量、压力和液流的通断。控制盖板是用来密封插装组件，安装先导阀和其他元件，沟通先导阀和插装组件控制腔的油路。先导阀是对插装组件的动作进行控制的小通径标准液压阀。

62. 如何识读插装方向控制阀的方向、压力和控制回路？

答：插装方向控制阀是根据控制腔 X 的通油方式来控制主阀芯的启闭。若 X 腔通油箱，则主阀阀口开启；若 X 腔与主阀进油路相通，则主阀阀口关闭。

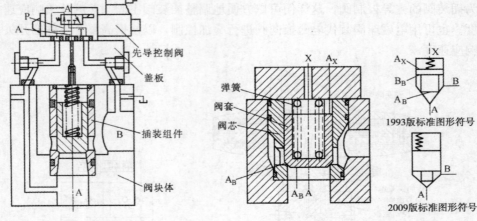

图 4 - 60   插装阀的组成

图 4 - 61   插装组件

（1）插装单向阀。如图 4 - 62 所示，将插装组件的控制腔 X 与油口 A 或 B 连通，即成为普通单向阀。其导通方向随控制腔的连接方式而异。在控制盖板上接一个二位三通液控换向阀（作先导阀）来控制 X 腔的连接方式，即成为液控单向阀。如图 4 - 63 所示为插装单向阀外形。

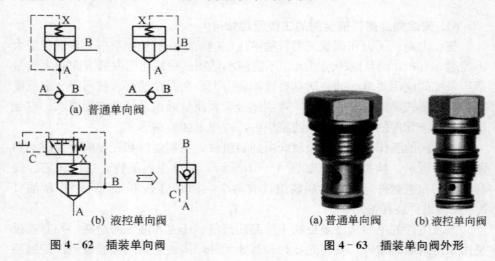

(a) 普通单向阀

(b) 液控单向阀

图 4 - 62   插装单向阀

(a) 普通单向阀　　(b) 液控单向阀

图 4 - 63   插装单向阀外形

（2）二位二通插装换向阀。如图 4 - 64（a）所示，由二位三通先导电磁阀控制主阀芯 X 腔的压力。当电磁阀断电时，X 腔与 B 腔相通，B 腔的油使主阀芯关闭，而 A 腔的油可使主阀芯开启，从 A 到 B 单向流通。当电磁阀通电时，X 腔通油箱，A、B 油路的压力油均可使主阀芯开启，A 与 B 双向相通。图 4 - 64（b）所示为在控制油路中增加一个梭阀，当电磁阀断电时，梭阀可保证 A 或 B 油路中压力较高者经梭阀和先导阀进入 X 腔,使主阀可靠关闭,实现液流的双向切断。图 4-65 所示为二位二通插装换向阀的外形。

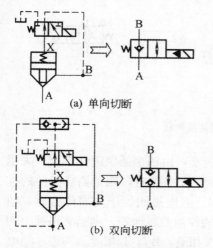

(a) 单向切断

(b) 双向切断

图 4-64 二位二通插装换向阀

图 4-65 二位二通插装换向阀的外形

(3) 二位三通插装换向阀。如图 4-66 所示,由两个插装组件和一个二位四通电磁换向阀组成。当电磁铁断电时,电磁换向阀处于右端位置,插装组件 1 的控制腔通压力油,主阀阀口关闭,即 P 封闭;而插装组件 2 的控制腔通油箱,主阀阀口开启,A 与 T 相通。当电磁铁通电时,电磁换向阀处于左端位置,插装组件 1 的控制腔通油箱,主阀阀口开启,即 P 与 A 相通;而插装组件 2 的控制腔通压力油,主阀阀口关闭,T 封闭。二位三通插装换向阀相当于一个二位三通电液换向阀。

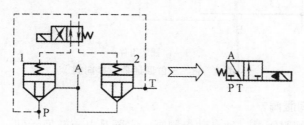

1、2. 插装组件

图 4-66 二位三通插装换向阀

(4) 二位四通插装换向阀,如图 4-67 所示,由四个插装组件和一个二位四通电磁换向阀组成。当电磁铁断电时,P 与 E 相通,A 与 T 相通;当电磁铁通电时,P 与 A 相通,B 与 T 相通。二位四通插装换向阀相当于一个二位四通电液换向阀。

179

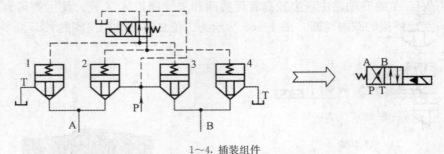

1～4. 插装组件

图 4-67　二位四通插装换向阀

　　(5) 三位四通插装换向阀。如图 4-68 所示，由四个插装组件组合，采用 P 型三位四通电磁换向阀作先导阀。当电磁阀处于中位时，四个插装组件的控制腔均通压力油，则油口 P、A、B、T 封闭。当电磁阀处于左端位置时，插装组件 1 和 4 的控制腔通压力油，而 2 和 3 的控制腔通油箱，则插装组件 1 和 4 的阀口开启，2 和 3 的阀口关闭，即 P 与 A 相通，B 与 T 相通。同理，当电磁阀处于右端位置时，插装组件 2 和 3 的控制腔通压力油，而 1 和 4 的控制腔通油箱，即 P 与 B 相通，A 与 T 相通。三位四通插装换向阀相当于一个 O 型三位四通电液换向阀。

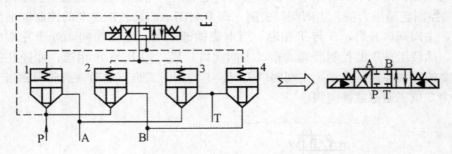

1～4. 插装组件

图 4-68　三位四通插装换向阀

　　63. 何谓伺服阀?

　　答: 电液伺服阀是一种自动控制阀，它既是电流转换元件，又是功率放大元件，其功用是将小功率的电信号输入转换为大功率液压能（压力和流量）输出，从而实现对液压执行器位移（或转速）、速度（或角速度）、加速度（或角加速度）和力（或转矩）的控制。

　　64. 电液伺服阀有哪些组成和分类?

　　答: 电液伺服阀通常是由电气机械转换器（力马达或力矩马达）、液压放大器（先导级阀和功率级主阀）和检测反馈机构组成，如图 4-69 所示。若是单级阀，则无先导级阀，否则为多级阀。电气-机械转换器用于将输入电信号转换为力或力矩，以产生驱动先导级阀运动的位移或转角；先导级阀又称前置级（可以是滑阀、锥阀、喷嘴挡板阀或插装阀），用于接受小功率的电气-机械转换器输入的位移或转角信号，将机械量转换为液压力驱动主阀；主阀（滑阀或插装阀）将先导级阀的液压力转换为流量或压力输出；设在阀内部的检测反馈机构（可以是液压或机械或电气反馈等）将先导阀或主阀控制口的压力、流量或阀芯的位移反馈到先导级阀的输入端或比例放大器的输入端，实现输入输出的比较，从而提高阀的控制性能。

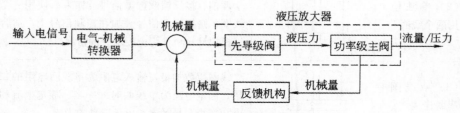

图 4-69 电液伺服阀的组成

电液伺服阀的主要优点是，输入信号功率很小，通常仅有几十毫瓦，功率放大因数高；能够对输出流量和压力进行连续双向控制；直线性好、死区小、灵敏度高、动态响应速度快、控制精度高、体积小、结构紧凑，所以广泛用于快速高精度的各类机械设备的液压闭环控制中。电液伺服阀的类型、结构繁多，其详细分类见表 4-20。

表 4-20　　　　　　　　　　电液伺服阀的分类

类　　型	分类形式
按电气-机械转换器分	动铁式和动圈式
按液压放大器放大级数分类	单级阀、两级阀、三级阀
按先导级阀结构分类	喷嘴挡板式、滑阀式和射流管式
按功率级主阀分类	(1) 按零位开口分类：正开口阀、零开口阀、负开口阀 (2) 按主油路通口数分类：三通阀、四通阀
按反馈形式分类	移位反馈、力反馈、压力反馈、电反馈
按输出量分类	流量伺服阀、压力伺服阀、压力流量伺服阀

65. 电液伺服阀的线圈有哪些连接形式？其特点如何？

答：电液伺服阀有五种线圈连接形式，其特点见表 4-21。

表 4-21　　　　　　　　伺服阀线圈的五种连接形式及其特点

名　称	连　接　图	特　点
(1) 单线圈	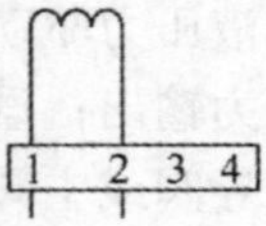	输入电阻等于单线圈电阻，线圈电流等于额定电流。可以减小电感的影响
(2) 单独使用两个线圈	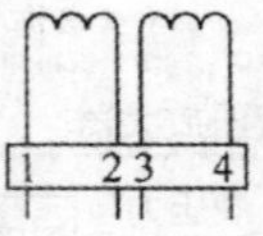	一个线圈接输入控制信号，另一个线圈可用于调偏、接反馈或颤振信号。如果只使用一个线圈，则把颤振信号叠加在控制信号上。适合以模拟计算机作为电控部分的情况
(3) 双线圈串联连接	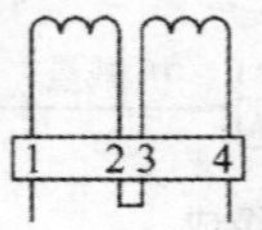	线圈匝数加倍，输入电阻为单线圈电阻的二倍，额定电流为单线圈时的一半。额定电流和电功率小，易受电源电压变动的影响
(4) 双线圈并联连接	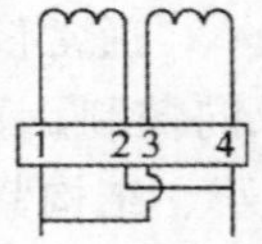	输入电阻为单线圈电阻的一半，额定电流等于单线圈时的额定电流。工作可靠性高，一个线圈损坏时，仍能工作，但易受电源电压变动的影响
(5) 双线圈差动连接	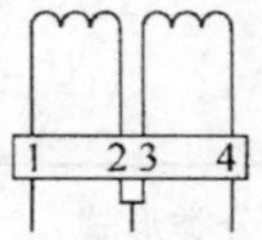	电路对称，温度和电源波动的影响可以互补

66. 液压放大器的结构分为哪三种形式？

答： 液压放大器的结构形式有滑阀、喷嘴挡板阀和射流管阀三种。

67. 何谓电液伺服阀滑阀的控制边数和零开口形式？

答： 根据滑阀上控制边数（起控制作用的阀口数）的不同，有单边、双边和四边滑阀控制式三种结构类型，如图 4-70 所示。如图 4-70 (a) 所示为单边控制式滑阀。它有一个控制边 a（可变节流口），有负载口和回油口两个通道，故又称为二通伺服阀。x 为滑阀控制边的开口量，控制着液压缸右腔的压力和流量，从而控制液压缸运动的速度和方向。压力油进入液压缸的有杆腔，通过活塞上的阻尼小孔 e 进入无杆腔，并通过滑阀上的节流边流回油箱。当阀芯向左或向右移动时，阀口的开口量增大或减小，这样就控制了液压缸无杆腔中油液的压力和流量，从而改变液压缸运动的速度和方向。

如图 4-70 (b) 所示为双边控制滑阀。它有两个控制边 a、b（可变节流口），有负载口、供油口和回油口三个通道，故又称为三通伺服阀。压力油一路直接进入液压缸有杆腔；另一路经阀口进入液压缸无杆腔并经阀口流回油箱。当阀芯向右或向左移动时，x_1增大、x_2减小，或x_1减小、x_2增大，这样就控制了液压缸无杆腔中油液的压力和流量，从而改变液压缸运动的速度和方向。

以上两种形式只用于控制单杆的液压缸。

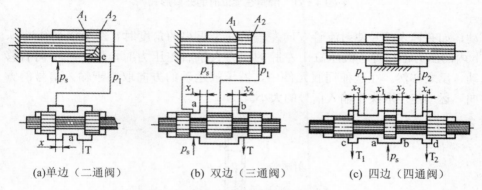

(a)单边（二通阀）　　(b) 双边（三通阀）　　(c) 四边（四通阀）

图 4-70　滑阀的结构形式

如图 4-70（c）所示为四边控制滑阀。它有四个控制边 a、b、c、d（可变节流口），有两个负载口、供油口和回油口四个通道，故又称为四通伺服阀。其中 a 和 b 是控制压力油进入液压缸左右油腔的，c 和 d 是控制液压缸左右油腔回油的。当阀芯向左移动时，x_1、x_4减小，x_2、x_3增大，使 p_1 迅速减小，p_2迅速增大，活塞快速左移；反之亦然。这样就控制了液压缸运动的速度和方向。这种滑阀的结构形式既可用来控制双杆的液压缸，也可用来控制单杆的液压缸。

由以上分析可知，三种结构形式滑阀的控制作用是相同的。四边控制滑阀的控制性能最好，双边控制滑阀居中，单边控制滑阀最差。但是单边控制滑阀容易加工、成本低，双边控制滑阀居中，四边控制滑阀工艺性差，加工困难，成本高。一般四边控制滑阀用于精度和稳定性要求较高的系统，单边和双边控制滑阀用于一般精度的系统。

如图 4-71 所示为滑阀在零位时的几种开口形式。

68. 射流管阀结构优点有哪些?

答：如图 4-72 所示，射流管阀由射流管 3、接受器 2 和液压缸 1 组成，射流管 3 由垂直于图面的轴 c 支撑并可绕轴左右摆动一个不大的角度。接受器上的两个小孔 a 和 b 分别和液压缸 1 的两腔相通。当射流管 3 处于两个接受孔道 a、b 的中间位置时，两个接受孔道 a、b 内油液的压力相等，液压缸 1 不

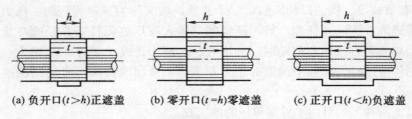

(a) 负开口(*t*>*h*)正遮盖　　(b) 零开口(*t*=*h*)零遮盖　　(c) 正开口(*t*<*h*)负遮盖

图 4-71　滑阀在零位时的开口形式

动；如有输入信号使射流管 3 向左偏转一个很小的角度时，两个接受孔道 a、b 内的压力不相等，液压缸 1 左腔的压力大于右腔压力时，液压缸 1 向右移动；反之亦然。在这种伺服元件中，液压缸运动的方向取决于输入信号的方向，运动速度取决于输入信号的大小。

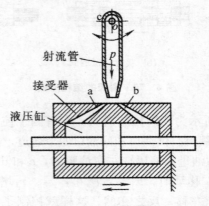

图 4-72　射流管阀

　　射流管的优点是结构简单、加工精度低、抗污染能力强。缺点是惯性大、响应速度低、功率损耗大。因此这种阀只适用于低压及功率较小的伺服系统。

69. 喷嘴挡板阀的结构优点有哪些？

　　答：喷嘴挡板阀因结构不同分单喷嘴和双喷嘴两种形式，两者的工作原理相似。如图 4-73 所示为双喷嘴挡板阀的原理图。它主要由挡板 1、喷嘴 3 和 6、固定节流小孔 2 和 7 以及液压缸等组成。压力油经过两个固定阻尼小孔进入中间油室再进入液压缸的两腔，并有一部分经喷嘴挡板的节流缝隙 4、5 流回油箱。当挡板处于中间位置时，液压缸两腔压力相等，液压缸不动；当输入信号使挡板向左移动时，节流缝隙 5 关小、4 开大，液压缸向左移动。因负反馈的作用，喷嘴跟随缸体移动直到挡板处于两喷嘴的中间位置时，液压缸停止运动，建立起一种新的平衡。

　　喷嘴挡板阀的优点是结构简单、加工方便，运动部件惯性小、反应快，精

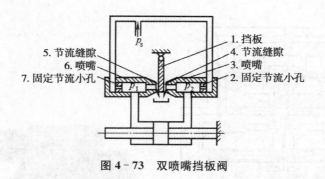

图 4 - 73　双喷嘴挡板阀

度和灵敏度较高。缺点是无功损耗大、抗污染能力较差，常用于多级放大式伺服元件中的前置级。

70. 喷嘴挡板式力反馈电液伺服阀的结构和工作原理有哪些?

答: 如图 4 - 74 所示为喷嘴挡板式力反馈电液伺服阀的结构原理与外形。它由力矩马达、喷嘴挡板式液压前置放大级和四边控制滑阀功率放大级三部分组成。衔铁 3 与挡板 5 连接在一起，由固定在阀体 10 上的弹簧管 11 支撑着。挡板 5 下端为一球头，嵌放在滑阀 9 的凹槽内，永久磁铁 1 和导磁体 2、4 形成一个固定磁场，当线圈 12 中没有电流通过时，衔铁 3、挡板 5、滑阀 9 处于中间位置。当有控制电流通入线圈 12 时，一组对角方向的气隙中的磁通增加，另一组对角方向的气隙中的磁通减小，于是衔铁 3 就在磁力作用下克服弹簧管 11 的弹性反作用力而偏转一角度，并偏转到磁力所产生的转矩与弹性反作用力所产生的反转矩平衡时为止。同时，挡板 5 因随衔铁 3 偏转而发生挠曲，改变了它与两个喷嘴 6 间的间隙，一个间隙减小，另一个间隙加大。

通入伺服阀的压力油经过滤器 8、两个对称的固定节流口 7 和喷嘴 6 流出，通向油箱。当挡板 5 挠曲，出现上述喷嘴与挡板的两个间隙不相等的情况时，两喷嘴后侧的压力就不相等，它们作用在滑阀 9 的左、右端面上，使滑阀 9 向相应方向移动一段距离，压力油就通过滑阀 9 上的一个阀口输向液压执行机构，由液压执行机构回来的油则经滑阀 9 上的另一个阀口通向油箱。滑阀 9 移动时，挡板 5 下端球头跟着移动，在衔铁挡板组件上产生了一个转矩，使衔铁 3 向相应方向偏转，并使挡板 5 在喷嘴 6 间的偏移量减少，这就是反馈作用。反馈作用的结果是使滑阀 9 两端的压差减小。当滑阀 9 上的液压作用力和挡板 5 下端球头因移动而产生的弹性反作用力达到平衡时，滑阀 9 便不再移动，并一直使其阀口保持在这一开度上。

通入线圈 12 的控制电流越大，使衔铁 3 偏转的转矩、挡板 5 挠曲变形、滑阀 9 两端的压差以及滑阀 9 的偏移量越大，伺服阀输出的流量也越大。由于滑阀 9 的位移、喷嘴 6 与挡板 5 之间的间隙、衔铁 3 的转角都和输入电流成正

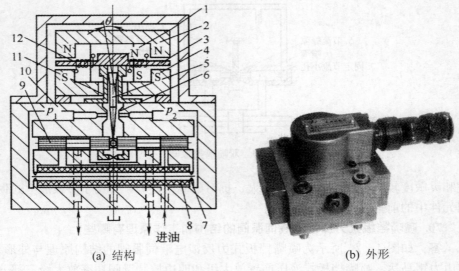

(a) 结构   (b) 外形

1. 永久磁铁；2，4. 导磁体；3. 衔铁；5. 挡板；6. 喷嘴；7. 固定节流口；
8. 过滤器；9. 滑阀；10. 阀体；11. 弹簧管；12. 线圈

图 4 - 74　喷嘴挡板式力反馈电液伺服阀结构与外形

比，因此这种阀的输出流量也和电流成正比。输入电流反向时，输出流量也反向。

71. 射流管式电液伺服阀的结构和工作原理有哪些？

答：如图 4 - 75 所示为射流管式电液伺服阀的结构与外形。它由上部电磁元件和下部液压元件两大部分组成。电磁元件为力矩马达，与双喷嘴挡板式电液伺服阀的力矩马达一样。液压元件为两级液压伺服阀，前置放大级为射流管式液压伺服阀，功率放大级为滑阀式液压伺服阀。射流管 2 与力矩马达的衔铁固连，它不但是供油通道，而且是衔铁的支撑弹簧管。接受器 3 的两接受小孔分别与滑阀式液压伺服阀的阀芯 5 的左右两端的容腔相通。

当无信号电流输入时，力矩马达无电磁力矩输出，衔铁在起弹簧管作用的射流管支撑下，处于上、下导磁体之间的正中位置，射流管的喷口处于两接受小孔的正中间，液压源提供的恒压力液压油进入电液伺服阀的供油口 P，经精滤油器 6 进入射流管，由喷口高速喷出。由于两接受小孔接受的液体动能相等，因而阀芯左右两端容腔的压力相等，阀芯在定位弹簧板 4 的作用下处于中间位置，即处常态，电液伺服阀输出端 A、B 口无流量输出。

当力矩马达有信号电流输入时，衔铁在电磁力矩作用下偏转一微小角度（假设其顺时针偏转），射流管也随之偏转使喷口向左偏移一微小距离。这时，左接受小孔接受的液体动能增多，右接受小孔接受的液体动能减少，阀芯左端

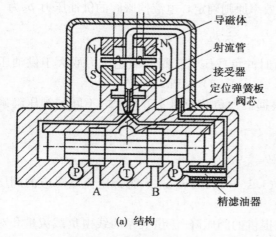

（a）结构   （b）外形

1. 导磁体；2. 射流管；3. 接受器；4. 定位弹簧板；5. 阀芯；6. 精滤油器

图 4-75　射流管式电液伺服阀结构与外形

容腔压力升高，右端容腔压力降低，在压差作用下，阀芯向右移动，并使定位弹簧板变形。当作用于阀芯的液压推力与定位弹簧板的变形弹力平衡时，阀芯处于新的平衡位置，阀口对应一相应的开启度，P→A，B→T（回油口），输出相应的流量。由于定位弹簧板的变形量（也就是阀芯的位移量）与作用于阀芯两端的压力差成比例，该压差与喷口偏移量成比例，喷口偏移量与力矩马达的电磁力矩成比例，电磁力矩又与输入信号电流成比例，因而阀芯位移量与输入信号电流成比例，也就是该电液伺服阀的输出流量与输入信号电流成比例。改变输入电流信号的大小和极性，就可以改变电液伺服阀的输出流量的大小和方向。

　　与喷嘴挡板式电液伺服阀相比，射流管式电液伺服阀的最大优点是抗污染能力强。据统计，在电流伺服阀出现的故障中，有 80％ 是由液压油的污染引起的，因而射流管式电液伺服阀越来越受到人们的重视。

　　72. 如何选择电液伺服阀？

　　答：（1）选择伺服阀的类型：

　　①对于位置或速度伺服控制系统，应选用流量型伺服阀；对于力或压力伺服控制系统，应选用压力型伺服阀，也可选用流量型伺服阀。

　　②根据性能要求选择适当的电气-机械转换器的类型（动铁式或动圈式）和液压放大器的级数（单级、两级或三级）。

　　阀的种类选择工作可参考各类阀的特点并结合制造商的产品样本进行。

　　（2）选择静态指标：静态指标包括额定压力、额定流量和额定电流以及精度和寿命等。

①伺服阀的额定压力按最佳效率原则确定，电液伺服阀的供油压力 p_S 为

$$p_S = \frac{3}{2} p_L$$

式中，p_L 为输出功率极大值时的负载压力。阀的额定压力取大于供油压力 p_S 的系列值，常用的有（32、21、14、7）MPa。

②伺服阀的额定流量 q_n 应根据最大负载流量 q_{max} 并考虑不同的阀压降确定。其计算式为：

$$q_n = q_L \sqrt{\frac{p_n}{p_v}}$$

式中，q_L 为负载流量，$q_L = (1.15 \sim 1.30)q_{max}$；$p_n$ 为额定流量对应的阀压降；p_v 为负载流量对应的阀压降。

额定流量也可根据生产厂家提供的阀压降-流量关系曲线由负载流量和对应的阀压降查取相应的伺服阀额定流量并确定其规格。

③伺服阀的额定电流是为产生额定流量，线圈任一极性所规定的输入电流。额定电流与线圈的连接形式有关，通常为正负 10mA、15mA、30mA，最高可达几百 mA，可根据放大器的输出电流值选取。伺服放大器的输入电压通常为±10V。有的伺服阀内附放大板，此类阀的输入为电压信号。

④伺服阀的非线性度、滞环、分辨率及零漂等静态指标直接影响控制精度，应根据系统精度要求合理选取。

⑤伺服阀的寿命与阀的类型、工况和产品质量有关，连续运行工况下一般寿命为 3～5 年。有些可以更长，但性能明显下降。

（3）选择动态指标：伺服阀的动态指标根据系统的动态要求选取。

①对于开环控制系统，伺服阀的频宽大于 3～5Hz 即可满足一般系统的要求。

②对于性能要求较高的闭环控制系统，伺服阀的相频宽 f_v 应为负载固有频率 f_L 的 3 倍以上，即 $f_v \geqslant 3f_L$。

（4）其他因素：除了上述参数和规格外，还应考虑抗污染能力、电功率、颤振信号、尺寸、质量、抗冲击振动、寿命和价格等。特别值得注意的是，为了减小控制容积，以增加液压固有频率，应尽量减小伺服阀与执行元件之间的距离；如执行元件是非移动部件，伺服阀和执行元件之间应避免用软管连接；伺服阀和执行元件最好不用管道连接而直接装配在一起。同时，伺服阀应尽量处于水平状态，以免阀芯自垂造成零偏。

73. 何谓电液比例阀？其特点、组成和分类如何？

答：电液比例阀简称比例阀。它是一种按给定的输入电气信号连续地、按比例地对液流的压力、流量和方向进行远距离控制的液压控制阀。比例阀是在普通液压控制阀结构的基础上，以电-机械比例转换器（比例电磁铁、动圈式

力马达、力矩马达、伺服电动机、步进电动机等）代替手调机构或普通开关电磁铁而发展起来的。

由于比例阀实现了能连续的、按比例的对压力、流量和方向进行控制，避免了压力和流量有级切换时的冲击。采用电信号可进行远距离控制，既可开环控制，也可闭环控制。一个比例阀可兼有几个普通液压阀的功能，可简化回路，减少阀的数量，提高其可靠性。

比例阀由直流比例电磁铁与注压阀两部分组成，其液压阀部分与一般液压阀差别不大，而直流比例电磁铁和一般电磁阀所用的电磁铁不同，比例电磁铁要求吸力（或位移）与输入电流成比例。

比例阀按用途和结构不同可分为比例压力阀、比例流量阀、比例方向阀三大类。

74. 如何选择电液比例阀？应注意哪些事项？

答： 电液比例阀的选择一般是在系统的设计计算之后进行，此时，系统的工作循环、速度及加速度、压力、流量等主要性能参数已基本确定，故这些性能参数及其他静态和动态性能是电液比例阀选择的依据。

（1）选择阀的种类。一般情况下，对于压力需要远程连续遥控、连续升降、多级调节或按某种特定规律调节控制的系统，应选用电液比例压力阀；对于系统的执行元件速度需要进行遥控或在工作过程中速度按某种规律不断变换或调节的系统，应选用电液比例流量阀；对于执行元件方向和速度需要复合控制的系统，则应选用电液比例方向阀，但要注意其进出口同时节流的特点；对于执行元件的速度和力需要复合控制的系统，则应选用电液比例流量压力复合控制阀。然后根据性能要求选择适当的电气-机械转换器的类型、配套的比例放大器及液压放大器的级数（单级或两级）。阀的种类选择工作可参考各类阀的特点并结合制造商的产品目录或样本进行。

（2）静态指标的选择。

①压力等级的选择。对于电液比例压力阀，其压力等级的改变是靠先导级的座孔直径的改变实现的。所选择的比例压力阀的压力等级应不小于系统的最大工作压力，最好在1～1.2倍，以便得到较好的分辨率；比例压力阀的最小设定压力与通过溢流阀的流量有关，先导式比例溢流阀的最小设定压力一般为0.6～0.7MPa，如果阀的最小设定压力不能满足系统最小工作压力要求，则应采取其他措施使系统卸荷或得到较小的压力。

对于电液比例流量阀和电液比例方向阀，所选择的压力等级应不小于系统的最大工作压力，以免过高的压力导致密封失效或损坏及增大泄漏量。

②额定流量及通径的选择。对于比例压力阀，为了获得较为平直的流量-压力曲线及较小的最低设定压力，推荐其额定流量为系统最大流量的1.2～2倍，并据此在产品样本或型号目录中查出对应的通径规格。对于比例

流量阀，由于其通过流量与阀的压降和通径有关，因此选择时应同时考虑这两个因素。一般以阀压降为 1MPa 所对应的流量曲线作为选择依据，即要求阀压降 1MPa 下的额定流量为系统最大流量的 1～1.2 倍，这样可以获得较小的阀压降，以减小能量损失；同时使控制信号范围尽量接近 100%，以提高分辨率。对于比例方向阀，其通过流量与阀的压降密切相关，且比例方向阀有两个节流口，当用于液压缸差动连接时，两个节流口的通过流量不同。一般将两个节流口的压降之和作为阀的总压降。通常以进油节流口的通过流量和上述阀压降作为选择通径的依据。总的原则是在满足计算出的阀压降条件下，尽量扩大控制电信号的输入范围。

③结构选择。阀内含反馈闭环的电液比例阀其稳态特性和动态品质都较不含内反馈的阀为好。内含机械液压反馈的阀具有结构简单、价廉、工作可靠等优点，其滞环在 3% 以内，重复精度在 1% 以内。采用电气反馈的比例阀，其滞环可达 1.5% 以内，重复精度可达 0.5% 以内。

④精度。电液比例阀的非线性度、滞环、分辨率及重复精度等静态指标直接影响控制精度，应按照系统精度要求合理选取。

（3）选择动态指标。电液比例阀的动态指标选择与系统的动态性能要求有关。对于比例压力阀，产品样本通常都给出全信号正负阶跃响应时间。如果比例压力阀用于一般的调压系统，可以不考虑此项指标，但用于要求较高的压力控制系统，则应选择较短的响应时间。对于比例流量阀，如果用于速度跟踪控制等性能要求较高的系统，则必须考虑阀的阶跃响应时间或频率响应（频宽）。对于比例方向阀，只有用于闭环控制或用于驱动快速往复运动部件时，或快速启动和制动的场合才需要认真考虑动态特性。

75. 比例电磁铁与开关式电磁铁有何异同？

答： 开关式电磁铁是一种特定结构的牵引电磁铁，有交流和直流两种形式，都是由线圈、衔铁及推杆等组成，线圈通电后，在上述零件中产生闭合磁回路及磁力，吸合衔铁，使推杆移动。断电时电磁吸力消失，依靠阀中设置的弹簧的作用力而复位。开关式电磁铁根据线圈电流的"通"、"断"使衔铁吸合或释放，只有"开"与"关"两个工作状态。常用的普通开关电磁铁功率大，多数与换向阀配套，组成普通电磁换向阀或电液动换向阀，工作频率较低，通常为几赫（兹）。

比例电磁铁的功用是将比例控制放大器输给的电信号（模拟信号，通常为 24V 直流，800mA 或更大的额定电流）转换成力或位移信号输出，一般以输出推力为主。比例电磁铁具有水平位移力特性，故一定的控制电流对应一定的输出力，即输出力与输入电流成比例，改变电流即可成比例地改变输出力。比例电磁铁具有结构简单、成本低廉、输出推力和位移大、对油质要求不高、维护方便等特点。比例电磁铁可与各种液压阀配套，组成电液比例压力阀、流量阀和方向阀，实现对液压系统压力、流量和方向的连续成比例控制。

76. 举例说明电液比例压力阀、流量阀和方向阀的应用及特点有哪些?

答: (1) 电液比例压力控制阀可以实现无级压力控制，且几乎可以实现任意的压力时间（行程）曲线，并且可使压力控制过程平稳迅速，同时大大简化了系统油路结构。其缺点是电气控制技术较为复杂，成本较高。

如图 4-76 (a) 所示回路，用一个直动式电液比例溢流阀 2 与传统先导式溢流阀 3 的遥控口相连接，比例溢流阀 2 作远程比例调压，而传统溢流阀 3 除作主溢流外，还起系统的安全阀作用。图 4-76 (b) 所示回路，直接用先导式电液比例溢流阀 5 对系统压力进行比例调节，比例溢流阀 5 的输入电信号为零时，可以使系统卸荷。接在阀 5 遥控口的传统直动式溢流阀 6，可以预防过大的故障电流输入致使压力过高而损坏系统。图 4-76 (c) 所示为电液比例控制所实现的一种压力-时间特性。

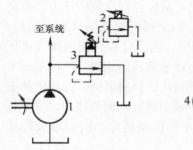
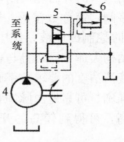
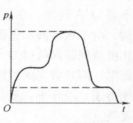

(a) 采用直动式比例压力阀　　　(b) 采用先导式比例溢流阀　　　(c) 压力-时间特性曲线

1，4. 定量泵；2. 直动式电液比例溢流阀；3. 传统先导式溢流阀；5. 先导式电液比例溢流阀；6. 传统直动式溢流阀

图 4-76　电液比例溢流阀的比例调压回路

(2) 利用电液比例流量阀（节流阀或调速阀）等作为节流控制元件，可构成定量泵供油的各种节流调速回路，通过改变节流口的开度，改变执行元件的流量来调速，并且可以很方便地按照生产工艺及设备负载特性的要求，实现一定的速度控制规律。与传统手调阀的速度控制相比较，可以大大简化控制回路及系统，又能改善控制性能，而且安装、使用和维护都较方便。例如图 4-77 所示为电液比例调速阀的进口节流调速回路，其结构与功能的特点与传统节流阀的调速回路大体相同。所不同的是，电液比例调速阀可以实现开环或闭环控制，可以根据负载的速度特性要求，以更高精度实现执行元件各种复杂的速度控制。

(3) 采用兼有方向控制和流量比例控制功能的电液比例方向阀，可以实现液压系统的换向及速度的比例控制。使用比例方向阀的回路，可省去调速元件，能迅速准确地实现工作循环，避免压力尖峰及满足切换性能的要求，延长

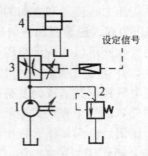

1. 定量泵；2. 溢流阀；3. 电液比例调速阀；4. 液压缸

图 4 - 77 电液比例调速阀的节流调速回路

元件与机器的寿命。

77. 何谓电流数字阀？简述电流数字阀的工作原理。

答：用数字信号直接控制阀口的开启和关闭，从而控制液流的压力、流量和方向的阀类，称为电液数字阀，简称数字阀。数字阀可直接与计算机接口，不需 D/A 转换，在计算机实时控制的电液系统中，已部分取代伺服阀或比例阀。由于数字阀和比例阀的结构大体相同，且与普通液压阀相似，故制造成本比电液伺服阀低得多，对油液清洁度的要求数字阀比比例阀更低，操作维护更简单。而且数字阀的输出量准确、可靠地由脉冲频率或宽度调节控制，抗干扰能力强，滞环小，重复精度高，可得到较高的开环控制精度，因而得到较快发展。

电液数字阀的工作原理如下：

电液数字阀主要有增量式数字阀和快速开关式数字阀两大类。

增量式数字阀采用由脉冲数字调制演变而成的增量控制方式，以步进电动机作为电-机械转换器，驱动液压阀芯工作。如图 4 - 78 所示为增量式数字阀控制系统框图。微机的输出脉冲序列经驱动电源放大，作用于步进电动机。步进电动机是一个数字元件，根据增量控制方式工作。增量控制方式是由脉冲数字调制法演变而成的一种数字控制方法，是在脉冲数字信号的基础上，使每个

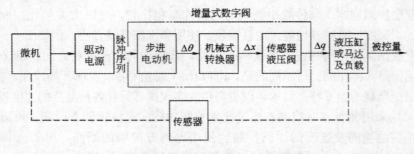

图 4 - 78 增量式数字阀控制系统框图

192

采样周期的步数在前一采样周期的步数上，增加或减少一些步数，而达到需要的幅值。步进电动机转角与输入的脉冲数成比例，步进电动机每得到一个脉冲信号，便沿着控制信号给定的方向转动一个固定的步距角。步进电动机转角通过凸轮或螺纹等机械式转换器变成直线运动，控制液压阀阀口的开度，从而得到与输入脉冲数成比例的压力、流量。

快速开关式数字阀又称脉宽调制式数字阀，其数字信号控制方式为脉宽调制式，即控制液压阀的信号是一系列幅值相等而在每一周期内宽度不同的脉冲信号。如图4-79所示为快速开关式数字阀控制组成框图。微机输出的数字信号通过脉宽调制放大器调制放大，作用于电-机械转换器，电-机械转换器驱动液压阀工作。图中双点画线圈出部分为快速开关式数字阀。由于作用于阀上的信号是一系列脉冲，所以液压阀也只有与之相对应的快速切换的开和关两种状态，而以开启时间的长短来控制流量或压力。快速开关式数字阀中液压阀的结构与其他阀不同，它是一个快速切换的开关，只有全开、全闭两种工作状态。

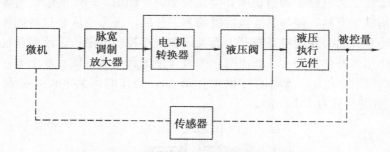

图4-79　快速开关式数字阀控制组成框图

78. 电液数字阀有哪些典型结构？

答：电液数字阀的典型结构如下：

（1）增量式数字流量阀。如图4-80所示为直接驱动增量式数字流量阀结构。图中步进电动机1的转动通过滚珠丝杠2转化为轴向位移，带动节流阀的阀芯3移动，控制阀口的开度，从而实现流量调节。该阀的液压阀口由相对运动的阀芯3和阀套4组成，阀套上有两个节流口，左边一个为全周开口，右边为非全周开口，阀芯移动时先打开右边的节流口，得到较小的控制流量；阀芯继续移动，则打开左边阀口，流量增大，这种阀的控制流量可达3600L/min。阀的液流流入方向为轴向，流出方向与轴线垂直，这样可抵消一部分阀开口流量引起的液动力，并使结构较紧凑。连杆5的热膨胀可起温度补偿作用，减小温度变化引起流量的不稳定。阀上装有单独的零位移传感器6，在每个控制周期终了，阀芯由零位移传感器控制回到零位，以保证每个工作周期有相同的起始位置，提高阀的重复精度。

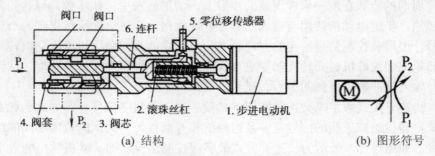

（a）结构　　　　　　　　　　　（b）图形符号

图 4-80　直接驱动增量式数字流量阀

（2）快速开关式数字阀。快速开关式数字阀有二位二通和二位三通两种，两者又各有常开和常闭两类。为了减少泄漏和提高压力，其阀芯一般采用球阀或锥阀结构，但也有采用喷嘴挡板阀。

①二位二通电磁锥阀型快速开关式数字阀。如图 4-81 所示，当线圈 4 通电时，衔铁 2 上移，使与其连接的锥阀芯 1 开启，压力油从 P 口经阀体流入 A 口。为防止开启时阀因稳态液动力而关闭和减小控制电磁力，该阀通过射流对铁芯的作用来补偿液动力。断电时，弹簧 3 使锥阀关闭。阀套 6 上有一阻尼孔 5，用以补偿液动力。该阀的行程为 0.3mm，动作时间为 3ms，控制电流为 0.7A，额定流量为 12L/min。

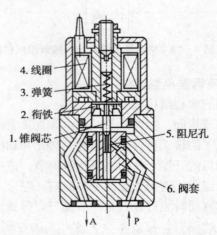

图 4-81　二位二通电磁锥阀型快速开关式数字阀

②力矩马达-球阀型二位三通快速开关式数字阀。如图 4-82 所示，快速开关式数字阀的驱动部分为力矩马达，根据线圈通电方向不同，衔铁 2 顺时针或逆时针方向摆动，输出力矩和转角。

液压部分有两组球阀，分为两级。若脉冲信号使力矩马达通电时，衔铁顺

194

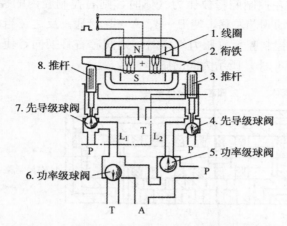

图 4‑82 力矩马达‑球阀型二位三通快速开关式数字阀

时针偏转，先导级球阀 4 向下运动，关闭压力油口 P，L_2 腔与回油腔 T 接通，功率级球阀 5 在液压力作用下向上运动，工作腔 A 与 P 相通。与此同时，先导级球阀 7 受液压力作用于上位，L_1 腔与 P 腔相通，功率级球阀 6 向下关闭，断开 P 腔与 T 腔通路。反之，如力矩马达逆时针偏转时，情况正好相反，工作腔 A 则与 T 腔相通。这种阀的额定流量仅 1.2L/min，工作压力可达 20MPa，最短切换时间为 0.8ms。

79. 气动方向阀有哪些类型？

答：气动方向阀是气动系统中种类最多的控制阀，它与液压方向阀相似，分类方法也大致相同。按阀芯结构分为滑阀式和截止式等；按功能则分为单向型和换向型两大类。

80. 何谓气控换向阀？适用于哪些场合？有哪些类型？以释压控制型为例说明其原理。

答：(1) 气控换向阀是利用气压信号作为操纵力使气体改变流向的一种控制阀。

(2) 气控换向阀适于在高温、易燃、易爆、潮湿、粉尘大、强磁场等恶劣工作环境下使用。

(3) 按控制方式不同，气控换向阀有加压控制、释压控制、差压控制和延时控制四种类型。

(4) 如图 4‑83 (a) 所示为二位五通释压控制式换向阀的结构原理图。阀体 1 上的气口 P 接压力气源，A 和 B 接执行元件，T_1 和 T_2 接大气，K_1 和 K_2 接阀的左、右控制腔 5 和 4，控制压力气体由 P 口提供；滑阀式阀芯 2 在阀体内可有两个工作位置；各工作腔之间采用合成橡胶材料制成的软质密封。当

K_1 口通大气而使左控制腔释放压力气体时,则右控制腔内的控制压力大于左腔的压力,便推动阀芯左移,使 $P \rightarrow B$、$A \rightarrow T_1$ 接通。反之,当 K_1 口关闭,K_2 口通大气而使右控制腔释放压力气体时,则阀芯右移换向,使 $P \rightarrow A$,$B \rightarrow T_2$ 相通。如图 4-83 (b) 所示为阀的图形符号。

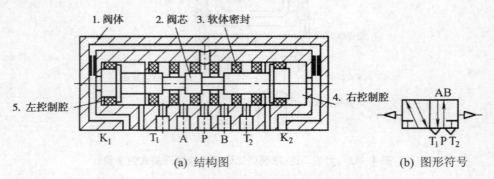

| (a) 结构图 | (b) 图形符号 |

图 4-83　二位五通换向阀(释压控制)

81. 气动控制阀与液压控制阀相比较有哪些异同点?

答:气动控制阀与液压控制阀的异同点比较,见表 4-22。

表 4-22　　　　　气动控制阀与液压控制阀的异同点比较

项　目	气动控制阀	液压控制阀
基本结构相同	主要由阀芯、阀体和驱动阀芯在阀体内作相对运动的装置所组成	
基本性能参数类同	除公称压力和公称通径外,还有有效截面积等一些其他性能参数	公称压力和公称通径
使用的能源不同	气动控制元件和装置可采用空压站集中供气的方法,根据使用要求和控制点的不同来调节各自减压阀的工作压力。气动控制阀可通过排气口直接把压缩空气排放至大气中	液压阀都设有回油管路,便于油箱收集用过的液压油
压力范围不同	气动阀的工作压力范围比液压阀低,工业设备气动系统的工作压力一般小于 1MPa。气动阀一般要求具有能承受比工作压力高的耐压强度,而对其冲击强度的要求比耐压强度更高。若气动阀在超过最高容许压力下使用,往往会发生严重事故	液压阀的工作压力及其范围较高,例如常用的液压机,其工作压力高达 30MPa,甚至更高

196

续表

项　目	气动控制阀	液压控制阀
对泄漏的要求不同	气动控制阀除间隙密封的阀外，原则上不允许内部泄漏。气动阀的内部泄漏有导致事故的危险。对气动管道来说，允许有少许泄漏；在气动系统中要避免泄漏造成的压力下降，除防止泄漏外，别无其他方法	液压阀对向外的泄漏要求严格，对元件内部的少量泄漏却是允许的。在液压系统中，可设置压力补偿回路；液压管道的泄漏将造成系统压力下降和对环境的污染
对润滑的要求不同	气动系统的工作介质为空气，空气无润滑性，因此许多气动阀需要油雾润滑，阀的零件应选择不易受水腐蚀的材料，或者采取必要的防锈措施	液压系统的工作介质为液压油，液压阀不存在对润滑的要求
使用特点不同	一般气动阀比液压阀结构紧凑、质量小，易于集成安装，阀的工作频率高、使用寿命长，但噪声较大。气动阀正向低功率、小型化方向发展，已出现功率只有1W甚至0.5W的低功率电磁阀。可与微机和PLC直接连接，也可与电子器件一起安装在印刷线路板上，通过标准板接通电气回路，省却了大量配线，适用于气动工业机械手、复杂的生产制造装配线等场合	一般液压阀噪声较小，但结构硕大、体积和质量大，需设计专门的油路块实现集成

82. 使用气动方向控制阀时应注意哪些事项？

答：（1）阀在安装前，应彻底清除管道内的灰尘、铁锈等污物。

（2）安装时，应注意阀的推荐安装位置和标明的安装方向（进出口方向）。电控阀应接地，以保证人身安装。

（3）要定期维护，在拆卸和装配时要防止碰伤密封圈。

83. 气动压力控制阀的功用与类型如何？

答：（1）气动压力控制阀主要用来控制气动系统中的压力，满足各种压力要求或用以节能。

（2）压力控制阀可分为起限压安全保护作用的溢流阀（安全阀），起降压稳压作用的减压阀，以及根据气路压力不同对多个执行元件进行顺序动作控制的顺序阀三类。

气动溢流阀、减压阀和顺序阀都是利用空气压力和弹簧力的平衡原理来工作的。按调压方式的不同，可将它们分为利用弹簧力直接调压的直动式和利用气压来调压的先导式两种。气动溢流阀和顺序阀的原理与液压阀中同类型阀相似，图形符号如图 4-84 所示。

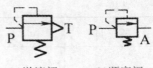

(a)溢流阀　　(b)顺序阀

图 4-84　气动溢流阀和顺序阀的图形符号

84. 气动方向控制阀的选择一般应注意哪些事项？

答：（1）应根据使用条件和要求（如自动化程度、环境温度、易燃易爆、密封要求等）选择方向控制阀的操纵控制方式、结构形式，例如自动工作设备则宜选用电磁控制阀、气压控制阀或机械控制阀，手动或半自动工作设备则可选用人力控制换向阀或机械控制阀；密封为主要要求的场合，则应选用橡胶密封的阀；如要求换向力小、有记忆功能，则应选用滑阀；如气源环境条件差，宜选用截止式阀，等等。此外，应尽量减少阀的种类，优先采用现有标准通用产品，避免采用专用阀。

（2）通径是气动控制阀的主要参数之一，应根据气动执行元件在工作压力状态下的流量值来选取。各生产厂对于阀的流量表示方法不同，应特别注意。所选用的阀的流量应略大于所需的流量。信号阀（如行程开关）是根据它距所控制阀的远近、数量和动作时间的要求来选择的。一般地对集中控制或距离在 20m 以内的情况，可选 3mm 通径的阀，对于距离在 20m 以上或控制数量较多的场合，可选 6mm 通径的阀。

（3）应尽量选择与所需机能相一致的阀，如选不到则可用其他阀或用几个阀组合使用。例如用二位五通阀代替二位三通或二位二通阀，只要将不用的孔口用堵头堵上即可。又如用两个二位三通阀代替一个二位五通阀，或用两个二位二通阀代替一个二位三通阀。

（4）阀的安装连接方式有管式、板式和块式等，为了便于安装维修，应优先考虑板式连接，特别是对集中控制的气动控制系统更是如此。

85. 气动方向阀常见故障与诊断排除方法有哪些？

答：气动方向阀的常见故障及其诊断排除方法，见表 4-23。

表 4-23　　　　气动方向阀的常见故障及其诊断排除方法

现　象		故障原因	处　理
换向阀主阀漏气	从主阀排气口漏气	汽缸活塞密封圈损伤	更换密封圈
		异物卡入滑动部位，换向不到位	清洗
		气压不足造成密封不良	提高压力

续表1

现　象		故障原因	处　理
换向阀主阀漏气	从主阀排气口漏气	气压过高，使密封件变形过大	使用正常压力
		润滑不良，换向不到位	改善润滑
		密封件损伤	更换密封件
		阀芯与阀套磨损	更换阀芯、阀套
	阀体漏气	密封垫损伤	更换密封垫
		阀体压铸件不合格	更换阀体
电磁先导阀漏气		异物卡住动铁心，换向不到位	清洗
		动铁心锈蚀，换向不到位	注意排除冷凝水
		弹簧锈蚀	
		电压太低，动铁心吸合不到位	提高电压
电磁先导阀不换向	无电信号	电源未接通	接通
		接线断了	接好
		电气线路的继电器故障	排除
	动铁心不动作（无声）或动作时间过长	电压太低，吸力不够	提高电压
		异物卡住动铁心	清洗，检查气源处理状况是否符合要求
		动铁心被油泥黏连	
		动铁心锈蚀	
		环境温度过低	
	动铁心不能复位	弹簧被腐蚀而折断	检查气源处理状况是否符合要求、换弹簧
		异物卡住动铁心	清理异物
	线圈烧毁（有过热反应）	动铁心被油泥粘连	清理油泥
		环境温度过高（包括日晒）	改用高温线圈
		工作频率过高	改用高频阀
		交流线圈的动铁心被卡住	清洗，改善气源质量

续表 2

现　象		故障原因	处　理
电磁先导阀不换向	线圈烧毁（有过热反应）	接错电源或接线头	改正
		瞬时电压过高，击穿线圈的绝缘材料，造成短路	将电磁线圈电路与电源电路隔离，设计过压保护电路
		电压过低，吸力减少，交流电磁线圈通过电流过大	使用电压不得比额定电压15%以上
		继电器触点接触不良	更换触点
		直动双电控阀两个电磁铁同时通电	应设互锁电路，避免同时通电
		直流线圈铁心剩磁大	更换铁心材料
换向阀的主阀不换向或换向不到		压力低于最低使用压力	找出压力低的原因
		气口接错	更正
		控制信号是短脉冲信号	找出原因，更正或使用延时阀，将短脉冲信号变成长脉冲信号
		润滑不良，滑动阻力大	改善润滑条件
		异物或油泥侵入滑动部位	清洗、检查气源处理系统
		弹簧损伤	更换弹簧
		密封件损伤	更换密封件
		阀芯与阀套损伤	更换阀芯与阀套
交流电磁阀振动		电磁铁的吸合面不平，有异物或生锈	修平，清除异物，除锈
		分磁环损坏	更换静铁心
		使用电压过低，吸力不够	提高电压
		固定电磁铁的螺栓松动	紧固，加防松垫圈

86. 气动安全阀（溢流阀）和减压阀常见故障与诊断排除方法有哪些?

答: 气动安全阀（溢流阀）和减压阀常见故障与诊断排除方法，见表 4 - 24。

表 4-24　　气动安全阀（溢流阀）和减压阀的常见故障及其诊断排除方法

阀类型	故障现象	原因分析	排除方法
安全阀（溢流阀）	压力没超过调定值，阀溢流侧已有气体溢出	膜片损坏	更换膜片
		调压弹簧损坏	更换弹簧
		阀座损坏	调换阀座
		杂质被气体带入阀内	清洗阀
	压力超过调定值但不溢流	阀内部孔堵塞，阀芯被杂质卡死	清洗阀
	阀体和阀盖处漏气	膜片损坏	更换膜片
		密封件损坏	更换密封件
	溢流时发生振动	压力上升慢引起阀的振动	清洗阀，更换密封件
	压力调不高	弹簧损坏	更换弹簧
		膜片漏气	调换膜片
减压阀	阀体漏气	密封件损伤	更换
		紧固螺钉受力不均	均匀紧固
	输出压力波动大于10%	减压阀通径或进出口配管通径选小了，当输出流量变动大时，输出压力波动大	根据最大输出流量选用减压阀通径
		输入气量供应不足	查明原因
		进气阀芯导向不良	更换
	溢流口总是漏气	进出口方向接反	改正
		输出侧压力意外升高	查输出侧回路
		膜片破裂，溢流阀座有损伤	更换
	压力调不高	同溢流阀	同溢流阀
	压力调不低输出压力升高	阀座处有异物、有伤痕，阀芯上密封垫剥离	更换
		阀杆变形	更换
		复位弹簧损坏	更换
	不能溢流	溢流孔堵塞	更换
		溢流孔座橡胶太软	更换

第五章　液压辅件

1. 液压系统中有哪些常用的辅助元件？

答：液压系统中除了液压泵、执行元件和各种液压阀之外，其他各类元件统称为液压辅助元件。辅助元件包括过滤器、热交换器、蓄能器、油箱、压力表及其他开关、管件与密封装置等，它们是液压系统不可缺少的部分，其性能对系统的工作稳定性、可靠性、寿命等工作性能优劣都有直接影响。

2. 液压系统对滤油器有哪些要求？

答：滤油器的种类很多，对它们的基本要求是：对于一般液压系统，在选择滤油器时，应考虑使油液中的杂质的颗粒尺寸小于液压元件缝隙尺寸；对于随动液压系统，则应选择过滤精度很高的滤油器。对滤油器的一般要求可以归纳如下：

（1）有足够的过滤精度，即能阻挡一定大小的杂质颗粒。

（2）通油性要好。即当油液通过时，在产生一定压降的情况下，单位过滤面积通过的油量要大，安装在液压泵吸入口的滤网，其过滤能力一般应为液压泵容量的 2 倍以上。

（3）过滤材料应有一定的机械强度，不致因受油的压力而损坏。

（4）在一定的温度下，应有良好的抗腐蚀性和足够的寿命。

（5）清洗维修方便，容易更换过滤材料。

3. 滤油器的精度和分类如何？

答：滤油器按过滤精度分为粗滤油器和精滤油器两大类，用图 5-1 所示图形符号表示，其中精滤油器包括普通、精、特精三级。过滤器的过滤精度是指滤芯能够滤除的最小杂质颗粒的大小，以直径 d 作为公称尺寸表示。粗过滤器，滤去的杂质颗粒公称尺寸 $100\mu m$ 以上；普通过滤器，滤去的杂质颗粒公称尺寸 $10\sim$

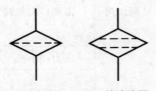

（a）粗滤油器　（b）精滤油器

图 5-1　滤油器职能符号

$100\mu m$ 以上；精过滤器，滤去的杂质颗粒公称尺寸为 $5\sim10\mu m$；特精过滤器，滤去的杂质颗粒公称尺寸为 $1\sim5\mu m$。

除按过滤精度分类外，滤油器还可以按以下方法分类：

（1）按滤芯的结构分类：

①网式滤油器。液流流经此滤油器时，由滤网上的小孔起滤清作用。

②线隙式滤油器。滤芯由金属丝绕制而成，依靠金属丝间的微小间隙来滤除混入液压介质中的杂质。

③纸质滤油器。滤芯为多层酚醛树脂处理过的微孔滤纸，由微孔滤除混入液压介质中的杂质。

④磁性滤油器。滤芯为永久磁铁，利用磁化原理吸附混入液压介质中的铁屑和铸铁粉。

⑤烧结式滤油器。滤芯为颗粒状青铜粉等金属粉末压制烧结而成，利用颗粒之间的微小空隙滤除杂质。

⑥不锈钢纤维滤油器。滤芯为不锈钢纤维挤压制成，由纤维之间的间隙滤除杂质。这种滤油器过滤精度高，可以清洗，但价格昂贵，一般液压系统不宜选用，推荐用于高压伺服系统。

⑦合成树脂滤油器。滤芯由一种无机纤维经液压树脂浸渍处理制成，由纤维之间的微孔滤除杂质，过滤精度高。

（2）按过滤方式分类：

①表面型滤油器。表面型滤油器的滤芯表面与液压介质接触。从强度和清洗方面考虑，一般从外向内流动，仅过滤材料（如金属丝、金属丝绕线、滤纸）的表面起滤除杂质的作用，滤纸因为本身强度低，因此很少单独使用。金属丝或金属丝绕制而成的滤油器的优点是：可以限定被清除杂质的颗粒度，可以清洗后重新使用，压力损失小；缺点是杂质不易滤清，过滤精度低。

属于表面型滤油器的有网式和线隙式两种。

②深度型过滤器。深度型过滤器滤芯的材料可以是毛毡、人造纤维、不锈钢纤维、粉末冶金等。当油液通过上述物质中的一种或几种混合物挤压或烧结的具有一定厚度的过滤层时，由过滤层内部细长而曲折的通道将混入液压介质的杂质滤除。它的优点是过滤精度高、使用寿命长；缺点是不能严格限定要滤除的杂质的颗粒度，过滤材料的容积较大，压力损失也较大。

属于深度型过滤器的有烧结式滤油器、不锈钢纤维滤油器和合成树脂滤油器等。

③中间型过滤器。中间型滤油器的过滤方式介于二种之间，如采用经过特制方式处理过的滤纸作滤芯的纸质滤油器。它可以在一定程度上限定要滤除的杂质的颗粒度，也可以加大过滤面积，因此体积小，质量轻；缺点是滤芯不能清洗，只能一次性使用。

（3）按滤油器的不同安装部分分类：

①油箱加油口或通气口用滤油器。

②吸油管路用滤油器。

③回油管路用滤油器。

④压油管路用滤油器。

四类滤油器中第1类为粗滤油器，第3、4类为精滤油器，第2类可以是粗或精滤油器。

4. 滤油器有哪些形式？其特性和用途如何？

答：各种滤油器的特性和用途，见表5-1。

表5-1　　　　　　　　　　　各种滤油器的特性和用途

形式	网孔（μm）	过滤精度（μm）	压力差（MPa）	特性	用途
网式滤油器	74～200	80～180	0.01～0.02	①过滤精度与铜丝网层数及网孔大小有关；在压力管路上常用100、150、200目的铜丝网，在液压泵吸油管路上常采用20～40目铜丝网 ②结构简单，通流能力大，过滤效果差	装在液压泵吸油管上，用以保护液压泵
线隙式滤油器	线隙100～200	30～100	0.03～0.06	①滤芯由绕在芯架上的一层金属线组成，依靠线间微小间隙来挡住油液中杂质的通过 ②结构简单，过滤效果好，通流能力大，但不易清洗	一般用于中、低压液压传动系统
纸质滤油器	30～72	5～30	0.05～0.15	①结构与线隙式相同，但滤芯为平纹或波纹的酚醛树脂或木浆微孔滤纸制成的纸芯。为了增大过滤面积，纸芯常制成折叠形 ②过滤效果好，精度高，但易堵塞，需常换滤芯 ③通常用于精过滤	用于要求过滤质量高的液压传动系统中

204

续表

形式	网孔 (μm)	过滤精度 (μm)	压力差 (MPa)	特　性	用　途
磁性滤油器	—	—	—	①滤芯由永久磁铁制成，能吸住油液中的铁屑、铁粉、带磁性的磨料 ②常与其他形式滤芯合起来制成复合式滤油器 ③结构简单，滤清效果好 ④对加工钢铁件的机床液压系统特别适用	用于吸附铁屑，与其他滤油器合用
烧结式滤油器	—	7～100	0.1～0.2	①滤芯由金属粉末烧结而成，利用金属颗粒间的微孔来挡住油中杂质通过。改变金属粉末的颗粒大小，就可以制出不同过滤精度的滤芯 ②能在温度很高，压力较大的情况下工作，抗腐蚀性强 ③适用于精过滤	用于要求过滤质量高的液压传动系统中

5. 滤油器在液压系统中的安装位置有哪种?

答：滤油器在液压系统中的安装位置一般有五种，具体情况如下，参见图 5-2 所示。

（1）滤油器安装在液压泵吸油口。如图 5-2 所示中的滤油器 1，其位于液压泵吸油口，以避免较大颗粒的杂质进入液压泵，从而起到保护液压泵的作用。要求这种滤油器有很大的通流能力和较小的压力损失（不超过 0.1×10⁵ Pa，否则将造成液压泵吸油不畅，产生空穴和强烈噪声）。一般采用过滤精度较低的网式滤油器。

（2）滤油器安装在液压泵压油口。如图 5-2 所示中的滤油器 2，安装于液压泵的压油口，用以保护除液压泵以外的其他液压元件。由于它在高压下工作，要求滤油器外壳有足够的耐压性能。它一般装在管路中溢流阀的下游或者与一安全阀并联，以防止滤油器堵塞时液压泵过载。

（3）滤油器安装在回油管路。如图 5-2 所示中滤油器 3，位于回油管路

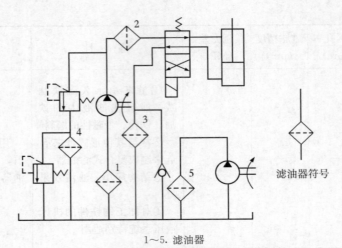

1～5.滤油器

图 5 - 2 滤油器的安装位置

上的滤油器使油液在流回油箱前先进行过滤，这样油箱的油液得到净化，或者说使其污染程度得到控制。此种滤油器壳体的耐压性能可较低。

（4）滤油器安装在旁油路。如图 5-2 所示中滤油器 4 所示，将滤油器接在溢流阀的回油路上，并有一安全阀与之并联。其作用也是使液压传动系统中的油液不断净化，使油液的污染程度得到控制。由于滤油器只通过泵的部分流量，滤油器规格可减小。

（5）滤油器用于独立的过滤液压传动系统。如图 5 - 2 所示中滤油器 5，这是将滤油器和泵组成的一个独立于液压传动系统之外的过滤回路。它的作用也是不断净化液压传动系统中的油液，与将滤油器安装在旁油路上的情况相似。不过，在独立的过滤液压传动系统中，通过滤油器的流量是稳定不变的，这更有利于控制液压传动系统中油液的污染程度。但它需要增加设备（泵），适用于大型机械设备的液压传动系统。

6. 选用滤油器时应满足什么使用要求？选用时的注意事项有哪些？

答：滤油器的选用应满足系统（或回路）的使用要求、空间要求和经济性。选用时应注意以下几点：

（1）应满足系统的过滤精度要求。

（2）应满足系统的流量要求，能在较长的时间内保持足够的通液能力。

（3）工作可靠，满足承压要求。

（4）滤芯抗腐蚀性能好，能在规定的温度下长期工作。

（5）滤芯清洗、更换简便。

7. 何谓蓄能器？有何特点？

答：蓄能器又称蓄压器式贮能器，是一种能把压力油的液压能贮存在耐压容器里，待需要时又将其释放出来的装置。它在液压系统中还可以用作短时供油和吸收系统振动、冲击，减少系统发热的液压元件。蓄能器是液压系统中的重要辅件，对保证系统正常运行、改善其动态品质、保持工作稳定性、延长工作寿命、降低噪声等起着重要的作用。蓄能器给系统带来的经济、节能、安全、可靠、环保等效果非常明显。在现代大型液压系统，特别是具有间歇性工况要求的系统中尤其值得推广使用。

8. 蓄能器有哪些类型？各有何特点？

答：根据加载方式的不同，蓄能器有重力加载式（亦称重锤式）、弹簧加载式（亦称弹簧式）和气体加载式三类。

（1）重锤式蓄能器。重锤式蓄能器的基本结构如图 5－3 所示。它是利用重锤 1，通过柱塞 2 对缸体中的液体 3 加载。因此，缸体中液体压力的大小，取决于重锤的质量和柱塞的直径，并且可以保持恒定不变。该蓄能器的最大特点是：在工作过程中，无论油液进出多少和快慢，均可获得恒定的液体压力。而且结构简单，工作可靠。缺点是：体积大、惯性大、反应不灵敏。因此它只适用于大型的固定设备，如矿山提升机和轧钢设备的液压系统等。图 5－3 中右侧小图为其功能符号。

（2）弹簧式蓄能器。弹簧式蓄能器如图 5－4 所示，它依靠压缩弹簧把液压系统中的过剩压力能转化为弹簧势能存储起来，需要时释放出去。其工作压力取决于弹簧的刚度和压缩量。其特点是结构简单、成本低、反应灵敏。但是因为弹簧伸缩量有限，一般用于小容量、低压系统（$P \leqslant 1.0 \sim 1.2 \text{MPa}$），缓冲和循环频率低的场合，或者用作缓冲装置，不适用于高压或高频的工作场合。

（3）充气式蓄能器。图 5－5 所示为常用的充气式蓄能器。一般有三种形

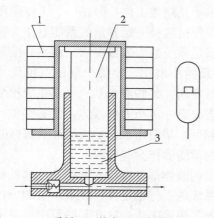

1. 重锤；2. 柱塞；3. 液压油

图 5－3　重锤式蓄能器

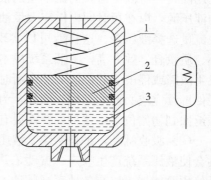

1. 弹簧；2－活塞；3－液压油

图 5－4　弹簧式蓄能器

式：气瓶式蓄能器［图 5 - 5（a）］、活塞式蓄能器［图 5 - 5（b）］和气囊式蓄能器［图 5 - 5（c）］。［图 5 - 5（d）］为蓄能器职能符号。

充气式蓄能器按气体与液体是否接触分为非隔离式（直接接触式）和隔离式两种。直接接触式（即气瓶式）蓄能器，容量大、惯性小、反应灵敏、轮廓尺寸小，但由于压缩空气直接与液压油液接触，气体容易混入油液，影响工作的稳定性，只适用于大流量的中、低压回路。

常用的隔离式蓄能器有活塞式和气囊式两种，均是利用气体的压缩和膨胀来储存和释放压力能。

①活塞式蓄能器。其结构如图 5 - 5（b）所示，气体和油液在蓄能器中被活塞隔开，蓄能器的活塞上装有密封圈，活塞的凹面面向气体方向，这样可以增加气体室的体积。其优点是结构简单，工作可靠，安装容易，维护方便；缺点是活塞惯性大，活塞和缸壁间有摩擦，反应不够灵敏，密封要求高，一般用来储存能量，或供中、高压系统吸收压力脉动。最高工作压力为 17MPa，总容量为 1～39L，适用温度 -4℃～80℃。

②气囊式蓄能器。结构如图 5 - 5（c）所示，气囊 8 将液体和气体隔开，菌形阀 9 只许液体进出蓄能器，防止气囊从油口挤出。充气阀 6 只在为气囊充气时打开，蓄能器工作时该阀关闭。气囊式蓄能器特点是体积小、质量轻，安装方便，气囊惯性小，反应灵敏，可吸收压力冲击和脉动，但气囊和壳体制造较难。工作压力 3.5～35MPa，总容量 0.5～200L，适用温度 -10℃～+65℃。

9. 蓄能器的作用及应用有哪些？

答：蓄能器的作用及应用如下：

（1）存贮能量，作应急液压源。蓄能器被广泛用作辅助能源，其与压力继电器组合使用，在间歇工作的场合，或者虽不是间歇工作，但在一个工作循环周期内，各阶段所需要的流量差别很大时，便可选择一定容量的蓄能器作为辅助液压源，以在短时间内供应大量油液，满足系统最大流量要求，而不必按最大流量选择液压泵。这样就可以实现液压泵的小型化，使整个液压系统尺寸小、质量轻、效率高，降低系统成本和运行费用。某些液压系统要求在液压泵发生故障或停电引起供液突然中断时，仍需要有一定压力的液体，使某些执行元件继续完成必要的动作。例如，为安全起见，某液压系统的液压缸活塞杆必须返回到初始位置，这种场合需要有适当的蓄能器作为应急源。

（2）吸收脉动，平稳系统。液压泵排出的液体都具有较大的脉动，这种脉动会使液压系统产生噪声、振动，并破坏系统的工作稳定性。在液压泵的出口处使用蓄能器可以有效地衰减脉动，使装置平稳地工作，这在某些精密设备中尤为重要。

（3）吸收冲击，保护回路。在液压系统中，由于换向阀突然换向、液压泵

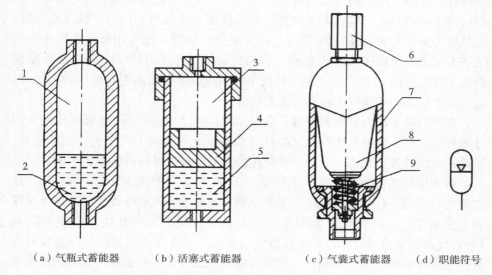

（a）气瓶式蓄能器　　　（b）活塞式蓄能器　　　（c）气囊式蓄能器　　（d）职能符号

1、3. 气体；2、5. 液压油；4. 活塞；6. 充气阀；7. 壳体；8. 气囊；9. 菌形阀

图 5-5　充气式蓄能器

突然停车、执行元件运动突然停止、对执行元件认为的突然制动，都会使管路内液体的流动发生突然变化而产生压力冲击。虽然系统中设有安全阀，但它响应较慢，避免不了压力的突变，其值可能达到正常值的几倍。这种冲击压力会破坏管道、连接接头或其他液压元件，会使系统产生强烈振动。使用蓄能器可有效缓和冲击，保护液压装置。如压铸机、高空混凝土输送机中液压系统中使用的蓄能器就很好地体现了这一功能。

（4）消减热膨胀，补偿泄漏。在压力控制的闭式回路中，使用蓄能器可有效地补偿温度降低、内外不泄漏而引起的压力降低；也可有效控制由于温度升高而引起的压力上升，从而使系统稳定工作。

（5）吸收振动，减振平衡。蓄能器中胶囊充满气体，可起到气体弹簧的作用，可吸收来自汽车、提升机、移动吊车等驱动和悬挂系统的机械振动，保持车辆的平稳性。

（6）液体或液气分隔传送。使用蓄能器可实现两种不相容的液体或液体与气体之间的能量传递，进行隔绝输送。

10. 如何使用与维护蓄能器？

答： 蓄能器应根据给定的工况，包括压力条件、动作频率、脉动频率、最高工作压力和最低工作压力、系统一个工作循环内的供油量情况等进行计算选用，所选公称容积应大于计算容积，使用压力应小于额定压力。

充气式蓄能器所充气体应该是无毒、难燃、不易爆炸的惰性气体，通常只允许在有压侧无压力的情况下对气囊充气，充气压力按蓄能器的功用而定。作缓冲冲击使用时，充气压力为安装处的工作压力或略高；作吸收脉动使用时，充气压力为平均脉动压力的60%；作为应急或辅助能源使用时，充气压力为大于系统最高工作压力的25%而小于系统最小工作压力的90%，一般为系统最小工作压力的85%左右；用于补偿闭式回路温度变化而引起的压力变化时，充气压力应等于或稍低于回路的最低压力。

蓄能器属于压力容器类设备，在使用时，应完全遵照压力容器的安装使用技术规范执行。蓄能器应垂直（即油口朝下，充气阀朝上）安装在便于检修、清洁并远离热源的地方，并且必须使用抱箍或卡箍等紧固件组固定牢固。

对于皮囊式蓄能器而言，在充气之前，应从油口灌注少许液压油，以实现皮囊的自润滑。在使用过程中，必须定期对皮囊进行气密性检查，定期更换皮囊及密封件。一旦发现皮囊中充气压力低于规定的充气压力时，要及时充（补）气，以使蓄能器经常处于最佳使用状态。另外，压力油的工作温度对皮囊的寿命也有相当大的影响，工作油温度过高或过低，都会缩短皮囊的使用寿命，因此，系统的工作温度必须控制在合理的范围内。如果蓄能器长期停止使用，则应关闭蓄能器与管路之间的截止阀，以保持蓄能器的充气压力。检修蓄能器时，应完全卸压——放尽有压氮气、放空压力油后才可拆卸、修配。

11. 油管的种类有哪些？各适用于什么场合？

答：液压系统中使用的油管种类很多，有钢管、铜管、尼龙管、塑料管、橡胶管等。须按照安装位置、工作环境和工作压力来正确选用液压油管。

油管的特点及其适用范围如表5-2所示。

表5-2　　　　　　　　　　液压系统中使用的油管

种　类		特点和适用场合
硬管	钢管	能承受高压，价格低廉，耐油，抗腐蚀，刚性好，但装配时不能任意弯曲；常在装拆方便处用作压力管道，中、高压系统用无缝管，低压系统用焊接管
	紫铜管	易弯曲成各种形状，但承压能力一般不超过6.5~10MPa，抗振能力较弱，又易使油液氧化，通常常用在液压装置内配接不便之处
软管	尼龙管	乳白色半透明，加热后可以随意弯曲成形，冷却后又能定形不变，承压能力因材质不同而异（2.5~8MPa不等）
	塑料管	质轻耐油，价格便宜，装配方便，但承压能力低，长期使用会变质老化，只宜用作压力低于0.5MPa的回油管、泄油管等
	橡胶管	高压油管由耐油橡胶夹几层钢丝编织网制成，钢丝网层数越多，耐压越高，价格昂贵，用作中、高压系统中两个相对运动件之间的压力管道。低压管由耐油橡胶夹帆布制成，可用作回油管道

12. 如何计算油管的通径和壁厚?

答: 液压系统中许多部分使用的管子, 其管径是根据所选定元件的连接口径和工作压力确定的, 不必另行计算。如果需要通过计算确定管径尺寸时, 先计算管子内径, 然后计算壁厚, 因而可以得出管子的外径。根据计算所得的数值再按照标准规格选定相应的管子。

(1) 管子内径的计算:

$$d = 4.63\sqrt{\frac{Q}{\upsilon}}\ (\text{mm}) \tag{5-1}$$

式中　Q——管内通过的流量, L/min;

　　　υ——液体在管内的最大允许流速, m/s。一般对吸油管取 0.5~1.5m/s; 回油管取 1.5~2.5m/s; 压油管取 3~5m/s。

按式 (5-1) 计算所得的管道内径, 一般按大的方向圆整为标准值。

(2) 金属管壁厚计算: 管道壁厚的确定主要是保证其强度要求, 因此与管道的最大工作压力 p 有关。具体计算时, 可根据已确定的内径 d 按拉伸薄壁筒的公式计算, 即

$$\delta = \frac{pd}{2[\sigma]}\ (\text{mm}) \tag{5-2}$$

式中　$[\sigma]$——材料许用拉应力, N/m^2; 对于铜管, $[\sigma] \leqslant 25\text{MPa}$; 对于钢管, $[\sigma] = \dfrac{\sigma_b}{n}$;

　　　σ_b——管材的抗拉强度;

　　　n——安全系数; 当 $p \leqslant 7\text{MPa}$ 时, $n=8$; 当 $7\text{MPa} < p < 17.5\text{MPa}$ 时, $n=6$; 当 $p > 17.5\text{MPa}$ 时, $n=4$。

计算出壁厚 δ 后, 可算得管道外径, 查阅油管标准手册, 按 d 和 δ 选用标准规格。

(3) 管道弯曲半径: 金属液压油管弯曲部分 (弯管处) 内外侧均不得有皱纹或凹凸不平的不规则形状。高压管路中的金属管 (如高压液压油管) 经常在弯曲段左右两侧的中性层处出现裂纹, 使其寿命大大缩短, 即使用焊补法修复, 也只能使用很短一段时间, 仍在原处损坏, 再焊寿命更短。出现这种情况的原因往往是金属管在弯曲段的截面上存在大小不同的椭圆度, 且在管内高压作用下产生拉应力。在椭

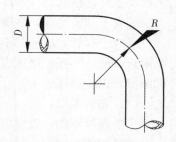

图 5-6　管道的弯曲半径

圆截面上, 由于管路压力的作用, 促使椭圆向正圆趋变, 短轴处的内径曲率变大, 内壁的拉应力比原来减少; 而长轴处内壁的曲率变小, 内壁拉应力比原来

增加，尽管此时长轴稍有缩短，但椭圆终究存在，长轴仍然是大于短轴的。分析可知，增加刚度与减低椭圆度对提高管子的寿命有明显的效果，弯曲处椭圆圆度误差应该不超过 15%。加工弯曲的管道，如图 5-6 所示，其弯曲半径不能太小，否则会增加局部压力损失，降低系统效率。若用填充材料弯曲管道时，其最小弯曲半径推荐为：钢管热弯曲时，$R \geqslant D$；冷弯曲时，$R \geqslant 6D$；铜管冷弯曲时，$R \geqslant 2D$（$D \leqslant 15mm$）、$R \geqslant 2.5D$（$D = 15 \sim 20mm$）铜管一般用在直径小于 15mm 的场合，冷弯前先进行处理。

13. 布置液压管路时有哪些要求？应遵循哪些规则？

答：（1）一般要求：

①管路布置一般在所连接的元件及设备布置完毕后进行，从而限制了布置方案的多样性。

②管路敷设位置应便于装拆、维修，且不妨碍生产人员通道、维修区、操作者活动区的通畅，不妨碍液压元件和设备部件的调整、运转（如机床排屑、上、下料和机件运动）、检修和拆装等。

③管子外壁与相邻管路的管件轮廓边缘之间，应留有一段允许最小距离。同一排管路的法兰或活接头应错开一定距离，保证安装和拆卸方便，能单独拆装而不干扰其他管路或元件。

④穿墙管路的接头位置宜离开墙面足够距离。部件之间的管路，尽量采用明管以便于检修。采用敷设在地沟里的铜管时，地沟要有足够的尺寸。

⑤机体上的管路应尽量靠近机体，且不得妨碍机器动作。

⑥管子应有充分的支撑和固定，不得在元件连接面上诱发应力。

⑦对于由若干个独立的部分（如液压泵站、阀架、蓄能器架等）组成的液压系统，则每部分内部的管路应引到该部分的一侧结束。对外连接的各油口或接头应有与回路图上一致的标记。各油口之间要留有足够的间隙，以便能单独装拆每根外部接管。

⑧管子如需弯曲，弯管半径要足够大，但管接头附近应是直管。

⑨对于软管，应使其不被拉紧、不受扭曲、不被弯成过小半径、不在管接头附近弯曲，不互相摩擦也不被摩擦，应避免胶管与机械上的尖角部分相接触和摩擦，以免损坏管子。

（2）布管规则：

①美观性原则：管路应横平竖直，排列整齐，疏密适当。

②最短距离原则：这不是单纯几何意义上的直线距离最短。由于系统中元件布置、干涉问题、弯管工艺性等的影响，最短距离原则主要应考虑管路用料量及管路能量损耗。

③直角化原则：理论上，为了连接的需要，管道弯曲可以是任意角度。但由于施工条件的限制，在大多数情况下，金属管采用直角弯管。

④规避原则：管路的具体布置，一般是在所连接的元件及设备布置完毕后进行。由于不允许元件或部件的位置作较大变动，因此只能对管路的走向加以调整。规避原则，要考虑避免运动干涉及装配干涉等，并考虑避免与先前布置好的管路干涉。

⑤贴近原则：由于系统中的管路是在给定系统后布置的，例如泵站的管路布置在油箱、阀组之间，为了既有利于固定亦可节省管路用料，管路应贴近油箱表面布置。

⑥工艺原则：考虑到管道动态特性、管路压力损失和管道加工性对管道布置的影响，要求对管长、管径、弯角有所限制。

14. 管接头有哪些类型？其特点与应用如何？

答：管接头的主要类型、特点与应用，见表 5-3。

表 5-3 管接头的主要类型、特点与应用

类型	结构图	特点与应用
卡套式管接头		利用卡套 2 变形卡住管子 1 并进行密封，接头体拧入机件，二者可用组合垫圈密封 结构先进，性能良好，质量小，体积小，使用方便，广泛应用于液压系统中。工作压力可达 31.5MPa，要求管子尺寸精度高，需用冷拔钢管。卡套精度亦高。适用于油、气及一般腐蚀性介质的管路系统
扩口式管接头		由接头体 1、螺母 2 和套管 3 组成，利用管子 4 的端部扩口进行密封，不需其他密封件 结构简单，适用于薄壁管件连接，且适用于油、气为介质的压力较低的管路系统
焊接式管接头		利用接管 4 与管子 5 焊接。接头体 1 和接管 4 之间用 O 形密封圈 2 端面密封。接头体拧入机件，二者可用金属垫圈或组合垫圈密封 结构简单，易制造，密封性好，对管子尺寸精度要求不高。要求焊接质量高，装拆不便。工作压力可达 31.5MPa，工作温度−25℃～80℃，适用于以油为介质的管路系统

续表

类型	结构图	特点与应用
锥密封焊接式管接头	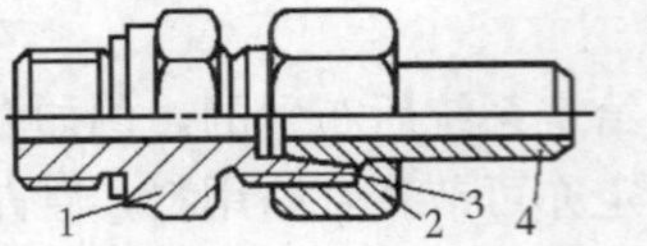	接管 4 一端为外锥，表面加 O 形密封圈 3 与接头体 1 的内锥表面相配，用螺母 2 拧紧 工作压力可达 31.5MPa，工作温度 −25℃～80℃，适用于油为介质的管路系统
承插焊管件	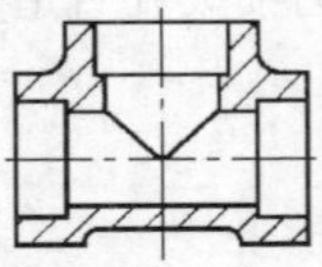	将需要长度的管子插入管接头直至管子端面与管接头内端接触，将管子与管接头焊接成一体，可省去接管，但管子尺寸要求严格 适用于油、气为介质的管路系统
快换接头 两端开闭式	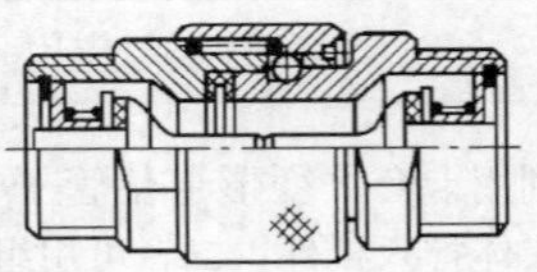	管子拆开后，可自行密封，管道内液体不会流失，因此适用于经常拆卸的场合 结构比较复杂，局部阻力损失较大。适用于油、气为介质的管路系统，工作压力低于 31.5MPa，介质温度 −20℃～80℃
快换接头 两端开放式	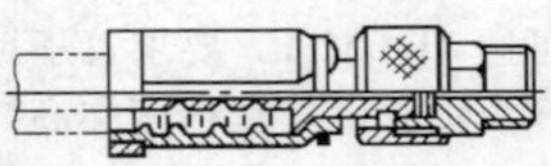	适用于油、气为介质的管路系统，其工作压力、介质温度按连接的胶管限定
软管接头及软管总成	软管接头和软管（通常是橡胶软管）可由管件厂买进软管总成，也可以用户自行装配，软管接头可与扩口式、卡套式、焊接式或快换接头连接使用	
软管接头及软管总成 扣压式软管接头	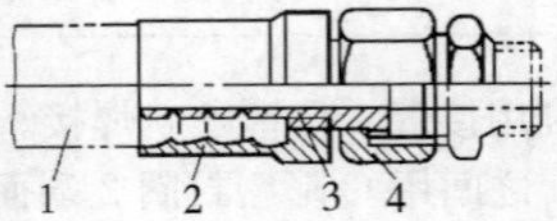	左图所示软管接头为永久连接软管接头，它由接头外套 2、接头芯 3 和接头螺母 4 组成，它是冷挤压到软管 1 上的，只能一次性使用 当软管失效时管接头随软管一起废弃。但是这种接头一般比可复用接头成本低，而且软管装配工作量小。工作压力与软管结构及直径有关。适用于油、水、气为介质的管路系统，介质温度 −40℃～100℃ 的油

15. 管路安装与布置时需要注意哪些事项?

答：管路的安装与布置见表 5-4。

表 5-4　　　　　　　　　　**管路的安装与布置**

安装管路类型	注意事项	图　示
硬管管路	①钢管长度要短，管径要合适，流速过高会损失能量	
	②两固定点之间的连接，应避免紧拉，须有一个松弯部分。如图 5-7 所示，以便于装卸，也不会因热胀冷缩而造成严重的拉应力	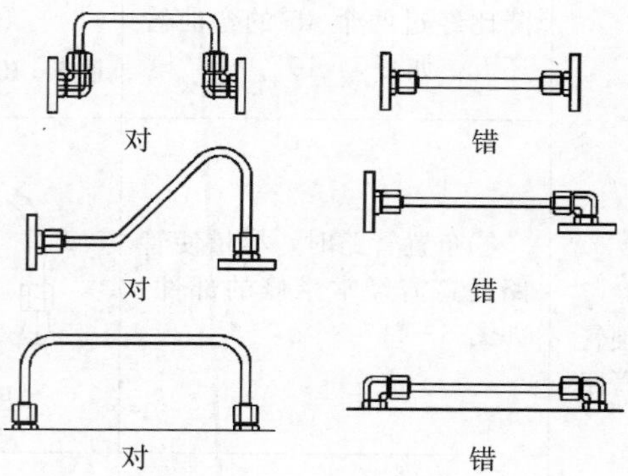对 错 对 错 对 错 **图 5-7　硬管正确连接示意**
	③钢管的弯管半径应尽可能大，其最小弯管半径约为钢管外径的 2.5 倍。管端处应留出直管部分，其距离为管接头螺母高度的二倍以上。如图 5-8 所示	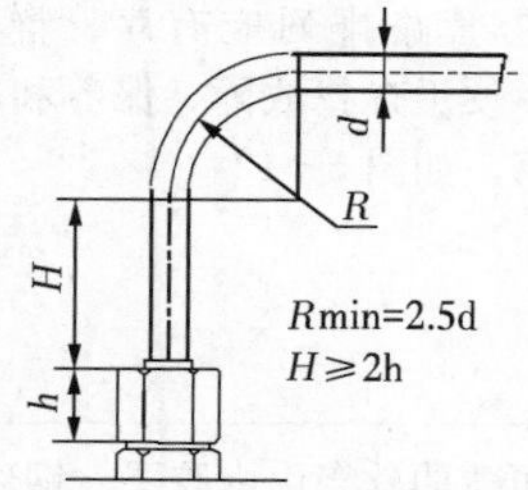d R H h Rmin=2.5d H≥2h **图 5-8　硬管的弯曲半径**
	④硬管的主要失效形式为机械振动引起的疲劳失效，因此当管路较长时，需加管夹支撑，不仅可以缓冲振动，还可减少噪音。在有弯管的管路中，在弯管的两端直管段处要加支撑管夹固定，在与软管连接时，应在硬管端加管夹支撑。管夹安排推荐如图 5-9	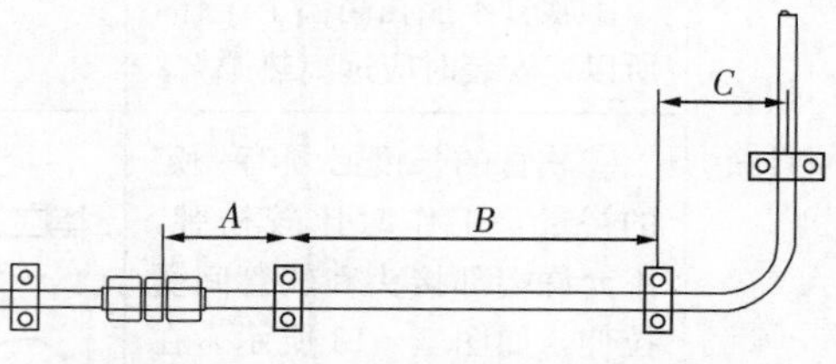C A B **图 5-9　管路较长时安装管夹支撑**

安装管路类型	注意事项	图　　示
硬管管路	⑤避开障碍物时不要使用太多的90°弯曲钢管，流体经过一个90°的弯曲管的压降比经过两个45°的弯曲管还大。如图5-10	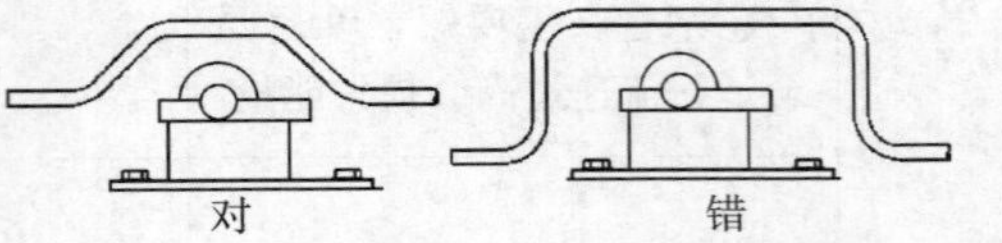 对　　　　　错 图5-10　避开障碍物时不要使用太多90°弯曲钢管
	⑥布置管路时，尽量使管路远离需经常维修的部件。如图5-11	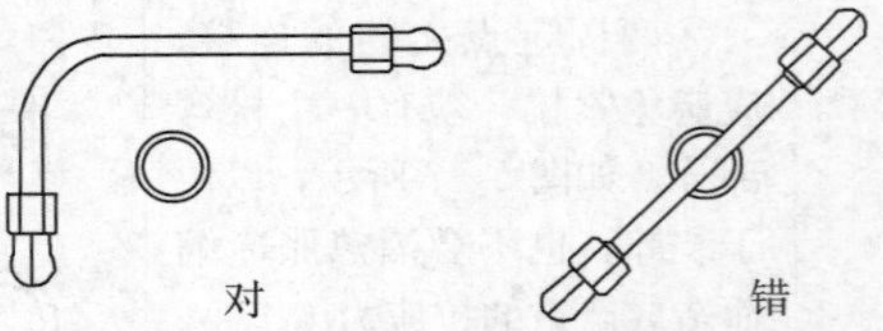 对　　　　　错 图5-11　管路应远离经常维修部件
	⑦管路排列应有序、整齐，便于查找故障、保养和维修。如图5-12	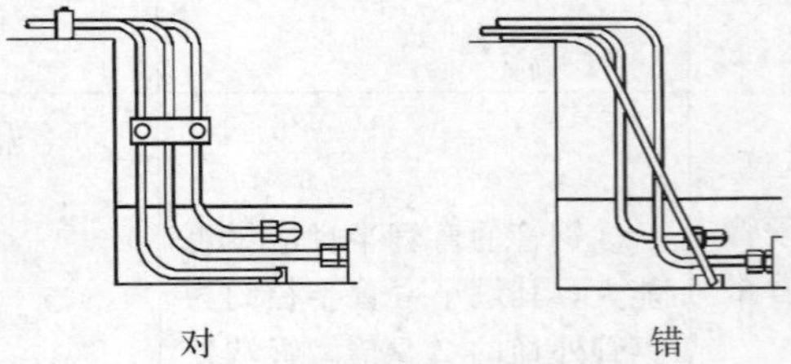 对　　　　　错 图5-12　管路排列应有序整齐
软管管路	可弯曲软管由内胶层、钢丝加固层和外部保护层所组成。内胶层所使用的材料决定于软管所传送的流体温度以及其他比较明显的因素，钢丝加固层的类型取决于软管所承受的压力；而外部保护的选择则取决于管路装置所需保护的程度	
	①软管不能在高温下工作，所以，安装时应远离热源	
	②软管的长度必须有一定的裕量，工作时比较松弛，不允许端部接头和软管间受拉伸，如图5-13所示。在压力作用下，软管长度会有变化，变化幅度为-4%～+2%	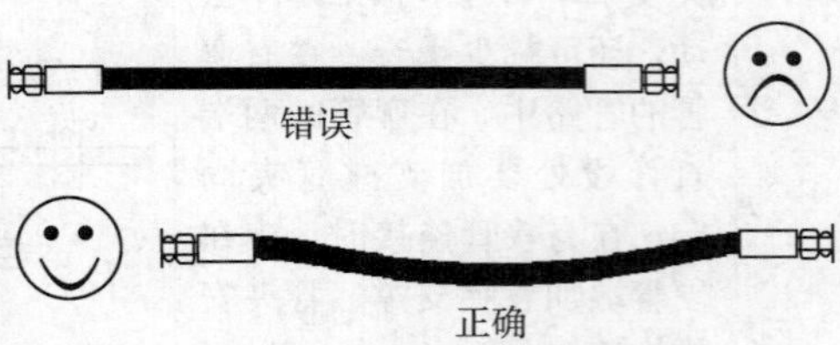 错误 正确 图5-13　软管连接应松弛

安装管路类型	注意事项	图　示
软管管路	③软管连接不得有扭转现象，如图5-14所示。因为在高压作用下，软管有扭直的趋势，会使接头螺母旋松，严重时软管会在应变点破裂	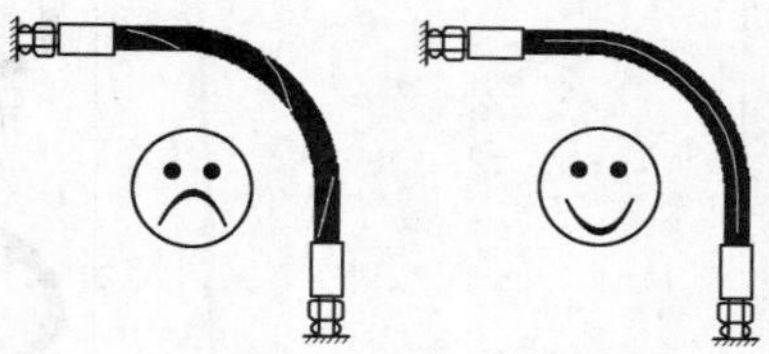 图5-14　软管连接不能扭曲
	④软管的安装连接，无论是在自然状态下，还是在运动状态中，其制造半径不能小于制造厂家规定的最小值，如图5-15所示。软管的弯曲部分应远离软管接头，最短距离应大于其外径的1.5倍	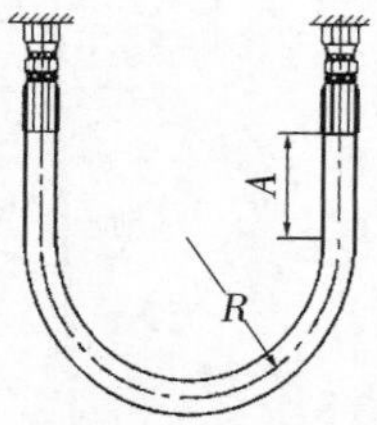 图5-15　软管的弯曲半径
	⑤软管连接时要留合适的长度，使其弯曲部位有较大的弯曲半径，如图5-16所示	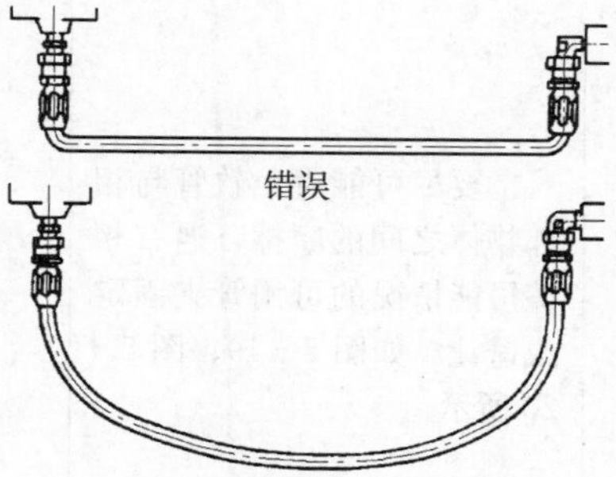 错误 正确 图5-16　弯曲部位应有合适长度

安装管路类型	注意事项	图 示
软管管路	⑥选择合适的软管接头和正确使用管夹,以减少弯曲和扭曲,避免软管的附加应力,如图 5-17、图 5-18 所示	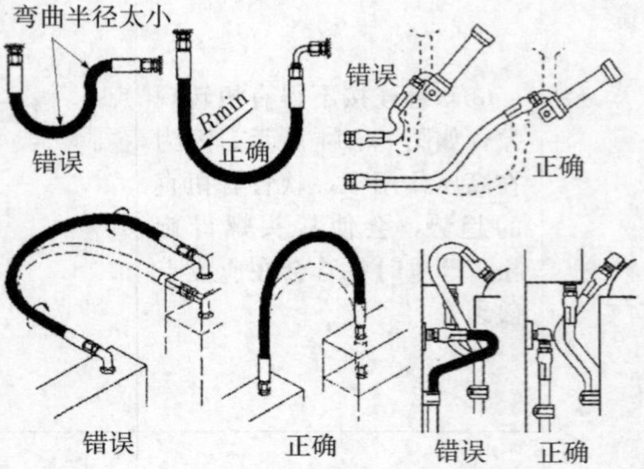 图 5-17 避免过度弯曲的几种做法 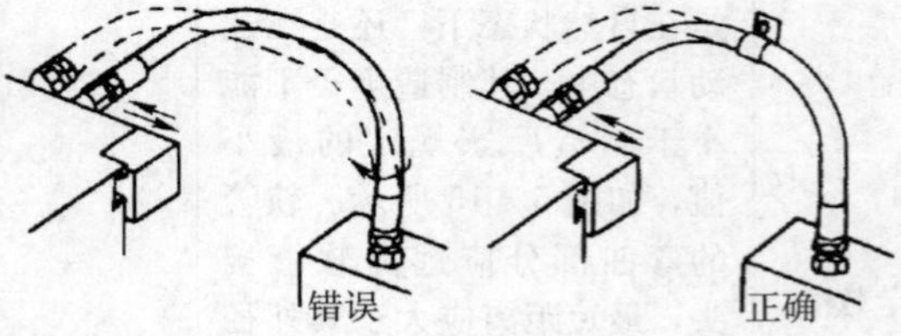 图 5-18 用管夹固定软管避免弯曲
	⑦要尽可能避免软管与相邻物体之间的摩擦,遇有相擦可能情况的可用管夹固定或避让。如图 5-19、图 5-20 所示	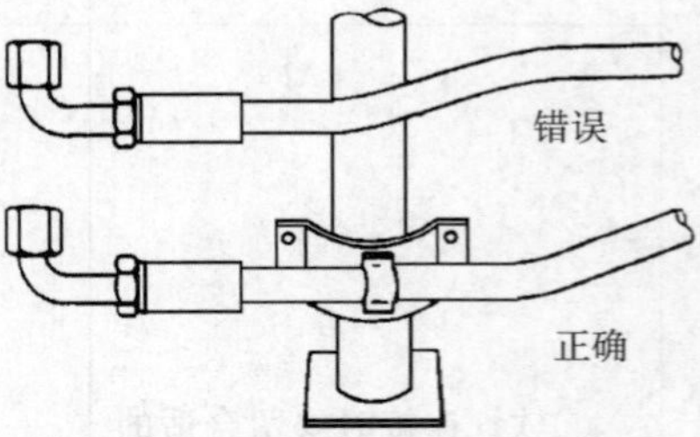 图 5-19 用管夹固定避开接触 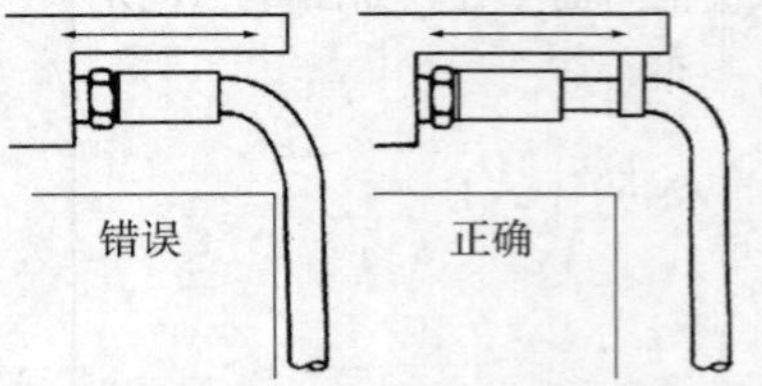 图 5-20 软管避免磨损的安装方法

16. 热交换器的图形符号和功能如何？有何识别技巧？

答：（1）热交换器的图形符号。热交换器的图形符号见表5-5。

表5-5　　　　　　　　　　　　　热交换器的图形符号

名　称	图形符号	功　能	说　明
冷却器一般符号	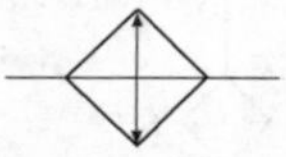	风冷或水冷，防止系统温度过高	向外的箭头表示热量向外散失
液体冷却的冷却器	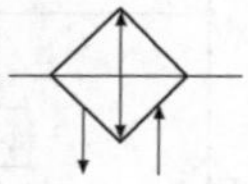	用液体冷却防止温度过高	菱形外的带有箭头的直线表示冷却液管路
电动风扇冷却的冷却器	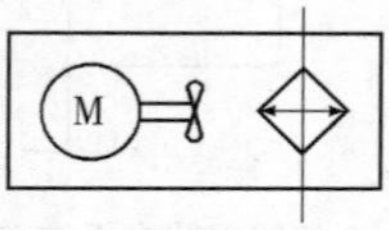	使用气体冷却	M表示电机，∞表示风扇
加热器	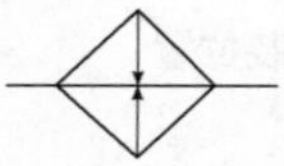	低温时将油箱中的液压油加热或将液压油加热到一定温度	向内的箭头表示热量向内
温度调节器	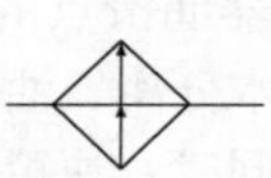	根据需要调节温度，使之在一个合理的范围内	一个箭头向内，一个箭头向外，表示可以根据需要加热或散热

（2）热交换器图形符号的识别技巧：

①菱形表示冷却器或加热器。

②贯穿菱形的直线表示液压油路。

③与管路垂直的双箭头向外为冷却器。

④与管路垂直的双箭头向内为加热器。

⑤与管路垂直的两个箭头一个向内、一个向外，表示既可加热、又能冷却，为温度调节器。

⑥菱形外的两个箭头表示冷却剂管路。

17. 冷却器在液压系统中是如何安装的？

答：冷却器在液压系统中的安装位置通常有以下两种情况：

（1）如果溢流功率损失是系统温升的主要原因，则应将冷却器2设置在溢流阀4的回油管路上［如图5-21（a）所示］，在回油管冷却器2旁要并联旁通溢流阀5，实现冷却器的过压安全保护；同时，在回油管冷却器上游应串联截止阀3，用来切断或接通冷却器。

219

（2）如果系统中存在着若干个发热量较大的元件，则应将冷却器 7 设置在系统的总回油管路上［如图 5 - 21（b）所示］，如果回油管路上同时设置过滤器和冷却器，则应把过滤器 6 安放在回油管路上游，以使低黏度热油流经过滤器的阻力损失降低。

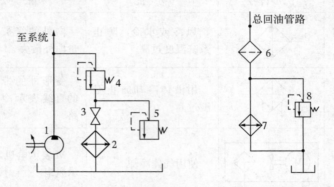

（a）冷却器安装在溢流阀回油管路上　　（b）冷却器安装在系统总回油管路上

图 5 - 21　冷却器的安装位置

18. 液压油箱的功能及特点如何？

答：油箱的功用主要是储存油液，送往机器润滑点的润滑油从油箱吸取，又从机器润滑点流回，在油箱内经过沉淀、油水分离、油与机械杂质分离、消除油内泡沫、发散气体等处理后，以备再用。同时，油箱本身也起散热和冷却作用，用以散发液压系统工作过程中产生的热量，使油液温度不超过允许值。在周围环境温度较低，或在油温低于要求油温的情况下，在油箱内设有电加热或蒸汽加热装置，用来提高油温。油箱中安装有很多附件，如冷却器、加热器、空气过滤器及液位计等。

19. 油箱如何分类？

答：按油箱内液面是否与大气相通，可将其分为开式油箱和闭式油箱。开式油箱多用于固定设备；闭式油箱中的油液与大气是隔绝的，多用于行走设备及车辆。闭式油箱一般用于压力油箱，内充一定压力的惰性气体，充气压力可达 0.05MPa。

开式结构的油箱又分为整体式和分离式。

整体式油箱是利用主机的底座作为油箱，电机和液压泵多在油箱上部，这时的油箱相当于液压元件的安装台。整体式的特点是结构紧凑、液压元件的泄漏容易回收，但散热性差，维修不方便，对主机的精度及性能有影响。

分离式油箱单独设置，与主机分开，减少了油箱发热和液压源振动对主机工作精度的影响，维护性和维修性均好于整体式油箱，因此得到普遍的应用，特别是在精密机械上。

如果按照油箱的形状来分，可分为矩形油箱和圆罐形油箱。矩形油箱制造容易，箱上易于安放液压器件，所以被广泛采用；圆罐形油箱强度高，质量轻，易于清扫，但制造较难，占地空间较大，在大型冶金设备中经常采用。

20. 开式液压油箱通常有哪些附件？各起什么作用？

答：如图 5-22 所示为一种典型开式油箱，它由油箱体及多种相关附件构成。

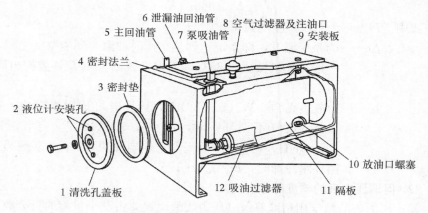

图 5-22　开式油箱及其附件

（1）油箱顶面上安装板 9 用于安装固定液压泵组及控制装置。

（2）油箱体内的隔板 11，将液压泵吸油管口、过滤器 12 与回油管口 5 及泄漏油回油管 6 分隔开来，使回油及泄漏油受隔板阻挡后再进入吸油腔一侧，以增加油液在油箱中的流程，增强散热效果，并使油液有足够长的时间去分离空气泡和沉淀杂质。

（3）油箱顶盖上装设的空气过滤器及注油口 8 用于通气和注油。

（4）安装孔 2 用于安装液位计，以便注油和工作时观测液面及油温。

（5）箱壁上开设的清洗孔（俗称人孔），卸下其盖板 1 和油箱顶盖便可清洗油箱内部和更换吸油过滤器 12。

（6）放油口螺塞 10 有助于油箱的清洗和油液的更换。

21. 如何确定开式油箱的容量？

答：油箱的容量可按下述两种方法之一确定：

（1）按液压泵的额定流量估算确定油箱容量：

$$V = \xi q_p$$

式中　V——为油箱容量，m^3。

　　　　ξ——为与系统形式及压力有关的经验系数：行走机械系统 $\xi = 1 \sim$

2；低压系统 $\xi = 2 \sim 4$；中压系统 $\xi = 5 \sim 7$；锻压机械系统 $\xi = 6 \sim 12$；冶金机械系统 $\xi = 10$。

q_p——为液压泵的额定流量，m^3/min。

（2）按液压系统的发热量确定油箱容量：对于长、宽、高比例为 $1 : 1 : 1 \sim 1 : 2 : 3$ 且液面高度是油箱高度的 0.8 倍的六面体油箱，油箱容量的近似计算式为：

$$V = \sqrt{\frac{H}{0.065\Delta tK}}$$

式中　H——为系统产生的热量。

Δt——为系统温升，即系统达到热平衡时油温与环境温度之差，℃；一般工作机械 $\Delta t \leqslant 35℃$，工程机械 $\Delta t \leqslant 40℃$，数控机床 $\Delta t \leqslant 25℃$；

K——为散热系数，$W/(m \cdot ℃)^{-1}$，计算时可选用推荐值：通风很差（空气不循环）时，$K = 8$；通风良好（空气流速为 1m/s 左右）时，$K = 14 \sim 20$；风扇冷却时，$K = 20 \sim 25$；用循环水冷却时，$K = 110 \sim 175$。

22. 何谓压力表的精度等级？

答：压力表的精度用精度等级（压力表最大误差占整个量程的百分数）来衡量。例如 1.5 级精度等级的量程（测量范围）为 10MPa 的压力表，最大量程时的误差为 $10 \times 1.5\% MPa = 0.15MPa$。压力表最大误差占整个量程的百分数越小，压力表的精度越高。一般机械设备液压系统采用的压力表精度等级为 1.5～4 级。在选用压力表量程时应大于系统工作压力的上限，即压力表量程约为系统最高工作压力的 1.5 倍左右。

23. 液压系统中为何要设置压力表开关？

答：压力表开关相当于一个小型转阀式截止阀，用于切断和接通压力表与油路的通道，通过开关的阻尼作用，减轻压力表在压力脉动下的振动，延长其使用寿命。根据可测压力的点数不同，压力表开关有一点、三点、六点等。多点压力表开关用一个压力表可与几个测压点油路相通，测出相应点的油压力。

多点压力表开关一般为转阀式结构，如图 5-23 所示，$P_A \sim P_F$ 是各测压点的接口，P_1 是压力表接口，T 是回油箱口。图 5-23 所示为非测量位置，此时压力表与测量点被阀杆隔断，压力表内的油液通过槽 a 回油箱。若将手轮推入，阀杆右移，槽 a 便将压力表和测量点 P_A 相通，同时切断 P_1 与油箱的通路，便可以测得 P_A 的压力。若将手轮转动到另一测量点，便可以测得另一点的压力。

24. 压力表开关的故障现象、产生原因及排除方法有哪些？

答：压力表开关的故障现象、产生原因及排除方法，见表 5-6。

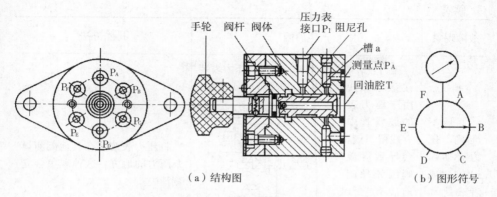

手轮 阀杆 阀体 压力表 接口P₁ 阻尼孔

槽a
测量点PₐA
回油腔T

（a）结构图

（b）图形符号

图 5 - 23　多点压力表开关

表 5 - 6　　　　　　　　　　压力表开关的故障现象、产生原因及排除方法

故障现象	产生原因	排除方法
测压不准确，压力表动作迟钝，或者表跳动大	油液中污物将压力表开关和压力表的阻尼孔（一般为$\phi 0.8 \sim \phi 1.0mm$）堵塞，部分堵塞时，压力表指针会产生跳动大、动作迟钝的现象，影响测量值的准确性	此时可拆开压力表进行清洗，用$\neq 0.5mm$的钢丝穿通阻尼孔，并注意油液的清洁度
	K 型压力表开关采用转阀式，各测量点的压力靠间隙密封隔开。当阀芯与阀体孔配合间隙较大，或配合表面拉有沟槽时，在测量压力时，会出现各测量点有不严重的互相串腔现象，造成测压不准确	此时应研磨阀孔，阀芯刷镀或重配阀芯，保证配合间隙在$0.007 \sim 0.015mm$的范围内
	KF 型压力表开关为调节阻尼器（阀芯前端为锥面节流）	当调节过大时，或因节流锥面拉伤严重时，会引起压力表指针摆动，测出的压力值不准确，而且表动作缓慢，此时应适当调小阻尼开口。节流锥面拉伤时，可在外圆磨床上校正修磨锥面

223

续表

故障现象	产生原因	排除方法
测压不准确，压力表动作迟钝，或者表跳动大	压力表装的位置不对。有人将压力表装在溢流阀的遥控孔处，如图 5－24 所示。由于压力表的波登管中有残留空气，会导致溢流阀因先导阀前腔有空气而产生振动，从而使压力表的压力跳动 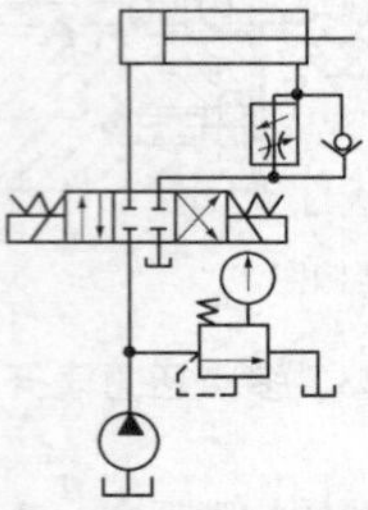 图 5－24　电磁换向回路	将压力表改装在其他能测量泵压力的地方，这种现象会立刻消失
测压不准甚至根本不能测压	K 型压力表由于阀芯与阀孔配合间隙过大或密封面磨有凹坑，使压力表开关内部测压点的压力既互相串腔，又使压力油大量泄往卸油口，这样压力表量出来的压力与实测点的实际压力值相差便很大，甚至几个点测量下来均是一个压力，无法进行多点测量	此时可重配阀芯或更换压力表开关
	对多点压力表开关，当未将第一测压点的压力卸掉，便转动阀芯进入第二测压点时，测出的压力不准确	应按上述方法正确使用压力表开关

对 K 型多点压力表开关，当阀芯上钢球定位弹簧卡住，定位钢球未顶出，这样转动阀芯时，转过的位置对不准被测压力点的油孔，使测压点的油液不能通过阀芯上的直槽进入压力表内，测压便不准确。

KF 型压力表开关在长期使用后，由于锥阀阀口磨损，无法严格关闭，内泄漏量大；K 型压力表开关如内泄漏特别大，则测压无法进行。

25. 油冷却器的故障现象及排除方法有哪些？

答：（1）油冷却器被腐蚀。产生腐蚀的主要原因是材料、环境（水质、气体）以及电化学反应三大要素。选用耐腐蚀性的材料，是防止腐蚀的重要措施。而目前列管式油冷却器多用散热性好的铜管制作，其离子化倾向较强，会因与不同种金属接触产生接触性腐蚀（电位差不同），例如在定孔盘、动孔盘及冷却铜管管口往往会产生严重腐蚀的现象。解决办法：一是提高冷却水质；二是选用铝合金、钛合金制的冷却管。

另外，冷却器的环境包含溶存的氧、冷却水的水质（pH 值）、温度、流速及异物等。水中溶存的氧越多，腐蚀反应越激烈；在酸性范围内，pH 值降低，腐蚀反应越活泼，腐蚀越严重；在碱性范围内，对铝等两性金属，随 pH 值的增加腐蚀的可能性增加；流速的增大，一方面增加了金属表面的供氧量，另一方面流速过大，产生紊流涡流，会产生汽蚀性腐蚀；另外水中的砂石、微小贝类细菌附着在冷却管上，也往往产生局部侵蚀。此外，氯离子的存在增加了使用液体的导电性，使得电化学反应引起的腐蚀增大。特别是氯离子吸附在不锈钢、铝合金上也会局部破坏保护膜，引起孔蚀和应力腐蚀。一般温度增高腐蚀增加。

综上所述，为防止腐蚀，在冷却器选材和水质处理等方面应引起重视，前者往往难以改变，后者用户可想办法。

对安装在水冷式油冷却器中用来防止电蚀作用的锌棒要及时检查和更换。

（2）冷却性能下降。产生这一故障的原因主要是堵塞及沉积物滞留在冷却管壁上，结成硬块与管垢，使散热换热功能降低。另外，冷却水量不足、冷却器水油腔积气也均会造成散热冷却性能下降。

解决办法是：首先从设计上就应采用难以堵塞和易于清洗的结构，而目前似乎办法不多；在选用冷却器的冷却能力时，应尽量以实践为依据，并留有较大的余地，一般增加 10%～25% 的容量；不得已时采用机械的方法，如刷子、压力、水、蒸汽气等擦洗与冲洗，或化学的方法（如用 Na_2CO_3 溶液及清洗剂等）进行清扫；增加进水量或用温度较低的水进行冷却；拧下螺塞排气；清洗内外表面积垢。

（3）破损。由于两流体的温度差，油冷却器材料受热膨胀的影响，产生热应力，或流入油液压力太高，可能招致有关部件破损；另外，在寒冷地区或冬季，晚间停机时，管内结冰膨胀将冷却水管炸裂。所以要尽量选用受热膨胀影响较小的材料，并采用浮动头之类的变形补偿结构；在寒冷季节每晚都要放空冷却器中的水。

（4）漏油、漏水。冷却器漏油、漏水时，会出现流出的油发白，排出的水有油花的现象。漏水、漏油多发生在油冷却器的端盖与筒体结合面，或因焊接不良、冷却水管破裂等原因造成漏油、漏水。此时可根据情况，采取更换密封、补焊等措施予以解决。更换密封时，要洗净结合面，涂敷一层"303"或其他黏结剂。

（5）过冷却。如图 5-25 所示的旁路冷却回路，溢流阀的溢流量是随系统的负载流量变化而变化的，因而发热量也将发生变化，有时产生过冷却，造成浪费。为保证系统有合适的油温，可采用图 5-26 所示的可自动调节冷却水量

225

的温控系统。若低于正常油温，应停止冷却器的工作，甚至可接通加热器。

（6）冷却水质不好（硬水），冷却铜管内结垢，造成冷却效率降低。此时可清洗油冷却器，方法如下。

①用软管引洁净水高速冲洗回水盖、后盖内壁和冷却管内表面，同时用清洗通条进行洗涮，最后用压缩空气吹干。

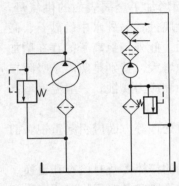

图 5-25　旁路冷却回路

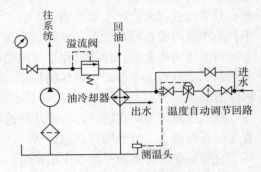

图 5-26　温度自动调节回路

②用三氯乙烯溶液进行冲洗，使清洁液在冷却器内循环流动，清洗压力为0.5MPa 左右，清洗时间视溶液情况而定。最后将清水引入管内，直至流出清水为止。

③用四氯化碳的溶液灌入冷却器，经 15～20min 后视溶液颜色而定，若浑浊不清，则更换新溶液重新浸泡，直至流出溶液与洁净液差不多为止，然后用清水冲洗干净。此操作要在通风环境中进行，以免中毒。

清洗后进行水压试验，合格方可使用。

26. 油箱的故障现象、产生原因及排除方法有哪些？

答：油箱的故障现象、产生原因及排除方法，见表 5-7。

27. 滤油器的故障现象及排除方法有哪些？

答：滤油器带来的故障包括过滤效果不好给液压系统带来的故障，例如因不能很好过滤，污物进入系统带来的故障等。

（1）滤芯破坏变形。这一故障现象表现为滤芯的变形、弯曲、凹陷、吸扁与冲破等。产生原因如下：

①滤芯在工作中被污染物严重阻塞而未得到及时清洗，流进与流出滤芯的压差增大，使滤芯强度不够而导致滤芯变形破坏。

②滤油器选用不当，超过了其允许的最高工作压力。例如同为纸质滤油器，型号为 ZU-100X20Z 的额定压力为 6.3MPa，而型号为 ZU-H100X20Z 的额定压力可达 32MPa。如果将前者用于压力为 20MPa 的液压系统，滤芯必定被击穿而破坏。

③在装有高压蓄能器的液压系统，因某种故障蓄能器油液反灌冲坏滤油器。

排除方法：及时定期检查清洗滤油器；正确选用滤油器，强度、耐压能力要与所用滤油器的种类和型号相符；针对各种特殊原因采取相应对策。

（2）滤油器脱焊。这一故障对金属网状滤油器而言，当环境温度高时，滤油器处的局部油温过高时，超过或接近焊料熔点温度，加上原来焊接就不牢，油液的冲击，从而造成脱焊。例如高压柱塞泵进口处的网状滤油器曾多次发现金属网与骨架脱离，柱塞泵进口局部油温达100℃之高的现象。此时可将金属网的焊料由锡铅焊料（熔点为183℃）改为银焊料或银镉焊料，它们的熔点大为提高（235℃～300℃）。

表5-7　　　　　　　　　油箱的故障现象、产生原因及排除方法

故障现象	产生原因	排除方法
油箱温升严重	引起油箱温升严重的原因如下： ①油箱设置在高温辐射源附近，环境温度高，而注塑机为熔融塑料，用一套大功率的加热装置正提供了这种环境 ②液压系统的各种压力损失，如溢流损失、节流损失、管路的沿程损失和局部损失等，都会转化为热量造成油液温升 ③油液黏度选择不当，过高或过低 ④油箱设计时散热面积不够等	解决温升严重的办法如下： ①尽量避开热源，但塑料机械（例如注塑机、挤塑机等）因要熔融塑料，一定存在一个"热源" ②正确设计液压系统，如系统应有卸载回路，采用压力、流量和功率匹配回路以及蓄能器等高效液压系统，减少溢流损失、节流损失和管路损失，减少发热温升 ③选择高效元件，努力提高液压元件的加工精度和装配精度，减少泄漏损失、容积损失和机械损失带来的发热现象 ④正确配管，减少因管道过细过长、弯曲过多、分支与汇流不当带来的沿途损失和局部损失 ⑤正确选择油液黏度 ⑥油箱设计时，应考虑有充分的散热面积 A
油液氧化劣化	油箱内油液产生氧化劣化与油液种类、使用温度、休息时间以及氧化触媒的存在有关	选择油种时要根据工作条件和工作环境，选择性能符合的油种和黏度，使用温度在30℃～55℃。休息时间是指： $$休息时间 = \frac{参与循环油量(L)}{液压泵每分钟流量(L/min)}$$ 休息时间不要太短，否则会加快油液氧化劣化

故障现象	产生原因	排除方法
油箱内油液污染	油箱内油液污染物有从外界侵入的、有内部产生的，也有装配时残存的 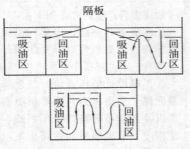 图5-27　油箱内安装隔板 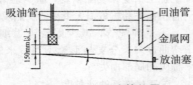 图5-28　吸油管位置	①装配时残存的污染物有油漆剥落片、焊渣等。在装配前必须严格清洗油箱内表面，并在严格去锈去油污后，再油漆油箱内壁 ②对于由外界侵入的污染物。此时油箱应注意密封，并在油箱顶部安设空气滤清器与大气相通，使空气经过滤后才进入油箱。空气滤清器往往兼作注油口，现已有标准件（EF型）出售。可配装100目左右的铜网滤油器，以过滤加进油箱的油液；也有用纸芯过滤的，效果更好，但与大气相通的能力差些，所以纸芯滤芯容量要大 为了防止外界侵入油箱内的污物被吸进泵内，油箱内要安装隔板，以隔开回油区和吸油区。通过隔板，可延长回到油箱内油液的休息时间，可防止油液氧化劣化；另一方面也利于污物的沉淀。隔板高度为油面高度的3/4，如图5-27所示 油箱底板应倾斜，底板倾斜程度视油箱的大小和使用油的黏度而定，一般在油箱底板最低部分设置放油塞，使堆积在油箱底部的污物得到清除。吸油管离底板最高处的距离要在150mm以上，以防污物被吸入，如图5-28所示 ③减少系统内污物的产生： 　a. 防止油箱内凝结水分的产生：必须选择足够大容量的空气滤清器，以使油箱顶层受热的空气尽快排出，不会在冷的油箱盖上凝结成水珠掉落在油箱内；另一方面，大容量的空气滤清器或通气孔，可消除油箱顶层的空间与大气压的差异，防止因顶层低于大气压时，从外界带进粉尘 　b. 使用防锈性能好的润滑油，减少磨损物的产生和防锈

故障现象	产生原因	排除方法
油箱内油液空气泡难以分离	由于回油在油箱内的搅拌作用，易产生悬浮气泡夹在油内，若被带入液压系统会产生许多故障（如泵噪声、气穴及液压缸爬行等） 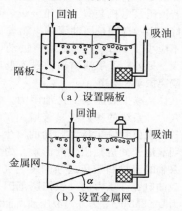 图 5-29 油箱内设置隔板和金属网 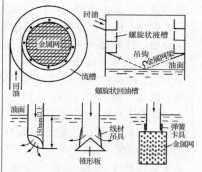 图 5-30 回油扩散缓冲作用（设置回油扩散器）	为了防止油液气泡在未消除前便被吸入泵内，可采取图 5-29 所示的方法： ①设置隔板，隔开回油区与泵吸油区，回油被隔板折流，流速减慢，利于气泡分离并溢出油面，如图 5-29（a）所示。但这种方式分离细微气泡较难，分离效率不高 ②设置金属网，如图 5-29（b）所示，在油箱底部装设一金属斜网（$\alpha = 20°$ 时），并用 60 目网消泡，效果最佳 ③当箱盖上的空气滤清器被污物堵塞后，也难以与空气分离，此时还会导致液压系统工作过程中因油箱油面上下波动而在油箱内产生负压使泵吸入不良，所以此时应拆开清洗空气滤清器 ④其他消泡措施。除了上述消泡措施，并采用消泡性能好的液压油之外，还可采取图 5-30 所示的几种措施，以减少回油搅拌产生气泡的可能性以及去除气泡。回油经螺旋流槽减速后，不会对油箱油液产生搅拌而产生气泡；金属网有捕捉气泡并除去气泡的作用

故障现象	产生原因	排除方法
油箱振动和噪声	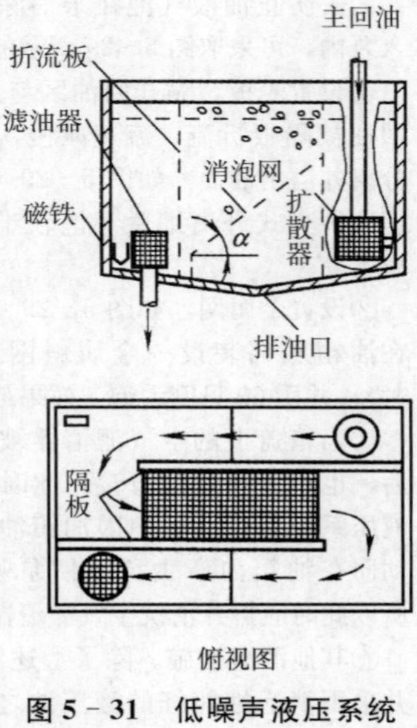 主回油 折流板 滤油器 消泡网 磁铁 扩散器 排油口 俯视图 隔板 图5-31 低噪声液压系统的油箱	（1）减小和隔离振动。主要对液压泵电机装置使用减振垫、弹性联轴器类措施，例如 HL 型弹性柱销联轴器、ZL 型带制动轮弹性柱销联轴器和滑块联轴器等。并注意电机与泵的安装同轴度；油箱盖板、底板、墙板须有足够的刚度；在液压泵电机装置下部垫以吸声材料等；若液压泵电机装置与油箱分设，效果更好。实践证明，回油管端离箱壁的距离不应小于50mm，否则噪声振动可能较大。另外，可用油箱保护罩等吸声材料隔离振动和噪声 （2）减少液压泵的进油阻力。泵有气穴时，系统的噪声级显著增大。而泵的气穴现象和输出压力脉动的发生，相当明显地受到进油阻力的影响。为了保证泵轴的密封和避免进油侧发生气穴，泵吸油口容许压力的一般控制范围是正压力0.035MPa。另外，液压油所能溶解的空气量与液体压力成正比。在大气压下空气饱和的液体，在真空度下将成为过饱和液体，而析出空气，产生显著的噪声和振动。所以，有条件时尽量使用高位油箱，这样既可对泵形成灌注压力，又使空气难以从油中析出。但是，增高油面的有效高度对悬浮气泡溢出油面会变得困难一些，又 $\phi 0.6mm$ 以下的气泡不会增加压力脉动，因而不要随意加大 （3）保持油箱比较稳定的较低油温。油温升高会提高油中的空气分离压力，从而加剧系统的噪声。故应使油箱油温有一个稳定的较低值范围（30℃～55℃）相当重要 （4）油箱加罩壳，隔离噪声。将液压泵装在油箱盖以下，即油箱内，也可隔离噪声

故障现象	产生原因	排除方法
油箱振动和噪声		（5）在油箱结构上采用整体性防振措施。例如，油箱下地脚螺钉固牢于地面，油箱采用整体式较厚的电机泵座安装底板，并在电机泵座与底板之间加防振材垫板；油箱薄弱环节是否加强筋等 （6）努力减少噪声辐射。例如注意选择声辐射效率较低的材料（阻尼材料，包括阻尼涂层）；增大油箱的动刚度，以提高固有频率并减少振幅，如加筋等 （7）采用低噪声油箱。如图 5-31 所示，这种油箱的油经扩散器减速后，可避免一般未装扩散器时的回油搅拌油液产生大量气泡的现象；同时设置的消泡网又使回油经消泡网捕捉，形成大气泡后再上浮，经此消泡的油流又经隔板折流，最后进入吸油区已基本变为无悬浮气泡的平缓液流而被泵吸入系统，完全避免了空气被吸入系统内，因而是一种低噪声油箱

（3）滤油器掉粒。多发生在金属粉末烧结式滤油器中。脱落颗粒进入系统后，堵塞节流孔，卡死阀芯。其原因是烧结粉末滤芯质量不佳造成的，所以要选用检验合格的烧结式滤油器。

（4）滤油器堵塞。一般滤油器在工作过程中，滤芯表面会逐渐积垢，造成堵塞是正常现象。此处所说的堵塞是指导致液压系统产生故障的严重堵塞。滤油器堵塞后，至少会造成泵吸油不良、泵产生噪声、系统无法吸进足够的油液而造成压力上不去，油中出现大量气泡以及滤芯因堵塞而可能滤芯因压力增大而击穿等故障。滤油器堵塞后应及时进行清洗，清洗方法如下。

①用溶剂清洗。常用溶剂有三氯化乙烯、油漆稀释剂、甲苯、汽油、四氯化碳等，这些溶剂都易着火，并有一定毒性，清洗时应充分注意。还可采用苛性钠、苛性钾等碱溶液脱脂清洗，界面活性剂脱脂清洗以及电解脱脂清洗等。后者清洗能力虽强，但对滤芯有腐蚀性，必须慎用。在洗后须用水洗等方法尽快清除溶剂。

②用机械及物理方法清洗：

a. 用毛刷清扫。应采用柔软毛刷除去滤芯的污垢，过硬的钢丝刷会将网式、线隙式的滤芯损坏，使烧结式滤芯烧结颗粒刷落。此法不适用纸质滤油器，一般与溶剂清洗相结合，如图5-32所示。

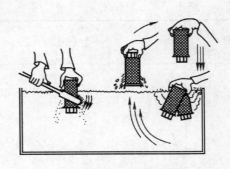

b. 超声波清洗。超声波作用在清洗液中，可将滤芯上污垢除去，但滤芯是多孔物质，有吸收超声波的性质，可能会影响清洗效果。

c. 加热挥发法。有些滤油器上的积垢，用加热方法可以除去，但应注

图 5-32　用毛刷、溶剂清洗滤油器

意在加热时不能使滤芯内部残存有炭灰及固体附着物。

d. 用压缩空气吹。用压缩空气在滤垢积层反面吹出积垢，采用脉动气流效果更好。

e. 用水压清洗。方法与 d. 同，二法交替使用效果更好。

③酸处理法。采用此法时，滤芯应为用同种金属的烧结金属。对于铜类金属（青铜），常温下用光辉浸渍液（H_2SO_4 43.5%、HNO_3 37.2%、HCl 0.2%，其余水）将表面的污垢除去；或用 H_2SO_4 20%，HNO_3 30%，其余水配成的溶液，将污垢除去后，放在由 Cr_2O_3、H_2SO_4 和水配成的溶液中，使其生成耐腐蚀性膜。

对于不锈钢类金属用 HNO_3 25%、HCl 1%，其余水配成的溶液将表面污垢除去，然后在浓 HNO_3 中浸渍，将游离的铁除去，同时在表面生成耐腐蚀性膜。

（5）各种滤芯的清洗步骤和更换：

①纸质滤芯根据压力表或堵塞指示器指示的过滤阻抗，更换新滤芯，一般不清洗。

②网式和线隙式滤芯　清洗步骤为溶剂脱脂→毛刷清扫→水压清洗→气压吹净→干燥→组装。

③烧结金属滤芯可先用毛刷清扫，然后溶剂脱脂（或用加热挥发法，400℃以下）→水压及气压吹洗（反向压力 0.4～0.5MPa）→酸处理→水压、气压吹洗→气压吹净脱水→干燥。

拆开清洗后的滤油器，应在清洁的环境中，按拆卸顺序组装起来。若须更换滤芯的应按规格更换，规格包括外观和材质相同，过滤精度及耐压能力相同等。对于滤油器内所用密封件要按材质规格更换，并注意装配质量，否则会产生泄漏、吸油和排油损耗以及吸入空气等故障。

28. 皮囊式蓄能器的故障现象及排除方法有哪些?

答：皮囊式蓄能器具有体积小、质量轻、惯性小、反应灵敏等优点，目前

应用最为普遍。下面以 NXQ 型皮囊式蓄能器为例,说明蓄能器的故障现象及排除方法。其他类型的蓄能器可参考进行。

(1) 皮囊式蓄能器压力下降严重,经常需要补气。皮囊式蓄能器,皮囊的充气阀为单向阀的形式,靠密封锥面密封,如图 5-33 所示。当蓄能器在工作过程中受到振动时,有可能使阀芯松动,使密封锥面 1 不密合,导致漏气。阀芯锥面上拉有沟槽,或者锥面上黏有污物,均可能导致漏气。此时可在充气阀的密封盖 4 内垫入厚 3mm 左右的硬橡胶垫 5,以及采取修磨密封锥面使之密合等措施解决。

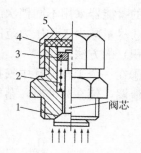

1. 密封锥面;2. 弹簧;3. 螺母;
4. 密封盖;5. 硬橡胶垫

图 5-33　蓄能器皮囊气阀简图

另外,如果出现阀芯上端螺母 3 松脱,或者弹簧 2 折断或漏装的情况,有可能使皮囊内氮气顷刻泄完。

(2) 皮囊使用寿命短。其影响因素有:皮囊质量、使用的工作介质与皮囊材质的相容性;或者有污物混入;选用的蓄能器公称容量不合适(油口流速不能超过 7m/s);油温太高或过低;作储能用时,往复频率是否超过 1 次/10秒,超过则寿命开始下降,若超过 1 次/3 秒,则寿命急剧下降;安装是否良好,配管设计是否合理等。另外,为了保证蓄能器在最小工作压力 p_1 时能可靠工作,并避免皮囊在工作过程中常与蓄能器下端的菌型阀相碰撞,延长皮囊的使用寿命,充气压力 p_0 一般应在 $0.75 \sim 0.9 p_1$ 的范围内选取;为避免在工作过程中皮囊的收缩和膨胀的幅度过大而影响使用寿命,充气压力 p_0 应超过最高工作压力 p_2 的 25%。

(3) 蓄能器不起作用。产生原因主要是气阀漏气严重、皮囊内根本无氮气以及皮囊破损进油。另外当 $p_0 \geq p_2$,即最大工作压力过低时,蓄能器完全丧失储能功能(无能量可储)。

排除办法是:检查气阀的气密性,发现泄气,应加强密封,并加补氮气;若气阀处泄油,则很可能是皮囊破裂,应予以更换;当 $p_0 \geq p_2$ 时,应降低充气压力或者根据负载情况提高工作压力。

(4) 吸收压力脉动的效果差。为了更好地发挥蓄能器对脉动压力的吸收作用,蓄能器与主管路分支点的连接管道要短,通径要适当大些,并要安装在靠近脉动源的位置。否则,它消除压力脉动的效果就差,有时甚至会加剧压力脉动。

(5) 蓄能器释放出的流量稳定性差。蓄能器充放液的瞬时流量是一个变量,特别是在大容量且 $\Delta p = p_2 - p_1$ 范围又较大的系统中,若要获得较恒定的和较大的瞬时流量时,可采用下述措施:

①在蓄能器与执行元件之间加入流量控制元件。

②用几个容量较小的蓄能器并联，取代一个大容量蓄能器，并且几个容量较小的蓄能器采用不同档次的充气压力。

③尽量减少工作压力范围 Δp，也可以采用适当增大蓄能器结构容积（公称容积）的方法。

④在一个工作循环中安排好足够的充液时间，减少充液期间系统其他部位的内泄漏，使在充液时，蓄能器的压力能迅速和确保能升到 p_2，再释放能量。

第六章　液压和气动基本回路

1. 何谓液压基本回路？常见的液压基本回路有哪几类？各起什么作用？

答： 液压基本回路是由有关液压元件组成，能够完成某种特定功能的基本油路。液压回路按功能不同，基本回路可分为速度控制回路、压力控制回路、方向控制回路及多缸动作回路等。常见液压基本回路作用见表 6 - 1。

表 6 - 1　　　　　　　　　　　常见液压基本回路类型及作用

类　型	作　　　用
速度控制回路	液压系统中用以控制调节执行元件运动速度的回路，称为速度控制回路。速度控制回路是液压系统的核心部分，其工作性能的好坏对整个系统性能起着决定性的作用。这类回路包括调节液压执行元件的速度的调速回路，使之获得快速运动的快速运动回路和工作进给速度，以及工作进给速度之间的速度换接回路等
压力控制回路	压力控制回路在液压系统中不可缺少，它是利用压力控制阀来控制系统整体或某一部分的压力，以满足液压系统不同执行元件对工作压力的不同要求。压力控制回路主要有调压回路、减压回路、卸荷回路、平衡回路、保压回路等
方向控制回路	方向控制回路用来控制液压系统各油路中液流的接通、切断或改变流向，从而使执行元件启动、停止或变换运动方向。方向控制回路主要包括换向回路和锁紧回路等
多缸动作回路	在液压系统中，如果由一个油源给多个液压执行元件输送压力油，这些执行元件会因压力和流量的彼此影响而在动作上相互牵制，必须使用一些特殊的回路才能实现预定的动作要求。常见的这类回路主要有顺序动作回路、同步动作回路、多执行元件互不干扰回路

2. 液压执行元件的运动速度如何调节？常用的调整方法有哪些？

答： 调速是为了满足液压执行元件对工作速度的要求，在不考虑管路变形、油液压缩性和回路各种泄漏因素的情况下，液压缸和液压马达的速度存在如下关系：

液压缸的速度：
$$v = \frac{q}{A}$$

液压马达的速度：$n=\dfrac{q}{V_M}$

式中　q——输入液压缸或液压马达的流量；

　　　A——液压缸的有效作用面积；

　　　V_M——液压马达的排量。

由以上两式可知，要调节液压缸或液压马达的工作速度，可以改变输入执行元件的流量，也可以改变执行元件的几何参数。对一几何尺寸已经确定的液压缸或定量液压马达来说，要改变其有效作用面积或排量是困难的，因此，一般只能用改变输入液压缸或定量液压马达流量大小的办法来对其进行调速；对变量液压马达来说，既可以采用改变其输入流量的办法来调速，也可以在其输入流量不变的情况下改变马达排量的办法来调速。因此，常用的调速回路有节流调速、容积调速和容积节流调速三种。

3. 节流调速回路的工作原理是什么？有何分类？

答：节流调速回路的工作原理是通过改变回路中流量控制元件（节流阀和调速阀）通流截面积的大小来控制流入执行元件或自执行元件流出的流量，以调节其运动速度。根据流量阀在回路中的位置不同，分为进油节流调速、回油节流调速和旁路节流调速三种回路。前两种调速回路由于在工作中回路的供油压力不随负载变化而变化，故又称为定压式节流调速回路；而旁路节流调速回路中，由于回路的供油压力随负载的变化而变化，故又称为变压式节流调速回路。

4. 什么是并联节流调速回路？有何工作特征？其特点与应用场合如何？

答：（1）并联节流调速回路是指将流量阀并接在液压泵近旁的分支油路上构成的节流调速回路，故又称为旁路节流调速回路，如图 6-1 所示。

（2）并联节流调速回路的工作特征如下：

①采用定量泵供油（泵的流量为 q_p）。

②节流阀并联在主油路分支油路上，通过调节节流阀的通流面积 A_T 实现分流（旁路）调速，分流流量为 q_T，分流流量越大，液压缸速度越低。

③忽略管路损失，回路的工作压力 p_1、泵的供油压力 p_p 和节流阀前后压差 Δp_T 相等且会随负载 F 的变化而变化，故又称为变压式节流调速回路。

④溢流阀用于限定回路的最大压力，作安全阀使用，只有过载时才打开。

（3）采用节流阀的并联节流调速回路结构简单、价廉；但回路工作压力亦即节流阀前后压差因负载变化而变化，速度负载特性为一下凹抛物线（如图 6-2 所示），故速度平稳性较差；回路只有节流损失而无溢流损失，主油路内没有节流损失和发热现象，故适宜在高速、重载、负载变化不大、对运动平稳性要求不高的液压系统中使用，但是不能承受超负载。

将回路中的节流阀改用调速阀，此时的速度负载特性为一倾斜直线（如图

6-2所示），则可提高并联节流调速回路的速度平稳性。

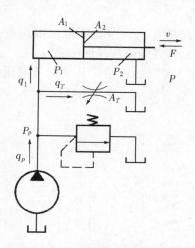

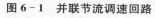

图 6-1　并联节流调速回路

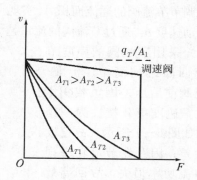

图 6-2　并联节流调速回路的速度负载特性

5. 什么是串联节流调速回路？有哪些工作特征？其特点与应用场合如何？

答：（1）串联节流调速回路是指将流量阀串接在执行元件的进油路或回油路上构成的节流调速回路，如图 6-3 所示。

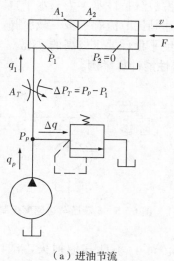

（a）进油节流

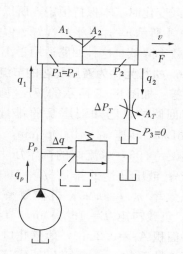

（b）回油节流

图 6-3　串联节流调速回路

（2）串联节流调速回路的工作特征如下：

①使用定量泵供油（泵的流量为 q_P）。

②泵出口必须并联一个溢流阀，回路中泵的压力 p_P 由溢流阀设定后基本上保持恒定不变，故又称为定压式节流调速回路。

③泵输出的油液一部分（称液压缸的输入流量 q_1）经节流阀进入液压缸工作腔，推动活塞运动，多余的油液（流量为 Δq）经溢流阀排回油箱。

④调节节流阀的通流面积 A_T 实现调节通过节流阀的流量，从而调节液压缸的运动速度 v，通过节流阀的流量越大，液压缸的运动速度 v 越高。

（3）采用节流阀的串联节流调速回路结构简单、价廉；但节流阀前后压差因负载变化而变化，速度负载特性为一抛物线（如图 6-4 所示）故速度平稳性差；因存在节流功率损失和溢流功率损失，故回路效率较低。这种回路只适宜在小功率（通常≤3kW）、轻载且负载变化不大、低速的中低压系统中使用。

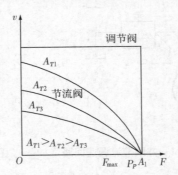

图 6-4　进油节流调速回路的速度负载特性曲线

采用调速阀的串联节流调速回路，由于调速阀中的节流阀前后压差在液压缸负载变化时基本保持恒定，所以回路的速度负载特性基本为一水平直线（如图 6-4 所示），速度平稳性好。但是，因调速阀比节流阀中多一减压阀，故回路的效率降低。这种回路适用于小功率和速度平稳性要求较高的系统。

6. 执行元件为液压马达的节流调速回路性能计算举例。

答： 如图 6-5 所示的液压马达速度控制回路中，已知液压泵的排量 $V_P=105$mL/r，转速 $n_P=1000$r/min，容积效率 $\eta_{PV}=0.95$，溢流阀的调定压力 $P_S=7$MPa；液压马达的排量 $\eta_M=160$mL/r，容积效率 $\eta_{MV}=0.95$，机械效率 $\eta_{Mm}=0.8$，负载转矩 $T=16$N·m，节流阀的开口面积 $A_T=0.2$cm^2，薄壁孔口式节流

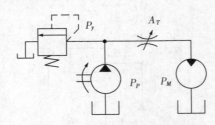

图 6-5　5液压马达速度控制回路

阀的流量系数 $C_d=0.62$，油密度 $\rho=900$kg/m^3，不计其他损失，试计算：
①通过节流阀的流量 q_T；②液压马达的转速 n_M；③液压马达的输出功率 P_{MO}；④回路效 η_C。

解： 此回路是进油节流调速回路，由于液压马达的出口油液直接排入油箱，故马达的进出口压差等于进口压力 P_M，即：

$$p_M = \frac{2\pi T}{V_M \eta_{Mm}} = \frac{2\pi \times 16}{160 \times 10^{-6} \times 0.8} \text{Pa}$$

$$= 0.785 (\text{MPa})$$

①通过节流阀的流量为：

$$q_T = C_d A_T \sqrt{\frac{2}{\rho}(p_S - p_M)}$$

$$= 0.62 \times 0.2 \times 10^{-4} \times \sqrt{\frac{2}{900}(7 \times 10^6 - 0.785 \times 10^6)}$$

$$= 14.57 \times 10^{-4} (\text{m}^3/\text{s})$$

②液压马达的转速为：

$$n_M = \frac{q_T \eta_{MV}}{V_M} = \frac{14.57 \times 10^{-4} \times 0.95}{160 \times 10^{-6}} \text{r/s} = 519 (\text{r/min})$$

③液压马达的输出功率为：

$$P_{MO} = 2\pi n_M T = 2\pi \times \frac{519}{60} \times 16 = 0.869 (\text{kW})$$

④回路效率 η_C 为液压马达的输入功率 P_{Mi} 与液压泵的输出功率 P_P 之比，即：

$$\eta_C = \frac{P_1}{P_P} = \frac{p_M q_T}{p_S q_P} = \frac{p_M q_T}{p_S V_P n_P \eta_{PV}}$$

$$= \frac{0.785 \times 14.57 \times 10^{-4}}{7 \times 105 \times 10^{-6} \times \frac{1000}{60} \times 0.95} = 7.71\%$$

7. 执行元件为液压缸的节流调速回路性能计算举例。

答： 已知图 6 - 3 （a）所示的进油节流调速回路和图 6 - 1 所示的并联节流调速回路中，液压泵的流量 $q_p = 1.0 \times 10^{-3}$ m³/s，溢流阀调定压力 $p_S = 2.4$MPa（假设无压力超调），液压缸无杆腔面积 $A_1 = 0.05$m²，外负载 $F = 10$kN，薄壁孔口式节流阀的开口面积为 $A_T = 0.08 \times 10^{-4}$ m²，流量系数 $C_d = 0.62$，油液密度 $\rho = 870$kg/m³，试求：①活塞的运动速度；②溢流阀的溢流量；③回路的功率损失；④回路的效率。并对计算结果进行分析。

解：（1）进油节流调速回路的性能计算：

负载压力为 $p_1 = \frac{F}{A_1} = \frac{10000}{0.05} = 0.2 \times 10^6$（MPa），液压泵的供油压力即为溢流阀调定压力 $p_S = 2.4$MPa。

而负载流量（即通过节流阀的流量）为：

$$q_1 = C_d A_T \sqrt{\frac{2}{\rho}(p_S - p_1)}$$

$$= 0.62 \times 0.08 \times 10^{-4} \times \sqrt{\frac{2}{870}(2.4 \times 10^6 - 0.2 \times 10^6)}$$

$$= 0.35 \times 10^{-3} \, (\text{m}^3/\text{s})$$

①活塞的运动速度为：

$$v = \frac{q_1}{A_1} = \frac{0.35 \times 10^{-3}}{0.05} = 7 \times 10^{-3} \, (\text{m/s})$$

②溢流阀的溢流量 Δq 为液压泵的流量与负载流量的差，即：

$$\Delta q = q_p - q_1 = 1.0 \times 10^{-3} - 0.35 \times 10^{-3} = 0.65 \times 10^{-3} \, (\text{m}^3/\text{s})$$

③因为回路的负载功率为：

$$P_1 = p_1 q_1 = 0.2 \times 10^6 \times 0.35 \times 10^{-3} = 0.07 \times 10^3 \, (\text{W})$$

液压泵的输出功率为：

$$P_P = p_s q_P = 2.4 \times 10^6 \times 1.0 \times 10^{-3} = 2.4 \times 10^3 \, (\text{W})$$

故回路的功率损失为：

$$\Delta P = P_P - P_1 = 2.4 \times 10^3 - 0.07 \times 10^3 = 2.33 \times 10^3 \, (\text{W})$$

④回路效率 η_C 为负载功率与液压泵输出功率之比，即：

$$\eta_C = \frac{P_1}{P_P} = \frac{0.07}{2.23} = 0.3$$

（2）并联节流调速回路的性能计算：

负载压力（亦即液压泵供油压力）与进油节流调速回路相同，即：

$$p_1 = \frac{F}{A_1} = \frac{10000}{0.05} = 0.2 \times 10^6 \, (\text{MPa})$$

通过节流阀的流量为：

$$q_T = C_d A_T \sqrt{\frac{2}{\rho}(p_P - 0)} = C_d A_T \sqrt{\frac{2}{\rho} \times p_1}$$

$$= 0.62 \times 0.08 \times 10^{-4} \times \sqrt{\frac{2}{870} \times 0.2 \times 10^6}$$

$$= 0.106 \times 10^{-3} (\text{m}^3/\text{s})$$

负载流量为液压泵的流量与节流阀的流量之差，即：

$$q_1 = p_P - q_T = 1.0 \times 10^{-3} - 0.106 \times 10^{-3} = 0.894 \times 10^{-3} \, (\text{m}^3/\text{s})$$

①活塞的运动速度为：

$$v = \frac{q_1}{A_1} = \frac{0.894 \times 10^{-3}}{0.05} = 17.88 \times 10^{-3} \, (\text{m/s})$$

②溢流阀关闭，故溢流量：

$$\Delta q = 0$$

③因为回路的负载功率为：

$$P_1 = p_1 q_1 = 0.2 \times 10^6 \times 0.894 \times 10^{-3} = 0.178 \times 10^3 \, (\text{W})$$

液压泵的输出功率为：

$$P_P = p_s q_P = 0.2 \times 10^6 \times 1.0 \times 10^{-3} = 0.2 \times 10^3 \ (\text{W})$$

故回路的功率损失为：

$$\Delta P = P_P - P_1 = 0.2 \times 10^3 - 0.178 \times 10^3 = 0.022 \times 10^3 \ (\text{W})$$

④回路效率 η_C 仍为负载功率与液压泵输出功率之比，即：

$$\eta_C = \frac{P_1}{P_P} = \frac{0.178}{0.2} = 0.89$$

（3）比较上述计算结果可知，进油节流调速回路要比并联节流调速回路的效率低得多，主要原因是由于进油节流调速回路存在溢流和节流这两部分功率损失，并联节流调速回路只存在节流功率损失。

8. 何谓开式、闭式回路？容积调速回路有什么特点？常见的容积调速回路有哪些类型？

答：容积调速回路按其油路循环的方式不同，分为开式循环回路和闭式循环回路两种形式。在开式回路中，液压泵从油箱吸油，执行元件的回油直接回油箱。这种回路结构简单，油液在油箱中能得到充分冷却，但油箱体积较大，空气和脏物易进入回路。在闭式回路中，执行元件的回油直接与泵的吸油腔相连，结构紧凑，只需很小的补油箱，空气和脏物不易进入回路，但油液的冷却条件差，需附设辅助泵补油、冷却和换油等。补油泵的流量一般为主泵流量的10%～15%，压力通常为 0.3～1.0MPa。

容积调速回路是用改变泵或马达的排量来实现调速的。其主要优点是没有节流损失和溢流损失，因而效率高，油液温升小，适用于高速、大功率调速系统；缺点是变量泵和变量马达的结构复杂，成本较高。

容积调速回路按变量元件不同分为三种：变量泵-定量液压执行元件调速回路；定量泵-变量马达调速回路；变量泵-变量马达调速回路。

（1）变量泵和定量液压执行元件容积调速回路。如图6-6所示为变量泵和定量液压执行元件组成的容积调速回路，其中，图6-6（a）所示的执行元件为液压缸，改变变量泵1的排量可实现对液压缸的无极调速，单向阀3用来防止停机时油液倒流入油箱和空气进入系统。图6-6（b）所示的执行元件为液压马达，且是闭式回路，补油箱8将冷却油送入回路，而从溢流阀9溢出回路中多余的热油，进入油箱冷却。

①执行元件的速度-负载特性。这种回路泵的转速 n_p 和活塞面积 A_1（马达排量 V_M）为常数，当不考虑泵以外的元件和管道的泄漏时，执行元件的速度 υ 为：

$$\upsilon = \frac{Q_p}{A_1} = \frac{Q_t - k_1 F/A_1}{A_1}$$

式中　Q_p——变量泵的输出流量；

　　　Q_t——变量泵的理论流量；

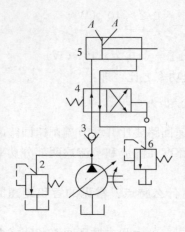
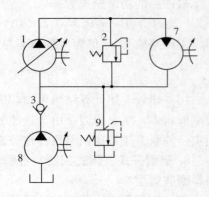

（a）变量泵-缸回路　　　　　　　　　　　（b）变量泵-定量马达回路

1. 变量泵；2. 安全阀；3. 单向阀；4. 换向阀；5. 液压缸；
6. 背压阀；7. 定量泵；8. 补油泵；9. 溢流阀

图 6 - 6　变量泵-缸（定量马达）回路

　　k_1——变量泵的泄漏系数；

　　F——负载。

　　将上式按不同的 Q_t 值可作出一组平行直线，即速度-负载特性曲线，如图 6 - 7 所示。由图可见，由于变量泵有泄漏，执行元件运动速度 v 会随负载 F 的增大而减小，即速度刚性要受负载变化的影响。负载增大到某值时，执行元件停止运动，如图 6 - 7（a）所示，表明这种回路在低速下的承载能力很差。所以，在确定该回路的最低速度时，应将这一速度排除在调速范围之外。

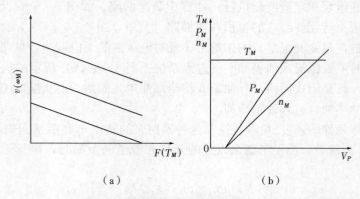

（a）　　　　　　　　　　　（b）

图 6 - 7　变量泵-缸（定量马达）回路

　　②执行元件的输出力 F（或转矩 T_M）和功率 P_M。如图 6 - 7（b）所示，

改变泵的排量 V_p 可使 n_M 和 P_M 成比例的变化。输出转矩（或力）及回路的工作压力 p 都由负载决定，不因调速而发生变化，故称这种回路为等转矩（等推力）调速回路。由于泵和执行元件有泄漏，所以当 V_p 还未调到零值时，实际的 n_M、T_M（F）和 P_M 也都为零值。这种回路若采用高质量的轴向柱塞变量泵，其调速范围 R_B（即最高转速和最低转速之比）可达 40；当采用变量叶片泵时，其调速范围仅为 5～10。

（2）定量泵和变量马达调速回路。如图 6-8（a）所示为由定量泵和变量马达组成的容积调速回路。定量泵 1 输出流量不变，改变变量马达 3 的排量 V_M 就可以改变液压马达的转速。2 是安全阀，4 是补油泵，5 为调节补油压力的溢流阀。在这种调速回路中，由于液压泵的转速和排量均为常数，当负载功率恒定时，马达输出功率

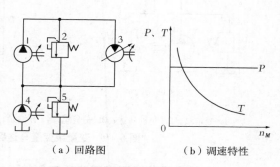

（a）回路图　　　（b）调速特性

1. 定量泵；2. 安全阀；3. 变量马达；
4. 补油泵；5. 溢流阀

图 6-8　定量泵变量马达容积调速回路

P_M 和回路工作压力 p 都恒定不变，而马达的输出转矩与 V_M 成正比，输出转速与 V_M 成反比。所以这种回路称为恒功率调速回路，其调速特性如图 6-8（b）所示。

这种回路调速范围很小，且不能用来使马达实现平稳的反向。所以这种回路很少单独使用。

（3）变量泵和变量马达调速回路。如图 6-9（a）所示为采用双向变量泵和双向变量马达的容积调速回路。单向阀 6 和 8 用于使补油泵 4 能双向补油，单向阀 7 和 9 使安全阀 3 在两个方向都能起过载保护作用。这种调速回路是上述两种调速回路的组合。由于泵和马达的排量均可改变，故增大了调速范围，并扩大了液压马达输出转矩和功率的选择余地，其调速特性曲线如图 6-9（b）所示。

一般工作部件都在低速时要求有较大的转矩，因此，这种系统在低速范围内调速时，先将液压马达的排量调得最大，使马达获得最大输出转矩，由小到大改变泵的排量，直至达到最大值，液压马达转速随之升高，输出功率线性增加，此时液压回路处于横转矩输出状态；若要进一步加大液压马达转速，则可改变变量马达的排量由大到小，此时输出转矩随之降低，而泵则处于最大功率输出状态不变，这时液压回路处于恒功率输出状态。

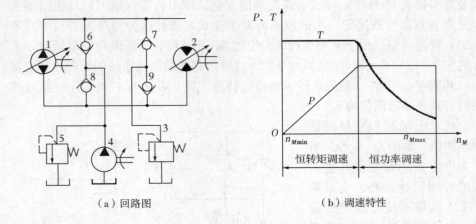

(a) 回路图　　　　　　　　　　　　(b) 调速特性

1. 变量泵；2. 变量马达；3. 安全阀；4. 补油泵；5. 溢流阀；6、7、8、9. 单向阀

图 6-9　变量泵变量马达容积调速回路

9. 什么是容积节流调速回路？有何特点？举例说明其原理和应用场合。

答： 容积节流调速回路采用压力补偿变量泵供油，用节流阀或调速阀调定流入或流出液压缸的流量，以调节活塞的运动速度，并使变量泵的输油量自动与液压缸所需流量相适应。这种调速回路没有溢流损失，效率较高，速度稳定性也比单纯的容积调速回路好。

（1）限压式变量泵与调速阀组成的容积节流调速回路。如图 6-10（a）所示，空载时，变量泵以最大流量输出，经电磁阀 3 进入液压缸使其快速运动。工进时，电磁阀 3 通电使其所在油路断开，压力油经调速阀流入液压缸内。工进结束后，压力继电器 5 发信号，使阀 3 换向，调速阀被短接，液压缸快退。

当回路处于工进阶段时，液压缸的运动速度由调速阀中节流阀的通流面积 A_T 来控制。变量泵的输出流量 Q_p 和出口压力 p_p 自动保持相应的恒定值，故又称此回路为定压式容积节流调速回路。

这种回路适用于负载变化不大的中、小功率场合，如组合机床的进给系统等。

（2）差压式变量泵和节流阀组成的容积节流调速回路。如图 6-10（b）所示，设 p_p、p_1 分别表示可调节流阀 12 前、后的压力，F_s 为控制缸 10 中的弹簧力，A 为控制缸 10 活塞右端面积，A_1 为控制缸 7 和控制缸 10 的柱塞面积，则作用在泵定子上的力平衡方程式为：

$$p_p A_1 + p_p (A - A_1) = p_1 A + F_s$$

故得节流阀前后压差为：

$$\Delta p = p_p - p_1 = F_s / A$$

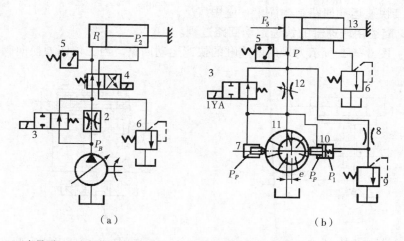

(a)　　　　　　　　　　　　　　　(b)

1、11. 变量泵；2. 调速阀；3. 电磁阀；4. 二位四通电磁换向阀；5. 压力继电器；6. 背压阀；
　　7、10. 控制缸；8. 不可调节流阀；9. 溢流阀；12. 可调节流阀；13. 液压缸

图 6-10　容积节流调速回路

　　系统在图示位置时，泵排出的油液经电磁阀 3 进入液压缸 13，故 $p_p = p_1$，变量泵的定子仅受弹簧力 F_s 的作用，因而使定子与转子间的偏心距 e 为最大，变量泵的流量最大，液压缸 13 实现快进。

　　快进结束，1YA 通电，电磁阀 3 关闭，变量泵的油液经可调节流阀 12 进入液压缸 13，故 $p_p > p_1$，定子右移，使 e 减小，泵的流量自动减小至与可调节流阀 12 调定的开度相适应为止。液压缸 13 实现慢速工进。

　　由于弹簧刚度小，工作中伸缩量也很小（$\leqslant e$），所以 F_s 基本恒定，由上式可知，节流阀前后压差 Δp 基本上不随外负载而变化，经过节流阀的流量也近似等于常数。

　　当外负载 F 增大（或减小）时，液压缸 13 工作压力 p_1 就增大（或减小），则变量泵的工作压力 p_p 也相应增大（或减小），故称此回路为变压式容积节流调速回路。由于变量泵的供油压力随负载而变化，回路中又只有节流损失，没有溢流损失，因而其效率比限压式变量泵和调速阀组成的调速回路要高。这种回路适用于负载变化大，速度较低的中、小功率场合，如组合机床进给系统等。

　　10. 简述液压缸差动连接的快速运动回路的动作过程。

　　答：如图 6-11 所示为利用具有 P 型中位机能的三位四通电磁换向阀的差动连接快速运动回路。当电磁铁 1YA 和 2YA 均不通电使三位四通电磁换向阀 3 处于中位时，液压缸 4 由阀 3 的 P 型中位机能实现差动连接，液压缸快速向前运动；当电磁铁 1YA 通电使阀 3 切换至左位时，液压缸 4 转为慢速前进。

差动连接快速运动回路结构简单，应用广泛。

11. 简述用增速缸的快速运动回路过程。

答：图 6-12 所示为采用增速缸的快速运动回路。当三位四通换向阀左位

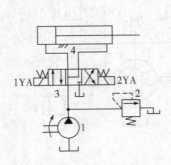

1. 液压泵；2. 溢流阀；
3. 三位四通电磁换向阀；4. 液压缸

图 6-11 液压缸差动连接快速运动回路

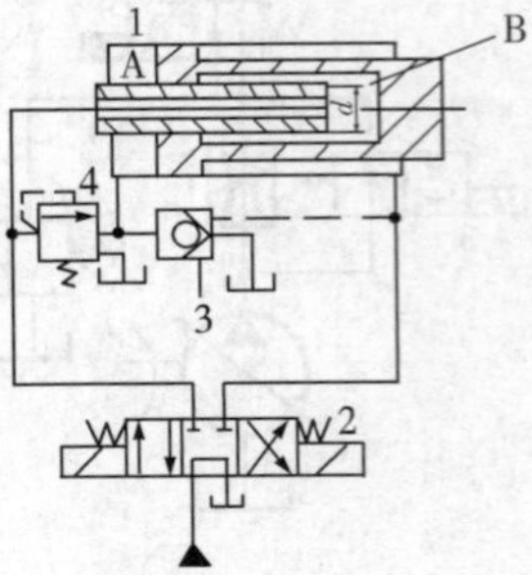

1. 增速缸；2. 三位四通换向阀；
3. 液控单向阀；4. 顺序阀

图 6-12 用增速缸的快速运动回路

接入系统时，压力油经增速缸中的柱塞的通孔进入 B 腔，使活塞快速伸出，速度为 $v=4Q_p/\pi d^2$（d 为柱塞外径），A 腔中所需油液经液控单向阀 3 从辅助油箱吸入。活塞 2 伸出到工作位置时，由于负载加大，压力升高，打开顺序阀 4，高压油进入 A 腔，同时关闭单向阀 3。此时活塞杆 B 在压力油作用下继续外伸，但因有效面积加大，速度变慢而推力加大。这种回路常被用于液压机系统中。

12. 简述使用蓄能器的快速动作回路过程。

答：如图 6-13 所示为采用蓄能器的快速运动回路，采用蓄能器的目的是可以用流量较小的液压泵。当系统中短期需要大流量时，泵 1 和蓄能器 4 共同向缸 6 供油；当系统停止工作时，换向阀 5 处在中位，泵便经单向阀 3 向蓄能器供油，蓄能器压力升高后，控制液控顺序阀 2，使泵卸荷。

13. 简述高低压双泵供油快速运动回路过程。

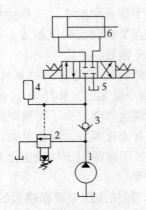

1. 液压泵；2. 液控顺序阀；3. 单向阀；
4. 蓄能器；5. 三位四通换向阀；6. 液压缸

图 6-13 采用蓄能器的快速运动回路

答：如图 6-14 所示为双泵供油快速运动回路，图中 1 是大流量泵，2 是小流量泵，在快速运动时，泵 1 输出的油液经单向阀 4 与泵 2 输出的油液共同向系统供油；工作行程时，系统压力升

高，打开液控顺序阀 3 使泵 1 卸荷，由泵 2 单独向系统供油。系统的工作压力由溢流阀 5 调定。单向阀 4 在系统工作时关闭。这种双泵供油回路的优点是功率损耗小，系统效率高，因而应用较为普遍。

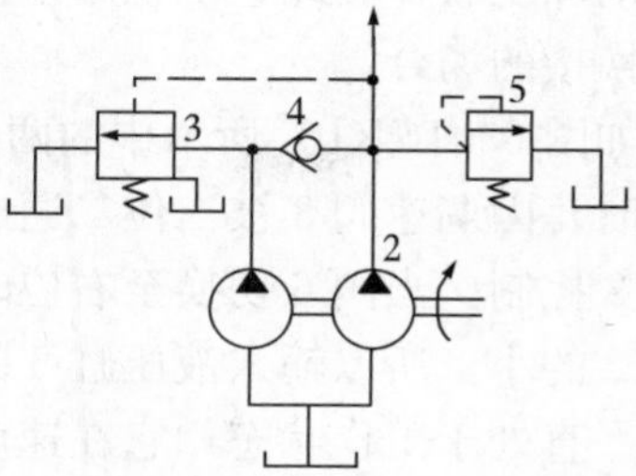

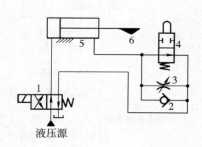

1. 大流量泵；2. 小流量泵；3. 顺序阀；
4. 单向阀；5. 溢流阀；
图 6 - 14　双液压泵供油回路

14. 何谓速度换接回路？常见的有哪两种？

答：速度换接回路的作用是使液压执行元件在一个工作循环中从一种运动速度变换成另一种运动速度。常见的转换包括快、慢速的换接和二次慢速之间的换接。

15. 快、慢速换接回路的速度变换如何？有何特点？

答：如图 6 - 15 所示为采用行程阀的快、慢速换接回路。二位四通电磁换向阀 1 断电处于图示右位时，液压缸 5 快进。当与活塞连接的挡块 6 压下常开的行程阀 4 时，行程阀关闭（上位），液压缸 5 有杆腔油液必须通过节流阀 3 才能流回油箱，因此活塞转为慢速。当阀 1 通电切换至左位时，压力油经单向阀 2 进入液压缸的有杆腔，活塞快速向右返回。这种回路的快、慢速的换接过程比较平稳，换接点的位置较准确，但其缺点是行程阀的安装位置不能任意布置，管路连接

1. 二位四通电磁换向阀；2. 单向阀；
3. 节流阀；4. 行程阀；
5. 液压缸；6. 挡块
图 6 - 15　用行程阀的快、慢速换接回路

较为复杂。若将行程阀 4 改为电磁阀，并通过用挡块压下电气行程开关来操纵，也可实现快、慢速的换接，其优点是安装连接比较方便，但速度换接的平稳性、可靠性以及换向精度比采用行程阀差。

16. 二次工进慢速的换接回路是如何将Ⅰ工进转为Ⅱ工进的？

答：如图 6 - 16 所示为采用两个调速阀的二次工进速度的换接回路。图 6 - 16 （a）所示中的两个调速阀 2 和 3 并联，由二位三通电磁换向阀 4 实现速度换接。在图示位置，输入液压缸 5 的流量由调速阀 2 调节。当阀 4 切换至右位时，输入液压缸 5 的流量由调速阀 3 调节。当一个调速阀工作，另一个调速阀没有油液通过时，没有油液通过的调速阀内的定差减压阀处于最大开口位置，所以在速度换接开始的瞬间会有大量油液通过该开口，而使工作部件产生

突然前冲现象，因此它不宜用于在工作过程中进行速度换接，而只用于预先有速度换接的场合。

如图 6-16（b）所示中的两个调速阀 2 和 3 串联。在图 6-16（b）所示位置时，因调速阀 3 被二位二通电磁换向阀 6 短路，输入液压缸 5 的流量由调速阀 2 控制。当阀 6 切换至右位时，由于人为调节使通过调速阀 3 的流量比调速阀 2 的小，所以输入液压缸 5 的流量由调速阀 3 控制。这种回路中由于调速阀 2 一直处于工作状态，它在速度换接时限制了进入调速阀 3 的流量，因此它的速度换接平稳性较好，但由于油液经过两个调速阀，所以能量损失也较大。

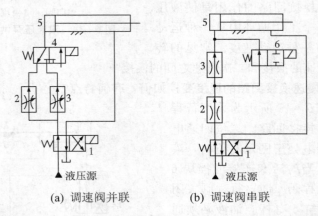

(a) 调速阀并联   (b) 调速阀串联

1. 二位四通电磁换向阀；2、3. 调速阀；4. 二位三通电磁换向阀；5. 液压缸；6. 二位二通电磁换向阀

图 6-16　采用两个调速阀的二次工进速度换接回路

17. 调压回路的功用是什么？常用的调压回路有哪些类型？

答：调压回路用来调定或限制液压系统的最高工作压力，或者使执行元件在工作过程中的不同阶段能够实现多种不同的压力变换。这一功能在定量泵系统中一般由溢流阀来实现。在变量泵系统中，用安全阀来限定系统的最高压力，防止系统过载。若系统需要两种以上的压力，可采用多级调压回路。

（1）单级调压回路。如图 6-17（a）所示，在液压泵出口处设置并联的溢流阀 1，电磁阀 4 不通电时，即为单级调压回路，压力由溢流阀 1 的调压弹簧调定。

（2）二级调压回路。如图 6-17（a）所示也可实现两种不同的压力控制，由先导式溢流阀 1 和远程调压阀 5 分别调整工作压力。当二位二通电磁阀 4 处于图示位置时，系统压力由阀 1 调定；当阀 4 通电后右位接入时，系统压力由阀 5 调定。需要注意的是，阀 5 的调定压力一定要低于阀 1 的调定压力，否则不能实现二级调压；当系统压力由阀 5 调定时，先导式溢流阀 1 的先导阀口关闭，但主阀开启，液压泵的溢流流量经主阀流回油箱。

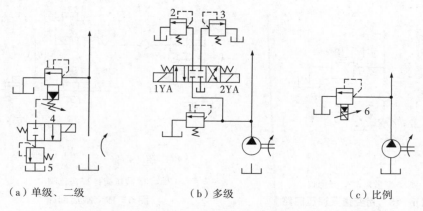

| （a）单级、二级 | （b）多级 | （c）比例 |

1、2、3. 先导式溢流阀；4. 二位二通电磁阀；5. 远程调压阀；6. 比例电磁溢流阀

图 6-17　调压回路

（3）多级调压回路。如图 6-17（b）所示，由溢流阀 1、2、3 分别控制系统的压力，从而组成了三级调压回路。当两个电磁铁均不通电时，系统压力由阀 1 调定；当 1YA 通电时，系统压力由阀 2 调定；当 2YA 通电时，系统压力由阀 3 调定。但在这种调压回路中，阀 2 和阀 3 的调定压力要低于阀 1 的调定压力，而阀 2 和阀 3 的调定压力之间没有一定的关系。

（4）比例调压回路。如图 6-17（c）所示，调节先导式比例电磁溢流阀 6 的输入电流，即可实现系统压力的无级调节，这样不但回路结构简单，压力切换平稳，而且便于实现远距离控制或程控。

（5）用变量泵调压回路。采用非限压式变量泵 1 时，系统的最高压力由安全阀 2 限定。当采用限压式变量泵时，系统的最高压力由泵调节，其值为泵处于无流量输出时的压力值，如图 6-18 所示。

18. 什么是减压回路？

答：液压系统的压力是根据系统主要执行元件的工作压力来设计的，当系统有较多的执行元件，且它们的工作压力又不完全相同时，在系统中就需要设计减压回路或增压回路来满足系统各部分的压力要求。减压回路的功用是使系统中的某一部分油路具有较低的稳定压力。常见的减压回路采用定值减压阀与主油路相连，如图 6-19（a）所示。回路中的单向阀用于防止主油路压力低于减压阀调整压力时油液倒流，起短时保压作用。减压回路中也可采用类似两级或多级调压的方式获得两级或多级减压，图 6-19（b）所示为利用先导式减压阀 1 的远程控制口接一溢流阀 2，则可由阀 1、阀 2 各调得一种低压。需要注意，阀 2 的调定压力值一定要低于阀 1 的调定压力值。

为了使减压回路工作可靠，减压阀的最低调整压力应不小于 0.5MPa，最

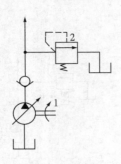

1. 变量泵；2. 安全阀

图 6-18　用变量泵调压回路

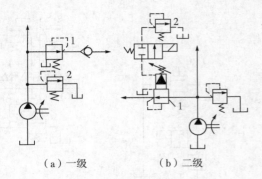

（a）一级　　　　（b）二级

1. 减压阀；2. 溢流阀

图 6-19　减压回路

高调整压力至少应比系统压力低 0.5MPa。当减压回路中的执行元件需要调速时，调速元件应放置在减压阀的后面，以避免减压阀泄漏（由减压阀泄油口流回油箱的油液）对执行元件的速度产生影响。

19. 什么是增压回路？有何特点？常用增压回路有哪些？

答：增压回路用来使系统中某一支路获得比系统压力更高的压力油。增压回路中实现油液压力放大的主要元件是增压缸，采用增压回路可节省能源，而且工作可靠、噪声小。

常用的增压回路有以下两种形式：

（1）单作用增压缸增压回路。如图 6-20（a）所示为使用单作用增压缸的增压回路，适用于单向作用力大、行程小、作业时间短的场合，如制动器、离合器等。其工作原理是，当换向阀处于右位时，增压缸 1 输出压力为 $p_2 = p_1 A_1/A_2$ 的压力油进入工作缸 2；当换向阀处于左位时，工作缸 2 靠弹簧力回程，高位油箱 3 的油液在大气压力作用下经油管顶开单向阀向增压缸 1 右腔补油。采用这种增压方式液压缸不能获得连续稳定的高压油。

（2）双作用增压缸增压回路。如图 6-20（b）所示为采用双作用增压缸的增压回路，它能连续输出高压油，适用于增压行程要求较长的场合。当工作缸 2 向左运动遇到较大负载时，系统压力升高，油液经顺序阀 4 进入双作用增压缸 5，增压缸活塞不论向左或向右运动，均能输出高压油，只要换向阀 6 不断切换，增压缸 2 就不断往复运动，高压油就连续经单向阀 7 或 8 进入工作缸右腔，此时单向阀 9 或 10 有效地隔开了增压缸的高、低压油路。工作缸 2 向右运动时增压回路不起作用。

20. 在液压系统中为何要设置卸荷回路？常用的卸荷回路有哪些？

答：卸荷回路的作用是在液压泵不停止转动时，使其输出的流量在压力很低的情况下流回油箱，以减少功率损耗，降低系统发热，延长泵和电机的寿

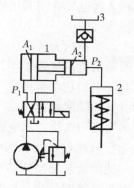

（a）单作用增压器增压回路

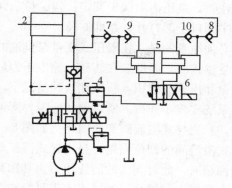

（b）双作用增压器增压回路

1. 增压器；2. 工作缸；3. 油箱；4. 顺序阀；5. 双作用增压器；6. 换向阀；7~10. 单向阀

图 6‑20　增压回路

命。这种卸荷方式称为压力卸荷。

液压泵的卸荷是指液压泵以很小的输出功率运转（$P_P = p_P q_P \approx 0$），即或以很低的压力（$P_P \approx 0$）运转，或输出很少的流量（$q_P \approx 0$）的压力油。常见的压力卸荷方式有以下几种：

（1）换向阀卸荷回路。M 型、H 型和 K 型中位机能的三位换向阀处于中位时，泵即卸荷。图 6‑21（a）所示为采用 M 型中位机能的电液换向阀的卸荷回路。这种回路切换时压力冲击小，但回路中必须设置单向阀，以使系统能保持 0.3MPa 左右的压力，供控制油路之用。

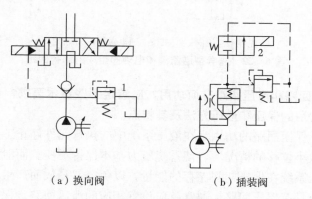

（a）换向阀　　　　　　　　（b）插装阀

1. 溢流阀；2. 二位二通电磁阀

图 6‑21　卸荷回路

（2）二通插装阀卸荷回路。图 6‑21（b）所示为二通插装阀的卸荷回路。由于二通插装阀通流能力大，因而这种卸荷回路适用于大流量的液压系统。正常工作时，泵压力由阀 1 调定。当二位二通电磁阀 2 通电后，主阀上腔接通油箱，主阀口全部打开，泵即卸荷。

必须注意的是，在限压式变量泵供油的回路中，当执行元件不工作而不需要流量输入时，泵继续在转动，输出压力最高，但输出流量接近于零。因功率是流量和压力的乘积，所以在这种情况下，驱动泵所需的功率也接近于零，就是说系统实现了卸荷。所以确切地说，所谓卸荷就是卸功率之荷。

（3）先导式溢流阀卸荷回路。如图 6-22 所示为采用二位二通电磁阀控制先导式溢流阀的卸荷回路。当先导式溢流阀 1 的远控口通过二位二通电磁阀 2 接通油箱时，此时阀 1 的溢流压力为其卸荷压力，使液压泵输出的油液以很低的压力经阀 1 和阀 2 回油箱，实现泵的卸荷。为防止系统卸荷或升压时产生压力冲击，一般在溢流阀远控口与电磁阀之间设置阻尼孔 3。这种卸荷回路可以实现远程控制，同时二位二通电磁阀可选用小流量规格，其卸荷时的压力冲击较采用二位二通电磁换向阀卸荷的冲击小一些。

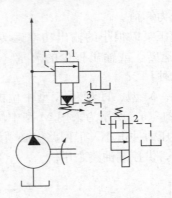

1. 先导型溢流阀；2. 二位二通电磁阀；3. 阻尼孔

图 6-22　先导型溢流阀和电磁阀组成的卸荷回路

21. 保压回路和泄压回路有何功用？应满足哪些基本要求？请举例说明在液压系统中常用的保压和泄压方法及其特点。

答：（1）保压回路的功用是在液压系统中的执行元件停止工作或仅有工件变形所产生微小位移的情况下，使系统压力基本保持不变。而泄压回路则用于缓慢释放液压系统在保压期间储存的能量，以免突然释放而产生液压冲击和噪声。只要系统具有保压回路，通常就应设置相应的泄压回路。保压回路和泄压回路常用于大型压力机的液压系统中。

（2）对保压回路的基本要求是：能够满足保压时间的要求；保压期间压力应稳定。对泄压回路的基本要求是：泄压时间尽量短；泄压时振动和噪声小。

（3）采用蓄能器可实现系统保压，其原理如图 6-23 所示。当三位四通电

252

磁换向阀 5 左位接入工作时，液压缸 6 向右运动，例如压紧工件后，进油路压力升高至调定值，压力继电器 3 发出信号使二位二通电磁阀 7 通电，泵 1 卸荷，单向阀 2 自动关闭，液压缸则由蓄能器 4 保压。缸压不足时，压力继电器复位使泵重新工作。保压时间的长短取决于蓄能器容量和压力继电器的通断调节区间，而压力继电器的通断调节区间决定了缸中压力的最高和最低值。图 6-23（b）所示为多执行元件系统中的保压回路。这种回路的支路需要保压。泵 1 通过单向阀 2 向支路输油，当支路压力升高到压力继电器 3 的调定值时，单向阀关闭，支路由蓄能器 4 保压并补偿泄漏；与此同时，压力继电器发出信号，控制换向阀（图中未画出），使泵向主油路输油，另一个执行元件开始动作。

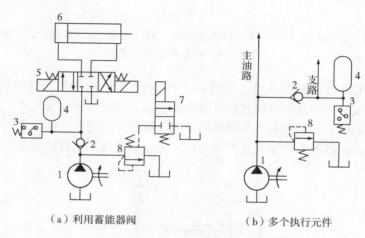

（a）利用蓄能器阀　　　　　（b）多个执行元件

1. 液压泵；2. 单向阀；3. 压力继电器；4. 蓄能器；
5. 三位四通电磁换向阀；6. 液压缸；7. 二位二通电磁阀；8. 溢流阀

图 6-23　利用蓄能器的保压回路

最基本的保压回路是如图 6-24 所示利用液控单向阀的自动补油保压回路。其工作原理是：当电磁铁 2YA 通电使换向阀 3 切换至右位，液压缸 6 上腔压力上升至电接点压力表 5 的上限值时，压力表高压触点通电，使电磁铁 2YA 断电，换向阀复至中位，液压泵 1 经阀 2 的 M 型中位卸荷，液压缸由液控单向阀 4 保压。保压期间如果液压缸上腔因泄漏等因素，压力下降到电接点压力表调定的下限值（低压触点）时，压力表又发出信号，使电磁铁 2YA 通电，液压泵恢复向液压缸上腔供油，使压力上升。而当电磁铁 1YA 通电使换向阀切换至左位时，液压缸活塞快速向上退回。这种回路能自动地保持液压缸上腔的压力在某一范围内，保压时间长，压力稳定性高，适用于液压机等保压性能要求较高的液压系统。

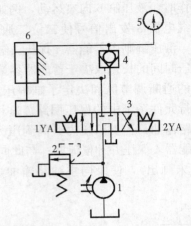

1. 液压泵；2. 溢流阀；3. 三位四通电磁换向阀；4. 液控单向阀；5. 电接点压力表；6. 液压缸

图 6 - 24　自动补油保压回路

（4）通常液压缸直径大于 250mm、压力大于 7MPa 时，其油腔在排油前就先需泄压。控制泄压可以通过延缓主换向阀的切换时间或采用液压控制等措施实现。如图 6 - 25 所示为用顺序阀控制回程压力实现泄压的回路。回路中的阀 4 为带有卸载阀芯的复式液控单向阀，保压和泄压均由此阀实现。保压完毕

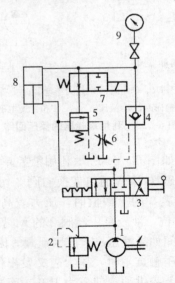

1. 液压泵；2. 溢流阀；3. 三位四通手动换向阀；4. 液控单向阀；
5. 顺序阀；6. 节流阀；7. 二位二通电磁换向阀；8. 液压缸；9. 压力表及其开关

图 6 - 25　用顺序阀控制的泄压回路

254

后手动换向阀 3 以左位接入回路，此时液压缸 8 上腔没有泄压，压力油经二位二通换向阀 7 将顺序阀 5 打开，液压泵 1 进入缸下腔的油液经顺序阀 5 和节流阀 6 回油箱，调节节流阀 6 的开度，使缸下腔压力在约 2MPa 还不足以使活塞回程，但能顶开液控单向阀 4 的卸荷阀芯，使上腔泄压。当缸上腔压力降低至小于顺序阀 5 的调压值（通常为 2～4MPa），顺序阀 5 关闭，切断泵 1 至油箱的低压循环，泵 1 压力上升，顶开液控单向阀 4 的主阀芯，活塞回程。二位二通阀 7 是为了保压过程中切断顺序阀 5 的控制油路，保证回路的保压性能。

22. 为什么要设置平衡回路？常用的平衡回路有哪些形式？

答：（1）执行元件为立置液压缸或垂直运动的工作部件时，为了防止由于其自重而超速下降，即在下行运动中由于速度超过液压泵供油所能达到的速度而使工作腔中出现真空，并使其在任意位置上锁紧，故要设置平衡回路。平衡回路的功用是在立置液压缸的下行回油路上串联一个产生适当背压的元件，以便与自重相平衡，并起限速作用。

（2）平衡回路可采用单向顺序阀（又称平衡阀）构成。如图 6-26 所示为一种采用液控单向阀的平衡回路。当电磁铁 1YA 通电使三位四通电磁换向阀 1 切换至左位时，液压源的压力油进入液压缸 5 上腔，并导通液控单向阀 2，液压缸下腔的油液经节流阀 4、液控单向阀 2 和换向阀 1 排回油箱，活塞向下运动。当电磁铁 1YA 和 2YA 均断电使换向阀 1 处于中位时，液控单向阀迅速关闭，活塞立即停止运动。当电磁铁 2YA 通电使换向阀 1 切换至右位时，压力油经阀 1、阀 2 和普通单向阀 3 进入液压缸下腔，使活塞向上运动。由于液控单向阀是锥面密封、泄漏量

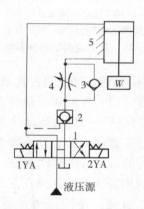

1. 三位四通电磁换向阀；2. 液控单向阀；
3. 普通单向阀；4. 节流阀；5. 液压缸

图 6-26 液控单向阀平衡回路

很小，故这种平衡回路的锁定性好，工作可靠。节流阀 4 可以防止因液压缸活塞下降中超速或出现液控单向阀时开时关带来的振动。

23. 何谓缓冲回路？常用的缓冲方法有哪些？

答：（1）液压执行器驱动的工作机构如果速度较高或质量较大，若突然停止或换向时，会产生很大的冲击和振动。为了减少或消除冲击，除了对液压元件本身采取一些措施（将液压缸内设缓冲装置）外，就是在液压系统的设计上采取一些办法实现缓冲，这种回路即为缓冲回路。

（2）常见的缓冲方法是采用溢流阀、节流阀或蓄能器等。如图 6-27 所示为用溢流阀的缓冲回路，液压缸 4 运动中的活塞有外力及移动部件惯性，要使

其换向阀 3 处于中位，回路停止工作，此时，溢流阀 2 起制动和缓冲作用。液压缸无杆腔经单向阀 1 从油箱补油。

如图 6 - 28 所示为用蓄能器减小冲击的缓冲回路，蓄能器 1 安装在液压缸 2 的端部，在活塞杆带动载荷运行近于端部要停止时，油液压力升高，此时由蓄能器吸收，减少冲击，实现缓冲。

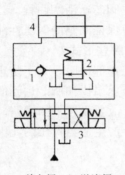

1. 单向阀；2. 溢流阀；
3. 三位四通电磁换向阀；4. 液压缸
图 6 - 27　用溢流阀的缓冲回路

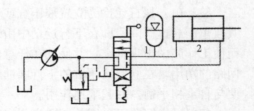

1. 蓄能器；2. 液压缸
图 6 - 28　用蓄能器的缓冲回路

24. 何谓制动回路？其制动回路的原理如何？

答：（1）在液压马达带动部件运动的液压系统中，由于运动部件具有惯性，要使液压马达由运动状态迅速停止，只靠液压泵卸荷或停止向系统供油仍然难以实现，为此，需采用制动回路。制动回路的功用是利用溢流阀等元件在液压马达的回油路上产生背压，使液压马达受到阻力矩而被制动。

（2）图 6 - 29 所示为基本溢流阀制动回路。三位四通电磁换向阀 2 切换至上位时，液压马达 3 运转；复至图示中位时，液压马达在惯性作用下转动并逐渐减速到停止转动；切换至下位时，液压马达回油路被溢流阀 1 所阻，于是回油路压力升高，直至打开溢流阀，液压马达便在背压等于溢流阀调定压力的阻力作用下被制动。用节流阀 4 代替溢流阀产生的制动背压也可实现制动。

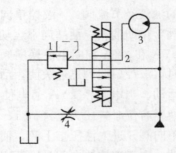

1. 溢流阀；2. 三位四通电磁换向阀；
3. 液压马达；4. 节流阀
图 6 - 29　基本溢流阀制动回路

25. 方向控制回路主要有哪些种类？

答：方向控制回路用来控制液压系统油路中液流的通、断或流向。实现方向控制的基本方法有阀控、泵控和执行器控制。阀控主要是采用方向控制阀分

256

配液压系统的能量；泵控是采用双向液泵改变液流的方向和流量，而执行元件控制则是采用双向液压马达改变液流方向。在工业生产设备中多采用阀控方向控制回路，此类控制回路主要有换向回路和锁紧回路两大类。

26. 换向回路有哪些要求？采用换向阀换向回路，一般如何选择换向阀？

答：（1）简单液压系统对换向回路的要求是换向速度快，动作灵敏可靠；对于有些精密机械设备的液压系统则还要求具有合适的换向精度和平稳性，即使与液压缸相连的主机运动部件在其行程端点处迅速、平稳、准确地变换运动方向。

（2）采用换向阀的换向回路，其换向阀应根据操作的需要和系统的特点进行选用：对自动化无要求的系统可选用手动换向阀；对于小流量系统可选用电磁换向阀；对于大流量系统可选用液动换向阀；对于频繁往复换向运动的系统可采用机液换向阀或电液动换向阀；对于复合动作较多的工程机械等设备的液压系统宜选用多路换向阀；一般液压系统可选通用换向阀，对于精密机械设备的液压系统（如磨床、仿形刨床等液压系统）则需选专用换向阀。

27. 采用专用换向阀的往复直线运动换向回路的换向过程可分为哪三个阶段？如何实现？

答：采用专用换向阀的往复直线运动换向回路的换向过程一般分为执行元件的减速制动、短暂停留和反向启动三个阶段，这一过程是通过换向阀的阀芯与阀体之间位置变换来实现的。根据换向制动原理的不同有时间控制制动式和行程控制制动式两种换向回路。

28. 换向回路功用与要求如何？根据换向过程的制动原理可分为哪两种换向回路？其用途及优点如何？

答：换向回路用于控制液压系统中液流方向，从而改变执行元件的运动方向。对换向回路的基本要求是：换向可靠、灵敏而又平稳，换向精度合适。换向过程一般可分为三个阶段：执行元件减速制动、短暂停留和反向启动。根据换向过程的制动原理，可有两种换向回路。

（1）时间制动换向回路。所谓时间制动换向，就是从发出换向信号到实行减速制动（停止），这一过程的时间基本上是一定的。图 6-30 所示为时间控制换向回路的原理图。这种换向回路只受换向阀 4 控制。在换向过程中，当先导阀 3 在左端位置时，控制油路中的压力油经单向阀 I_2、节流阀 J_2 进入换向阀 4 的右腔，阀 4 左腔的油液经节流阀 J_1 流入油箱，阀 4 的阀芯向左移动，其制动锥面逐渐将阀口关小，并在阀芯移动距离 l 后将通道封死，使活塞停止运动。当节流阀 J_1 和 J_2 的开口大小调定后，换向阀阀芯移动距离 l 所需的时间就是一定的，因此这种换向回路称为时间制动换向回路。

这种换向回路可以根据具体情况调节制动时间。如果主机部件运动速度快、质量大，可以把制动时间调得长一些，以利于消除换向冲击；反之，则调

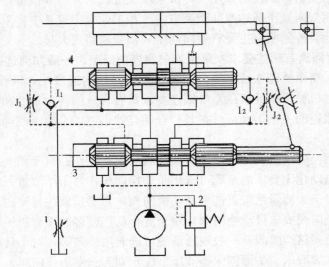

1. 节流阀；2. 溢流阀；3. 先导阀；4. 换向阀

图 6-30　时间控制制动换向回路

得短一些，以使其换向平稳又能提高生产效率。这种回路用于换向精度要求不高，但换向频率高且要求换向平稳的场合，如平面磨床、牛头刨床、插床等的液压系统。

（2）行程制动换向回路。所谓行程制动换向，就是从发出换向信号到工作部件减速制动、停止这一过程中，工作部件所走过的行程基本上是一定的。如图 6-31 所示，这种回路与时间制动换向回路的主要区别在于：主油路除了受换向阀 4 控制外，还受先导阀 3 控制。图示位置，油缸活

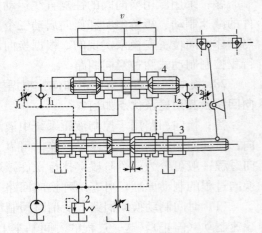

1. 节流阀；2. 溢流阀；3. 先导阀；4. 换向阀

图 6-31　行程控制制动换向回路

塞向右移动，拨动先导阀阀芯向左移动，此时先导阀阀芯的右制动锥将油缸右腔的回油通道逐渐关小，使得活塞速度逐渐减慢，对活塞进行预制动。当回油通道被关得很小，活塞速度变得很慢时，换向阀 4 右端的控制油路被打开，控制油液经单向阀 I_2 和节流阀 J_2 进入换向阀右腔，左腔回油，使换向阀 4 向左

移动，当活塞移动到极限位置使先导阀右制动锥完全封闭油缸右腔的回油通道时，活塞完全制动。从上述换向过程可知，不论运动部件原来的速度快慢如何，先导阀总是要先移动一段固定行程 l 将工作部件制动后，再由换向阀来使它换向，所以称之为行程控制制动换向回路。

这种控制回路的优点是：换向精度高，冲击量小。缺点是：制动时间的长短将受到运动部件速度快慢的影响。因此行程控制制动换向回路适用于运动速度不高、但换向精度要求较高的场合，如外圆磨床等。

29. 锁紧回路有何功用？举例说明锁紧回路原理及用途。

答：锁紧回路的功用是使液压缸能在任意位置上停留，并且停留后不会因外力作用而移动位置。图 6 - 32 所示为使用液控单向阀（又称双向液压锁）的锁紧回路。当换向阀左位接入系统时，压力油经左边液控单向阀进入液压缸左腔，同时通过控制口打开右边液控单向阀，使液压缸右腔的回油可经右边液控单向阀及换向阀流回油箱，使活塞向右运动。反之，活塞向左运动。到了需要停留的位置，只要使换向阀处于中位，因阀的中位为 H 型机能（Y 型也可以），所以两个液控单向阀均关闭，使活塞双向锁紧。回路中由于液控单向阀的密封性能好，泄漏极少，锁紧的精度主

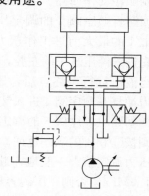

图 6 - 32　锁紧回路

要取决于液压缸的泄漏。这种回路被广泛用于工程机械、起重运输机械等有锁紧要求的场合。

30. 何谓顺序动作回路？主要有哪些类型和特点？

答：（1）顺序动作回路是指使液压系统中的多个执行元件严格地按规定的顺序动作的回路。

（2）按控制方式不同，常用的顺序动作回路有以下三类：

①压力控制顺序动作回路，是用油路中压力的差别自动控制多个执行元件先后动作的回路，其主要控制元件是顺序阀或压力继电器等。这种回路对于多个执行元件要求顺序动作，有时在给定的最高工作压力范围内难以安排各调整压力。

②行程控制顺序动作回路，是在液压缸移动一段规定行程后，由机械机构或电气元件作用，改变液流方向，使另一液压缸移动的回路。对于顺序动作要求严格的多执行元件系统，采用行程控制回路实现顺序动作较为合适。

③时间控制顺序动作回路，是采用延时阀、时间继电器等延时元件，使多个液压缸按时间先后完成动作的回路。

31. 顺序动作回路的功用是什么？顺序动作回路有哪些种类？其原理及特

点如何？

答：顺序动作回路的功用在于使几个执行元件严格按照预定顺序依次动作。按控制方式不同，顺序动作回路分为压力控制和行程控制两种。

(1) 压力控制顺序动作回路。如图 6-33 所示为使用顺序阀的压力控制顺序动作回路。当换向阀左位接入回路且顺序阀 4 的调定压力大于液压缸 1 的最大前进工作压力时，压力油先进入液压缸 1 的左腔，实现动作①；当液压缸行至终点后，压力上升，压

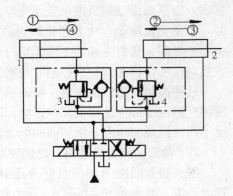

1、2. 缸；3、4. 顺序阀

图 6-33 顺序阀控制顺序动作回路

力油打开顺序阀 4 进入液压缸 2 的左腔，实现动作②；同样，当换向阀右位接入回路且顺序阀 3 的调定压力大于液压缸 2 的最大返回工作压力时，两液压缸则按③和④的顺序返回。显然这种回路动作的可靠性取决于顺序阀的性能及其压力调定值。一般地，顺序阀的调定压力应比前一个动作的压力高出 0.8～1.0MPa，否则顺序阀容易在系统压力波动时造成误动作。由此可见，这种回路适用于液压缸数目不多、负载变化不大的场合。

(2) 行程控制顺序动作回路。如图 6-34（a）所示为采用行程阀控制的多缸顺序动作回路。图示位置两液压缸活塞均退至左端点。当电磁阀 3 左位接入回路后，液压缸 1 活塞先向右运动，当活塞杆上的行程挡块压下行程阀 4 后，液压缸 2 活塞才开始向右运动，直至两个缸先后到达右端点；将电磁阀 3 右位接入回路，使液压缸 1 活塞先向左退回，在运动当中其行程挡块离开行程

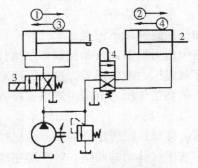

（a）行程阀控制的顺序回路

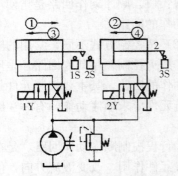

（b）行程开关控制的顺序回路

1、2. 液压缸；3. 电磁阀；4. 行程阀

图 6-34 行程控制顺序动作回路

阀 4 后，行程阀 4 自动复位，其下位接入回路，这时液压缸 2 活塞才开始向左退回，直至两个缸都到达左端点。这种回路动作可靠，但要改变动作顺序较为困难。

图 6-34（b）所示为采用行程开关控制电磁换向阀的多缸顺序动作回路。按启动按钮，电磁铁 1Y 通电，液压缸 1 活塞先向右运动，当活塞杆上的行程挡块压下行程开关 2S 后，使电磁铁 2Y 通电，液压缸 2 活塞才向右运动，直到压下 3S，使 1Y 断电，液压缸 1 活塞向左退回，而后压下行程开关 1S，使 2Y 断电，液压缸 2 活塞再退回。在这种回路中，调整行程挡块位置，可调整液压缸的行程，通过电控系统可任意改变动作顺序，方便灵活，应用广泛。

32. 同步动作回路的功用是什么？影响同步精度的因素是什么？同步动作回路有哪些种类？

答：同步动作回路的功能是保证系统中的两个或多个液压执行元件在运动中的位移量相同或以相同的速度运动。从理论上讲，对两个工作面积相同的液压缸输入等量的油液即可使两液压缸同步，但由于泄漏、摩擦阻力、制造精度、外负载、结构弹性变形以及油液中的含气量等因素都会使同步难以保证。为此，同步动作回路要尽量克服或减少这些因素的影响，有时要采用补偿措施，消除累计误差。

（1）带补偿措施的串联液压缸同步回路。将有效工作面积相等的两个液压缸串联起来便可实现两缸同步，这种回路允许较大偏载，因偏载造成的压差不影响流量的改变，只导致微量的压缩和泄漏，因此同步精度较高，回路效率也较高。这种情况下泵的供油压力至少是两缸工作压力之和。由于制造误差、内泄漏及混入空气等因素，经多次行程后，将累积为两缸显著的位置差别。为此，回路中应具有位置补偿装置，如图 6-35 所示。当两缸活塞同时下行时，若液压缸 5 活塞先到达行程终点，则挡块压下行程开关 1S，电磁铁 3Y 通电，换向阀 3 左位接入回路，压力油经换向阀 3 和液控单向阀 4 进入液压缸 6 上腔，进行补油，使其活塞继续下行到达行程终点。如果液压缸 6 活塞先到达终点，行程开关 2S 使电磁铁 4Y 通电，换向阀 3 右位接入回路，压力油进入液控单向阀 4 的控

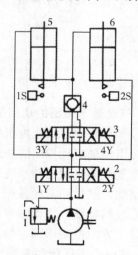

1. 溢流阀；2、3. 换向阀；
4. 液控单向阀；5、6. 液压缸
图 6-35　用带补偿装置的串联缸同步回路

制腔，打开液控单向阀4，液压缸5下腔与油箱相通，使其活塞继续下行到达行程终点，从而消除累积误差。

（2）用同步缸或同步马达的同步回路。如图6-36（a）所示为同步缸的同步回路，同步缸3是两个尺寸相同的缸体和两个活塞共用一个活塞杆的液压缸，活塞向左或向右运动时输出或接受相等容积的油液，在回路中起着配流的作用，使有效面积相等的两个液压缸实现双向同步运动。同步缸的两个活塞上装有双作用单向阀4，可以在行程终点消除误差。和同步缸一样，用两个同轴等排量双向液压马达5作配油环节，输出相同流量的油液亦可实现两缸双向同步。如图6-36（b）所示，节流阀6用于行程终点消除两缸位置误差。这种回路的同步精度比采用流量控制阀的同步回路高，但专用的配流元件使系统复杂，制作成本提高。

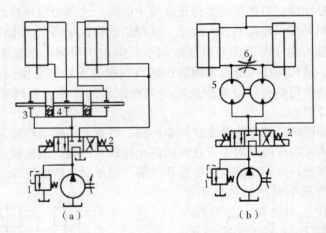

1.溢流阀；2.换向阀；3.同步缸；4.双作用单向阀；5.液压马达；6.节流阀
图6-36　用同步缸、同步马达的同步回路

33. 气动基本回路的功用是什么？气动基本回路的分类有哪些？

答：气动传动系统作为机械设备动力传动系统，是由一些基本的、通用的回路进行组合来实现预期的功用，达到设定的效果。

一个复杂的气动控制系统一般是由若干个具有不同功能的气动基本回路组成的。因此，熟悉和掌握常用气动基本回路的工作原理和特点是分析和设计气压传动系统的基础。气动基本回路种类很多，按功能分为压力控制回路、速度控制回路、方向控制回路、位置控制回路及基本逻辑回路等。

34. 在一个气压传动系统，进行压力控制主要有哪些目的？压力控制回路的种类有哪些？其原理是什么？

答：在一个气压传动系统中，进行压力控制主要有两个目的：第一是为了提高系统的安全性，限定系统的最高工作压力，在此主要指控制一次压力；第二是给元件提供适宜和稳定的工作压力，使其能充分发挥元件的功能和性能，这主要指二次压力控制。

压力控制回路的种类及其原理如下：

（1）一次压力控制回路。一次压力控制是指把空气压缩机的输出压力控制在一定值以下。一般情况下空气压缩机的出口压力为 0.8MPa 左右，并设置储气罐，储气罐上装有压力表、安全阀等。一旦罐内压力超过规定值，安全阀打开并向大气中排气。通常在储气罐上装有电接点压力表，当罐内超过规定压力时，空气压缩机断电，不再供气。

（2）二次压力控制回路。通常气源的供气压力要高于气动系统所需的工作压力。二次压力控制是指把空气压缩机输送出来的压缩空气经一次压力控制后作为减压阀的输入压力 p_1，再经减压阀减压稳压后，得到气动控制系统所需要的压力 p_2（称为二次压力）。如图 6-37 所示，二次压力控制回路通常由气动三大件（即空气过滤器、减压阀和油雾器）组成。在组合时 3 个元件的相对位置不能改变，由于空气过滤器的过滤精度较高，因此在它的前面还要加一级粗过滤装置。若控制系统不需要油雾润滑，则可省去油雾器或在油雾器之前用三通接头引出支路。

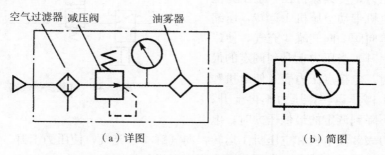

（a）详图   （b）简图

空气过滤器　减压阀　　油雾器

图 6-37　二次压力控制回路

（3）高低压切换回路。在实际应用中，某些气动控制系统需要有不同压力的选择。例如，在加工塑料门窗的三点焊机的气动控制系统中，用于控制工作台移动的回路的工作压力为 0.25～0.3MPa，而用于控制其他执行元件的回路的工作压力为 0.5～0.6MPa。这种情况可采用如图 6-38 所示的高、低压选择回路。该回路只要分别调节两个减压阀，就能得到所需要的高压和低压输出。

在实际应用中，有时需要在同一管路上既能输出高压，又能输出低压，此时可选用如图 6-39 所示回路，用换向阀实现高低压的切换。

（4）过载保护回路。如图 6-40 所示，正常工作时，阀 1 得电，使阀 2 换向，汽缸活塞杆外伸。如果活塞杆受压的方向发生过载，则顺序阀动作，阀 3

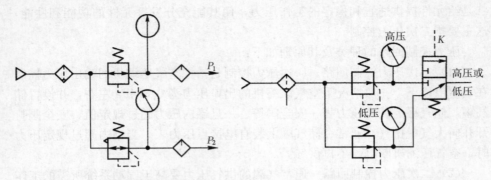

图 6‒38　高低压选择回路　　　　　图 6‒39　用换向阀选择高低压回路

切换，阀 2 的控制气体排出，在弹簧力作用下换至图 6‒40 所示位置，使活塞杆缩回。

（5）调压回路。如图 6‒41（a）所示的压力控制回路用于控制系统中气罐的压力，使其保持在一定压力范围内。电机带动空压机 1 运转，压缩空气经单向阀 2 向气罐 4 充气，使罐内压力上升。当压力上升到调定的最高压力时，电接点压力表 3 使电机和空压机 1 停止运转，压力不再上升；当压力下降到调定的最低压力时，电

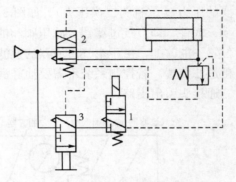

图 6‒40　过载保护回路

接点压力表 3 使电机和空压机 1 运转，向气罐 4 再充气，使压力上升。此回路对电机及控制要求较高，常用于对小型空压机的控制。

如图 6‒41（b）所示的调压回路是常用的调压回路，由减压阀 1 和换向阀 2 构成，利用减压阀保证汽缸得到所需要的稳定压力。

如图 6‒41（c）所示的调压回路利用快速排气阀 3 和减压阀 1、2 提供两种压力，减压阀 1 调定汽缸有杆腔的压力，减压阀 2 调定无杆腔的压力。

如图 6‒41（d）所示的调压回路利用减压阀实现对不同的执行元件提供不同压力的控制。

如图 6‒41（c）所示的调压回路可实现时而高压、时而低压的控制和转换。

（6）增压回路。如图 6‒42（a）所示的增压回路中，压缩空气经电磁阀 1 进入汽缸 2、3 的大活塞端，推动活塞，把串联在一起的小活塞的液压油压入工作缸 5，使活塞在高压下动作，活塞的运动速度由节流阀 4 调节。如图 6‒

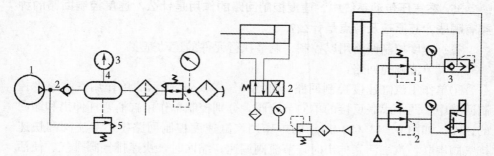

（a）利用电接点压力表控制气罐压力　　（b）利用减压阀控制　　（c）利用快速排气阀和减压阀

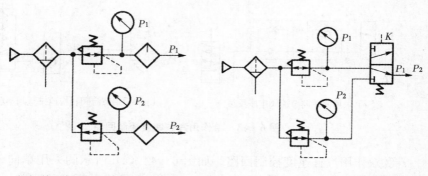

（d）利用减压阀对不同系统提供不同压力　　　　（e）高、低压转换回路

图 6-41　调压回路

42（b）所示的增压回路中，当换向阀 2 右位工作时，从气源 1 来的压缩空气经电磁阀 2 进入气液增压缸 3 的 a 腔，使 b 腔的油增压后进入气液缸 4，从而获得大的推力。

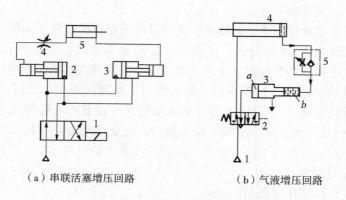

（a）串联活塞增压回路　　　　（b）气液增压回路

图 6-42　增压回路

265

35. 在气压传动系统中，速度控制回路的作用是什么？速度控制回路的种类有哪些？其原理及特点是什么？

答：速度控制回路用以控制、调节执行元件的运动速度。

（1）节流调速回路：

①单作用汽缸速度控制回路。如图 6-43（a）所示的单作用汽缸速度控制回路中，两个串联反接的单向节流阀，分别控制单作用缸活塞杆伸出和缩回的速度。如图 6-43（b）所示的单作用汽缸速度控制回路中，节流阀和快速排气阀串联，汽缸活塞伸出时，节流阀调速；缩回时，快速排气阀排气，使活塞杆快速返回。

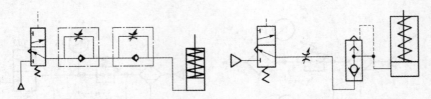

（a）采用两单向节流阀串联反接　　　　（b）采用节流阀和快速排气阀串联

图 6-43　单作用汽缸速度控制回路

②双作用汽缸速度控制回路。如图 6-44（a）所示的采用单向节流阀的双向调速回路中，汽缸中的活塞向右运动时，气控换向阀 1 左位接入，气体经单向节流阀 2 的单向阀进入汽缸无杆腔，有杆腔中的气流经单向节流阀 3 节流排气，以实现速度控制。取消图中任意一只单向节流阀，可得到单向调速回路。如图 8-44（b）所示的双向调速回路中，利用安装于电磁换向阀排气口处的带有消声器的节流阀实现汽缸排气节流。

当外负载变化不大时，采用排气节流调速方式，进气阻力小，负载变化对速度影响小，调速效果好。

③快速往复动作回路。如图 6-45 所示的采用快速排气阀的快速往复动作回路，可实现快进-快退动作，适用于汽缸速度不太快、负载不太大的场合。若将一只快速排气阀换成排气节流式调速阀，可实现汽缸单向快速运动。

④速度换接回路。如图 6-46 所示的速度换接回路中，二位二通阀 2、3 分别与速度控制阀 4、5 并联。当活塞运动到某一位置时，撞块压下行程开关 S，发出电信号，使二位二通阀 2 或 3 换向，改变排气通路，从而改变汽缸速度。按需要确定行程开关的位置，可实现行程途中的速度变换。二位二通阀也可以用行程阀代替。

（2）气液联动速度控制回路：

①调速回路。如图 6-47 所示，通过两个单向节流阀，利用液压油不可压缩的特点，实现两个方向的无级调速。油杯是为补充漏油而设的。

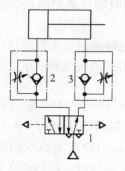

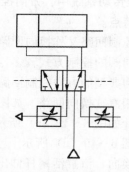

（a）采用单向节流阀　　　　　（b）采用带消声器的排气节流阀

图 6-44　双作用汽缸速度控制回路

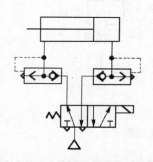

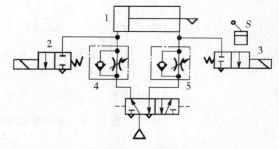

图 6-45　采用快速排气阀的快速
**　　　　往复动作回路**

图 6-46　速度换接回路

②变速回路。如图 6-48 所示，汽缸活塞杆端滑块空套在液压阻尼缸活塞杆上，当汽缸运动到调节螺母 1 处时，汽缸由快进转为慢进，液压阻尼缸流量由单向节流阀 2 控制。

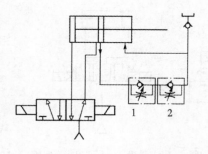

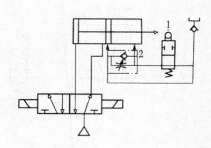

图 6-47　调速回路

图 6-48　变速回路

36. 在气压传动系统中,方向控制回路中有哪些典型的控制回路?请举例说明其原理及特点。

答: 方向控制回路又称换向回路,它是通过换向阀来控制执行元件的运动方向。因为换向阀的控制方式较多,所以方向控制回路的连接方式也较多,下面介绍几种较为典型的方向控制回路。

(1) 双作用汽缸换向回路。如图 6 - 49 所示的双作用汽缸换向回路中,可采用电控换向〔如图 6 - 49 (a) 所示〕、气控换向〔如图 6 - 49 (b) 所示〕和手控换向〔如图 6 - 49 (c) 所示〕三种无记忆功能的单控换向阀。有外控信号时,换向阀换向,汽缸活塞杆伸出;无外控信号时,换向阀在弹簧力的作用下迅速复位,汽缸活塞杆不论在什么位置都立即退回。

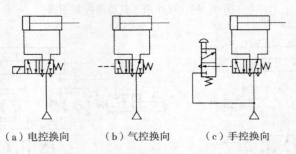

(a) 电控换向　　　(b) 气控换向　　　(c) 手控换向

图 6 - 49　采用单控阀的换向回路

如图 6 - 50 所示的双作用汽缸换向回路中,图 6 - 50 (a) 所示采用的双电控二位换向阀和图 (b) 采用的双气控二位换向阀都有记忆功能。接通一侧的控制信号使阀换向后,便可切断信号,在另一侧相反的控制信号未接通之前,阀会一直维持原工作状态不变。使用时要注意两侧的控制信号不能同时接通。图 6 - 50 (c) 所示采用的三位五通电磁换向阀增加了中位,无控制信号时阀能自动回复中位,实现汽缸活塞杆的伸出、退回和阀中位时的任意位置停止。

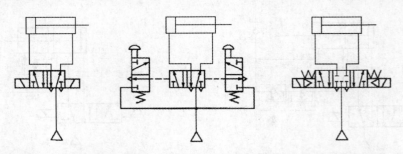

(a) 采用双电控二位换向阀　　(b) 采用双气控二位换向阀　　(c) 采用三位五通电磁换向阀

图 6 - 50　双作用汽缸换向回路

（2）单作用汽缸换向回路。如图 6-51（a）所示的采用二位三通电磁换向阀控制的单作用汽缸换向回路中，通电时，活塞杆在气压作用下伸出；断电时，汽缸无杆腔通大气，活塞杆在弹簧力作用下缩回。如图 6-51（b）所示的采用三位五通电磁换向阀的单作用汽缸换向回路中，在两电磁铁都断电时，电磁换向阀的自动对中功能可使汽缸停在任意位置，但定位精度不高、定位时间不长。

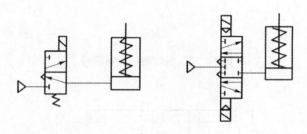

（a）采用二位三通电磁换向阀　　　（b）采用三位五通电气换向阀

图 6-51　单作用汽缸换向回路

（3）多位运动控制回路。采用三位换向阀则可实现多位控制，如图 6-52 所示。该回路利用三位换向阀的不同中位机能，得到不同的控制方案。如图 6-52（a）所示回路，当三位换向阀两侧均无控制信号时，阀处于中位，此时缸停留在某一位置上。当阀的左端加入控制信号时，阀处于左位，汽缸右端进气，左端排气，活塞向左运动。在活塞运动过程中若撤去控制信号，则阀在对中弹簧的作用下又回到中位，此时汽缸两腔里的压缩空气均被封住，活塞停止在某一位置上。要使活塞继续向左运动，必须在换向阀左侧再加入控制信号。另外，如果阀处于中位上，要使活塞向右运动，只要在换向阀右侧加入控制信号使阀处于右位即可。如图 6-52（b）和图 6-52（c）所示控制回路的工作原理与图 6-52（a）所示的回路基本相同，所不同的是三位阀的中位机能不一样。当阀处于中位时，图 6-52（b）所示汽缸两端均与气源相通，即汽缸两腔均保持气源的压力，由于汽缸两腔的气源压力和有效作用面积都相等，所以活塞处于平衡状态而停留在某一位置上；如图 6-52（c）所示回路中汽缸两腔均与排气口相通，即两腔均无压力作用，活塞处于浮动状态。

37. 在气压传动系统中，位置控制回路的种类有哪些？

答：（1）采用串联汽缸定位。如图 6-53 所示，汽缸由多个不同行程的汽缸串联而成。换向阀 1、2、3 依次得电和同时失电，可得到 4 个定位位置。

（2）任意位置停止回路。如图 6-54 所示，当汽缸负载较小时，可选择图 6-54（a）所示回路，当汽缸负载较大时，应选择图 6-54（b）所示回路。当停止位置要求精确时，可选择前面所讲的气液阻尼缸任意位置停止回路。

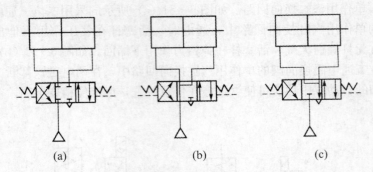

(a)   (b)   (c)

图 6‑52 多位运动控制回路

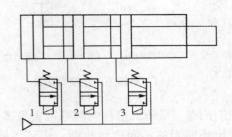

图 6‑53 串联汽缸定位回路

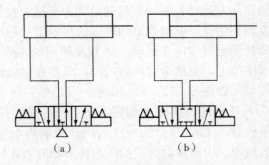

(a)   (b)

图 6‑54 任意位置停止回路

38. 何谓安全保护回路? 请举例说明常见安全保护回路的工作原理。

答:保证操作人员和机械设备安全的控制回路称为安全保护回路。常见的安全保护回路如下:

(1) 双手同时操作回路。如图 6‑55 所示为一种逻辑"与"的双手操作回路,为使二位主控阀 3 控制汽缸 6 的换向,必须使压缩空气信号进入阀 3 的控制腔。因此必须使两个三通手动阀 1 和 2 同时换向,另外这两个阀必须安装在单手不能同时操作的距离上，在操作时，如任何一只手离开时则控制信号消失，主控阀 3 便复位，则活塞杆后退，以避免因误动作伤及操作者。汽缸 6 还可通过单向节流阀 4 和 5 实现双向节流调速。

如图 6‑56 所示是一种用三位主控阀的双手操作回路，三位主控阀 1 的信号 A 作为手动阀 2 和 3 的逻辑"与"回路，亦即只有手动阀 2 和 3 同时动作时，主控制阀 1 才切换至上位，汽缸活塞杆前进；将信号 B 作为手动阀 2 和 3 的逻辑"或非"回路，即当手动阀 2 和 3 同时松开时，主控制阀 1 切换至下位，活塞杆返回；若手动阀 2 或 3 任何一个动作，将使主控制阀复至中位，活塞杆处于停止状态，所以可保证操作者安全。

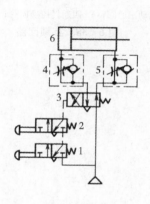

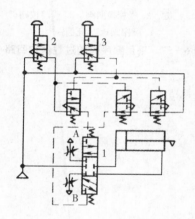

1、2. 手动换向阀；3. 气控换向阀；　　　　　1. 液控换向阀；2、3. 手动换向阀
　　4、5. 单向节流阀；6. 汽缸

图 6‑55　逻辑"与"的双手操作回路　　图 6‑56　用三位主控阀的双手操作回路

（2）过载保护回路。如图 6‑57 所示是一种采用顺序阀的过载保护回路，当气控换向阀 2 切换至左位时，汽缸的无杆腔进气、有杆腔排气，活塞杆右行。当活塞杆遇到死挡铁 5 或行至极限位置时，无杆腔压力快速增高，当压力达到顺序阀 4 开启压力时，顺序阀开启，避免了过载现象的发生，保证了设备安全。气源经顺序阀、或门梭阀 3 作用在阀 2 右控制腔使换向阀复位，汽缸退回。

（3）互锁回路。如图 6‑58 所示为一种互锁回路，汽缸 5 的换向由作为主控阀的四通气控换向阀 4 控制。而四通阀 4 的换向受三个串联的机动三通阀 1～3 的控制，只有三个都接通时，主控阀 4 才能换向，实现了互锁。

271

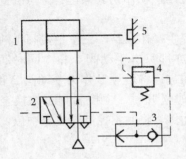

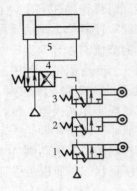

1. 汽缸；2. 气控换向阀；3. 或门梭阀；

4. 顺序阀；5. 死挡铁

图 6 - 57 采用顺序阀的过载保护回路

3. 机动三通阀；4. 四通气控换向阀；5. 汽缸

图 6 - 58 互锁回路

第七章　典型液压与气压系统分析

1. 按工作特征不同，液压系统分为哪两种类型？

答：按工作特征不同，液压系统分为液压传动系统和液压控制系统两种类型。

（1）液压传动系统一般为不带反馈的开环系统，以传递动力为主，以信息传递为次，追求传动特性的完善。系统的工作特性由各组成液压元件的特性和它们的相互作用来确定，其工作质量受工作条件变化的影响较大。液压传动系统应用较为普遍，大多数工业设备液压系统属于此类。

（2）液压控制系统多为采用伺服阀（比例阀或数字阀）等电液控制阀组成的带反馈的闭环系统，以传递信息为主，以传递动力为次，追求控制特性的完善。由于加入了检测反馈，故系统可用一般元件组成精确的控制系统，其控制质量受工作条件变化的影响较小。液压控制系统在高精数控机床、冶金、航空、航天等领域应用广泛。

2. 按工况特点的不同，液压传动系统可分为哪几种主要类型？

答：按工况特点的不同，液压传动系统可分为以下几类：

（1）以速度变换和控制为主的系统。

（2）以压力变换和控制为主的系统。

（3）以方向和位置变换为主的系统。

（4）多路换向复合系统等。

3. 简述液压系统的分析步骤和注意事项有哪些？

答：（1）液压系统的一般分析步骤：

①概要了解主机的功能结构、工作循环及对液压系统的主要要求。

②分析组成元件及功用。

③分析工作原理（各工况下系统的油液流动路线）。

④归纳液压系统的特点。

（2）分析时的注意事项：

①应对液压泵、液压执行元件、液压控制阀及液压辅助装置等各种液压元件的结构原理有所了解或较为熟悉。

②可借助主机动作循环图和动作循环表或用文字叙述其油液流动路线。

③分清主油路和控制油路。主油路的进油路起始点为液压泵压油口，终点

为执行元件的进油口；主油路的回油路起始点为执行元件的回油口，终点为油箱（开式循环油路）或执行元件的进油口（液压缸差动回路）或液压泵吸油口（闭式循环油路）。控制油路也应弄清来源与控制对象。

④对于因故无原理图的系统，需结合说明书等文档资料或实物进行推断分析。

4. 分析 YT4543 型液压动力滑台的液压系统图，指出各组成元件在系统中起什么作用？

答：YT4543 型动力滑台的液压系统图和系统的动作循环表分别如图 7-1 和表 7-1 所示。由图可见，这个系统在机械和电气的配合下，能够实现"快进→第一次工作进给（一工进）→第二次工作进给（二工进）→停留→快退→停止"的半自动工作循环。其工作情况如表 7-1 所示。

表 7-1　　　　　　　　　　YT4543 型动力滑台液压系统的动作循环表

动作名称	信号来源	电磁铁工作状态			液压元件工作状态				
		1YA	2YA	3YA	顺序阀2	先导阀11	换向阀12	电磁阀9	行程阀8
快进	启动按钮	+	−	−	关闭			右位	右位
一工进	挡块压下行程阀8	+	−	−	打开	左位	左位		左位
二工进	挡块压下行程开关	+	−	+				左位	
停留	滑台靠压在死挡块处	+	−	+					
快退	时间继电器发出信号	−	+	+	关闭	右位	右位		右位
停止	挡块压下终点开关	−	−	−		中位	中位	右位	

（1）快进。快速前进时，先按下启动按钮，电磁铁 1YA 通电，先导阀 11 左位接入系统，在控制油路驱动下，液动换向阀 12 左位接入系统，顺序阀 2 因系统压力不高仍处于关闭状态。这时液压缸 7 作差动连接，变量液压泵 14 输出最大流量。系统中油路连通情况为：

进油路：变量液压泵 14→单向阀 13→换向阀 12（左位）→行程阀 8（右位）→液压缸 7 左腔。

回油路：液压缸 7 右腔→换向阀 12（左位）→单向阀 3→行程阀 8（右位）→液压缸 7 左腔。

（2）一工进。当滑台快进到预定的位置，滑台上的挡块压下行程阀 8 时，第一次工作进给便开始。这时，其余液压元件所处状态不变，但由于调速阀 4

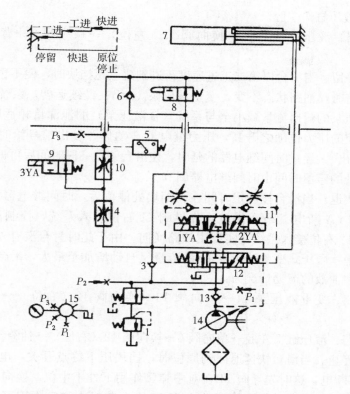

1. 背压阀；2. 顺序阀；3. 单向阀；4. 一工进调速阀；5. 压力继电器；6. 单向阀；7. 液压缸；8. 行程阀；9. 电磁阀；10. 二工进调速阀；11. 先导阀；12. 换向阀；13. 单向阀；14. 液压泵；15. 压力表开关；P_1、P_2、P_3. 压力表接点

图 7-1　YT4543 型动力滑台液压系统图

接入系统，使系统压力升高，顺序阀 2 打开；限压式变量液压泵 14 自动减小其输出流量，以与调速阀 4 的流量相适应。系统中油液流动情况为：

进油路：变量液压泵 14→单向阀 13→换向阀 12（左位）→调速阀 4→电磁阀 9（右位）→液压缸 7 左腔。

回油路：液压缸 7 右腔→换向阀 12（左位）→顺序阀 2→背压阀 1→油箱。

（3）二工进。当第一次工作进给结束，挡块压下行程开关，使电磁铁 3YA 通电时，第二次工作进给开始。这时，顺序阀 2 仍打开；由于调速阀 10 的开口比调速阀 4 小，系统工作压力进一步升高，限压式变量液压泵 14 的输出流量与调速阀 10 的流量相适应，滑台的进给速度降低。系统中油液流动情况为：

进油路：变量液压泵 14→单向阀 13→换向阀 12（左位）→调速阀 4→调

275

速阀 10→液压缸 7 左腔。

回油路：液压缸 7 右腔→换向阀 12（左位）→顺序阀 2→背压阀 1→油箱。

（4）停留。当滑台以第二工进速度行进到碰上死挡块时，便不再前进，开始停留。这时，油路状态不变，变量液压泵 14 仍在继续运转，系统压力不断升高，液压泵的输出流量减小至与系统（含液压泵）的泄漏量相适应。同时，液压缸左腔的压力也随之升高，压力继电器 5 动作并发出信号给时间继电器（图中未画出），经过时间继电器的延时，使滑台停留一段时间后再返回。滑台在死挡块处的停留时间由时间继电器调节。

（5）快退。当滑台按调定时间在死挡块处停留后，时间继电器发出信号，使电磁铁 1YA 断电、2YA 通电，先导阀 11 右位接入系统，控制油路换向，使换向阀 12 右位接入系统，实现主油路换向。由于此时滑台没有外负载，系统压力下降，限压式变量液压泵 14 的流量又自动增加至最大，滑台便快速退回。系统中油液的流动情况为：

进油路：变量液压泵 14→单向阀 13→换向阀 12（右位）→液压缸 7 右腔。

回油路：液压缸 7 左腔→单向阀 6→换向阀 12（右位）→油箱。

（6）停止。当滑台快速退回到原位时，挡块压下终点开关，电磁铁 2YA 和 3YA 都断电，这时先导阀 11 在对中弹簧作用下处于中位，换向阀 12 左右两边的控制油路都通油箱，因而换向阀 12 也在其对中弹簧作用下回到中位，液压缸 7 两腔封闭，滑台停止运动，变量液压泵 14 卸荷。系统中油液的流动情况为：

卸荷油路：变量液压泵 14→单向阀 13→换向阀 12（中位）→油箱。

5. YT4543 型液压动力滑台的液压系统有何特点？

答： YT4543 型液压动力滑台的液压系统主要由下列一些回路组成："限压式变量液压泵-调速阀-背压阀"式调速回路，差动连接式快速运动回路，电液换向阀式换向回路，行程阀和电磁阀式速度换接回路。系统的性能主要是由这些基本回路决定的，具体特点如下：

（1）系统采用了"限压式变量液压泵-调速阀-背压阀"式调速回路。它能保证液压缸稳定的低速运动（0.006m/min）、较好的速度刚性和较大的调速范围。回油路上加背压阀可防止空气渗入系统，并能使滑台承受负向的负载。

（2）系统采用了限压式变量液压泵和液压缸差动连接来实现快进，可得到较大的快进速度，且能量利用比较合理。

（3）系统采用了行程阀和顺序阀实现快进与工进的换接，不仅简化了油路和电路，而且动作可靠，换向的位置精度也比较高。两个工进之间的换接，由于两者速度都较低，采用电磁阀完全可以保证换向精度。

（4）系统采用了换向时间可调的电液换向阀来切换主油路，使滑台的换向更加平稳，冲击和噪声小。同时，电液换向阀的五通结构使滑台进和退分别从两条油路回油，这样滑台快退时系统没有背压，减少了压力损失。

总之，这个液压系统设计比较合理，使用元件较少，却能完成较为复杂的半自动工作循环，性能良好。

6. M1432A 型万能外圆磨床的液压系统实现的运动需要达到哪些性能？

答：M1432A 型万能外圆磨床是上海机床厂生产的一种外圆磨床系列产品，主要用于磨削圆柱形或圆锥形外圆和内孔，也能磨削阶梯轴轴肩和尺寸不大的平面，尺寸精度可达 1～2 级，表面粗糙度 Ra 可达 $0.8～0.2\mu m$。该机床要求液压系统实现的运动机需要达到的性能如下：

（1）要求实现磨床工作台在纵向往复运动，并能在 $0.05～4m/min$ 无级调速。为精修砂轮，要求工作台在极低速（$10～80mm/min$）情况下不出现爬行，高速时无换向冲击。工作台换向平稳，启动和制动要迅速。机床同速换向精度（同一速度下换向点的位置误差）可达 0.05mm，异速换向精度（最小速度到最大速度换向点的误差，又称冲出量）不大于 0.3mm。为避免工件两端尺寸偏大（内孔偏小），要求工作台在换向时，两端有停留时间（$0～5s$），且停留时间可调。出于工艺上的要求，切入磨削时要求工作台短距离换向（$1～3mm$，又称抖动），换向频率达到每分钟 $100～150$ 次。

（2）实现砂轮架横向快进和快退。在装卸工件或测量工件时，为缩短辅助时间，砂轮架有快速进退动作，快进至端点的重复定位精度可达 0.005mm。为避免惯性冲击，使工件超差或撞坏砂轮，砂轮架快速进退液压缸设置了缓冲装置。

（3）实现尾架套筒的液压伸缩。为装卸工件，尾架顶尖的伸缩采用液压驱动。

（4）在该磨床中，液压系统还与机械、电气配合使用，为此要求实现联锁动作。具体要求包括：工作台的液动与手动联锁；砂轮架快速引进时，保证尾架顶尖不缩回；磨内孔时，砂轮架不许后退，要求与砂轮架快退动作实现联锁等。

（5）要求液压消除砂轮架的丝杠、螺母间隙。

（6）要求液压系统实现对手摇机构、丝杠螺母副及导轨等处的润滑。

7. 分析 M1432A 型万能外圆磨床液压系统如何实现工作台的往复运动？

答：如图 7-2（a）所示是用职能符号表示的 M1432A 型万能外圆磨床液压系统中工作台的换向回路，图 7-2（b）所示是用半结构符号和职能符号混合表示的 M1432A 液压系统原理图。图 7-2 所示中部下边用立体示意图表示出开停阀 E 的阀芯形状。

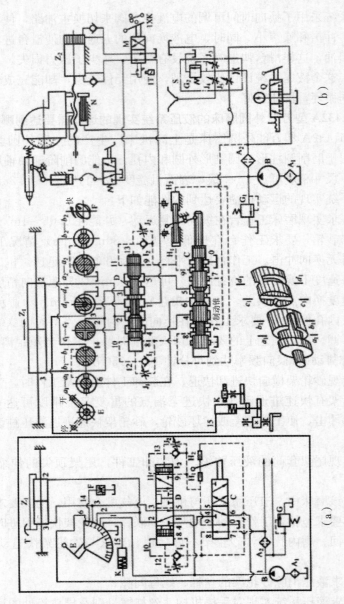

A₁. 滤油器；A₂. 精滤油器；B. 齿轮泵；C. 先导阀；D. 液控换向阀；E. 开停阀（转阀）；F. 节流阀；G₁、G₂. 溢流阀；H₁、H₂. 抖动阀；I₁、I₂. 单向阀；J₁～J₅. 节流阀；K. 手摇机构液压缸；L. 尾架液压缸；M. 快动阀；N. 闸缸；P. 脚踏式换向阀；Q. 压力表开关；S. 润滑油稳定器；1T. 联锁电磁铁；1XK. 启动头架和冷却泵用行程开关；Z₁. 工作台液压缸；Z₂. 砂轮架快进快退液压缸；T. 排气阀

图 7－2　M1432A型万能外圆磨床液压系统图

278

工作台的纵向往复运动：如图 7-2 所示状态，开停阀 E 打开，工作台处于向右运动状态。油液流动情况如下：

进油路：齿轮泵 B→1→ $\begin{cases}液控换向阀 D→2→液压缸 Z_1 右腔 \\ 开停阀 E 的 d_1—d_2 截面→液压缸 K，手摇机构脱开\end{cases}$

回油路：液压缸 Z_1 左腔→3→液控换向阀 D→5→先导阀 C→6→开停阀 E 的 $a_1—a_1$ 截面→开停阀 E 的轴向槽（图 9-3 中开停阀阀芯立体图）→$b_1—b_1$ 截面→14→节流阀 F 的 $b_2—b_2$ 截面积轴向槽→阀 F 的 $a_2—a_2$ 截面积轴向槽→阀 F 的 $a_2—a_2$ 截面上的节流口→油箱。

当工作台右行到预先调定的位置时，固定在工作台侧壁的左挡块通过拨杆推动先导阀芯 C 左移，液控换向阀 D 两端的控制油路开始切换。此时油路的情况如下：

进油路：齿轮泵 B→精滤油器 A_2→阀 C_7→C_9→抖动阀 H_1，先导阀 C 迅速左移，彻底打开 C_7→C_9，关闭 C_7→C_8，打开 C_4→C_6 及 C_8→C_0。

齿轮泵 B→精滤油器 A_2→阀 C_7→阀 C_9→单向阀 I_2→换向阀右端。

回油路：阀 H_2→阀 C_8→油箱。

因为压力油已经进入液控换向阀 D 的右腔，换向阀将开始换向，其具体过程是：换向阀左端→8→阀 C→油箱。因为回油畅通，所以换向阀阀芯快速移动，完成第一次快跳。快跳结果是阀芯刚好处于中位，8 被阀芯盖住，阀芯中间一节台阶比阀体中间那段沉割槽窄，于是 1 分别与 2 和 3 相通，液压缸 Z_1 两腔都通压力油，工作台迅速停止运动。工作台虽然已经停止运动，但是换向阀阀芯在压力油作用下还在继续缓慢移动，此时换向阀 D 的左腔只能通过节流阀 J_1 回油，阀芯以 J_1 调定的速度移动。液压缸 Z_1 两腔继续相通，处于停留阶段，当阀芯向左慢慢移到使 10 和 8 相通时，阀芯左端油液便通过 10→8→油箱，因为回油又畅通，所以阀芯又一次快速移动，完成第二次快退。结果换向阀阀芯左移到底，主油路被迅速切换，工作台便反向起步。这时油路情况如下：

进油路：齿轮泵 B→1→液控换向阀 D（右位）→3→液压缸 Z_1（左腔）。

回油路：液压缸 Z_1（右腔）→2→阀 D（右位）→4→阀 C（右位）→6→阀 E 的 $b_1—b_1$ 截面→14→阀 F 的 $b_2—b_2$ 截面→阀 F 的 $a_2—a_2$ 截面上的节流口→油箱。

液压缸 Z_1 向左移动，运动到预定位置，右挡块碰上拨杆后，先导阀 C 以同样的过程使其控制油路换向，接着主油路切换，工作台又向右运动，如此循环，工作台便实现了自动纵向往复运动。

从以上分析不难看出，不管工作台向左还是向右运动，其回油总是通过节流阀 F 上的 $a_2—a_2$ 截面上的节流口回油箱，所以是出口节流调速。节流阀 F

的开口即可实现工作台在 $0.05 \sim 4m/min$ 的无级调速。

若将开停阀 E 转到停的位置，开停阀 E 的 b_1—b_1 截面就关闭了通往节流阀 F 的回油路，而 c_1—c_1 截面却使液压缸两腔相通（2 与 3 相通），工作台处于停止状态，液压缸 K 内的油液经 15 到阀 E 的 d_1—d_1 截面上径向孔回油箱，在液压缸 K 中弹簧作用下，使齿轮啮合，工作台就可以通过摇动手柄来操作了。

8. 分析 M1432A 型万能外圆磨床液压系统如何实现砂轮架横向快进快退运动？

答：砂轮架的快速进退运动是由快动阀 M 操纵，由砂轮架快进快退液压缸 Z_2 来实现。图 7-2 所示砂轮架处于后退状态。当扳动阀 M 手柄使砂轮快进时，行程开关 1XK 同时被压下，使头架和冷却泵均启动。若翻下内圆磨具进行内圆磨削时，磨具压下砂轮架前侧固定的行程开关，电磁铁 1T 吸合，阀 M 被锁住，这样不会因误扳快速进退手柄而引起砂轮后退时与工作台相碰。快进终点位置是靠活塞与缸盖的接触保证的。为了防止砂轮架在快速运动终点处引起冲击和提高快进运动的重复位置精度，快动缸 Z_2 的两端设有缓冲装置（图中未画出），并设有抵住砂轮架的闸缸 N，用以消除丝杠和螺母间的间隙。快动阀 M 右位接入系统时，砂轮架快速前进到最前端位置。

9. 分析 M1432A 型万能外圆磨床液压系统如何实现尾架顶尖的伸缩运动？

答：尾架顶尖的伸缩可以手动，也可以利用脚踏阀 P 来实现。因阀 P 的压力油来自液压缸 Z_2 的前腔，即阀 P 的压力油必须在快动阀 M 左位接入时才能通向尾架处，所以当砂轮架快速前进磨削工件时，即使误踏阀 P，顶尖也不会退回，只有在砂轮后退时，才能使尾架顶尖缩回。

10. 分析 M1432A 型万能外圆磨床液压系统如何实现润滑油路？

答：由泵 B 经 A_2 到润滑油稳定器 S 的压力油用于手摇机构、丝杠螺母副、导轨等处的润滑；J_3、J_4、J_5 用来调节各润滑点所需流量；溢流阀 G_2 用于调节润滑油压力（$0.05 \sim 0.2MPa$）和溢流。润滑油稳定器 S 上的固定阻尼孔在工作台每次换向产生的压力波作用下做一次微量抖动，可以防止阻尼孔堵塞。压力油进入闸缸 N，使闸缸的柱塞始终顶住砂轮架，消除了进给丝杠螺母副的间隙，可以保证横向进给的准确。压力表开关 Q 用于测量泵出口和润滑油路上的压力。

11. M1432A 型磨床液压系统有何特点？

答：（1）系统采用了活塞杆固定式双杆液压缸，保证了进退两个方向运动速度相等，并使机床占地面积不大。

（2）系统采用了快跳式操纵箱，结构紧凑，操纵方便，换向精度和换向平稳性都较高。

（3）系统设置了抖动缸，使工作台在很短的行程内实现快速往复运动，从而有利于提高切入磨削的加工质量。

（4）系统采用出口节流式调速回路，功率损失小，这对调速范围不需很大、负载较小且基本恒定的磨床来说是很合适的。此外，出口节流的形式在液压缸回油腔中造成背压，工作台运动平稳，使质量较大的磨床工作台加速制动，也有助于防止系统中渗入空气。

12. 分析 M1432A 型磨床液压系统的换向方法及性能？液压操纵箱制动有哪些控制方式？其应用如何？

答：（1）换向方法及换向性能。从磨床的性能及系统的工作原理可以知道，磨床液压系统的核心问题是换向回路的选择和如何实现高性能换向精度的要求。

实现工作台换向的方法很多：采用手动阀换向，换向可靠，但不能实现工作台自动往复运动；采用机动阀换向，可以实现工作台自动往复运动，但低速时的换向"死点"（换向阀阀芯处于中位时不能换向）和高速换向时的换向"冲击"问题，使它不能在磨床液压系统中应用；采用电磁换向，虽然解决了"死点"问题，但由于换向时间短（0.08～0.15s），同样会产生换向冲击。所以最好的途径就是采用机动-液动换向阀回路。如图 7-2（a）所示，M1432A 采用的换向回路正是一种机-液换向阀的换向回路，阀 C 是个二位七通阀（习惯称先导阀，主换向阀 D 实际是一个二位五通液动阀）。该回路的特点是先导阀阀芯移动的动力源自工作台，只有先导阀换向后，液动阀才换向，消除了换向"死点"；液动阀 D 两端控制油路设置了单向节流阀，其换向快慢便能得到调节，换向冲击问题也基本得到解决。

（2）液压操纵箱制动控制方式。在磨床液压系统中，常常把先导阀、液动阀、节流阀和开停阀组合在一起，装在一个壳体内，称为液压操纵箱。按控制方式的不同，液压操纵箱可分为两大类，即时间控制制动式操纵箱和行程控制制动式操纵箱。两种控制方式各有优缺点，在实际应用中应根据具体情况决定取舍。

①时间控制制动式液压操纵箱及应用。如图 7-3 所示，为一时间控制制动式换向回路。该回路属机-液换向回路。由图 7-3 所示可见，液压缸右腔的油是经过阀 D 的阀芯右边台肩锥面（也称制动锥）回油箱。在图示状态若先导阀 C 左移，制动锥处缝隙逐渐减小，液压缸活塞运动必然减速制动，直到换向阀阀芯走完距离 l，封死液压缸右腔的回油通道，活塞才能停下来（制动结束）。这样无论原来液压缸活塞运动速度多大，先导阀换向多快，工作台要停止，必须等换向阀阀芯走完固定行程 l。所以在节流阀 J_1 和 J_2 开口一定、油液黏度基本不变的情况下，工作台从挡块碰上拨杆到停止的时间是一定的。因此，工作台低速换向时其制动行程（减速行程）短，冲出量小；高速换向

时，冲出量大。变速换向精度低。在工作台速度一定时，尽管节流阀 J₁、J₂ 开口已调定，但由于油温的变化，油内杂质的存在，阀芯摩擦阻力的变化等因素，会使换向阀阀芯移动速度变化，因而制动时间（减速时间）有变化，所以等速换向精度也不高。

综上所述，时间控制制动式液压操纵箱适用于要求换向频率高、换向平稳、无冲击，但对换向精度要求不高的场合，如平面磨床、专磨通孔的内圆磨床及插床等的液压系统。

②行程控制制动式液压操纵箱及其应用。如图 7-4 所示为行程控制式换向回路，与图 7-3 相比，液压缸右腔的油不但经过阀 D，而且还要经过阀 C

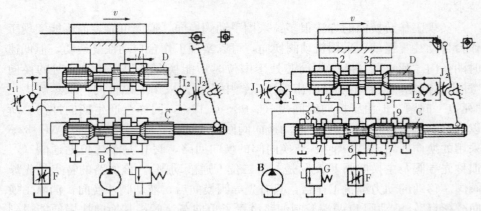

图 7-3　时间控制制动式换向回路　　　图 7-4　行程控制制动式换向回路

才能回油箱，当左挡块碰拨杆使阀 C 的阀芯向左移动时，阀 C 右侧制动锥首先关小 5 与 6 的通道，使工作台减速（实现预制动）。阀 C 右制动锥口全部封闭 5 至 6 通道时，液压缸右腔回油被切断，此时不论阀 D 是否换向，工作台一定停止。即从挡块碰上拨杆开始到工作台停止，阀 C 从其制动锥开口最大到关闭所移动的距离 l 是一定的（M1432A 是 9mm），杠杆比也是一定的（1：1.5），故液压缸从开始到停止，其活塞移动的距离也是一定的（13.5mm）。这样不论工作台原来速度多大，只要挡块碰上拨杆，工作台走过该距离就停止，所以这种制动方式叫行程控制制动式。可见该制动方式大大提高了换向精度。对于高速换向的工作台来说，由于换向时间短，换向冲击就大。但对于 M1432A 型磨床来说，工作台纵向往复速度不高（小于 4m/min），换向冲击不是主要问题，所以采用这种控制操纵箱是合适的。

13. 简述液压机的用途、结构及其典型工作循环，液压系统以压力变换与控制为主的系统应满足哪些要求？

答：液压机是一种可用于加工金属、塑料、木材、皮革、橡胶等各种材料

282

的压力加工机械，能完成锻压、冲压、折边、冷挤、校直、弯曲、成形、打包等多种工艺，具有压力和速度可大范围无级调整、可在任意位置输出全部功率和保持所需压力等诸多优点，因此用途十分广泛。

液压机的结构形式很多，其中以四柱式液压机最为常见，通常由横梁、立柱、工作台、滑块和顶出机构等部件组成。液压机的主运动为滑块和顶出机构的运动。滑块由主液压缸（上缸）驱动，顶出机构由辅助液压缸（下缸）驱动，其典型工作循环如图7-5所示。液压机液压系统的特点是压力高、流量大、功率大，以压力的变化和控制为主。

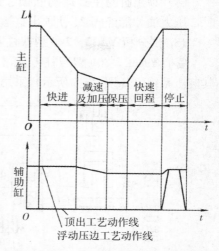

图 7-5 液压机的典型工作循环

液压机的液压系统是以压力变换与控制为主的系统，一般应满足如下四项要求：

（1）系统压力应满足执行元件最大输出力的要求。目前液压机系统的工作压力常为 20～30MPa；系统流量应满足生产率的要求，采用液压泵直接供油的液压机系统中，主缸快动速度一般不大于 300mm/s。

（2）在保证工作循环要求的同时，应使液压泵的功率最小。为此通常有高低压泵组和恒功率变量柱塞泵两种油源方案，以满足低压快速行程和高压慢速行程的工况要求。

（3）应具有保压功能，以保证制品质量；保压结束后以适当的方式泄压，以防泄压过快而引起系统冲击、振动和噪声。

（4）小吨位液压机，因其系统流量较小，可用普通液压阀对系统进行控制，但对于大吨位的液压机系统，由于系统流量较大，为了避免采用普通液压阀流量过大致使配管工作量大且易出现泄漏、振动等不足，应采用插装阀进行控制。

14. YA32-200 型四柱万能液压机液压系统有何特点？

答：（1）采用高压、大流量、恒功率变量泵供油，既符合工艺要求，又节省能量。

（2）依靠活塞滑块自重的作用实现快速下行，并通过充液阀对主缸充液。快速运动回路结构简单，使用元件较少。

（3）采用普通单向阀保压。为了减少由保压转换为"快速回程"时的液压冲击，系统采用了由卸荷阀和带卸荷小阀芯的充液阀组成的泄压回路。

（4）顶出缸与主缸运动互锁。只有换向阀6处于中位、主液压缸不运动时，压力油才能经阀21使顶出缸运动。

15. 试分析 YA32－200 型四柱万能液压机普通阀液压系统的工作原理。

答：YA32－200 型四柱万能液压机，其主液压缸最大压制力为 200 吨。其液压系统（如图 7－6 所示）采用普通液压阀进行控制。

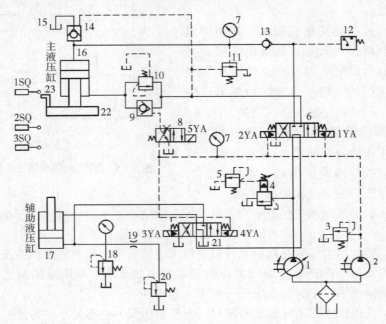

1. 主液压泵；2. 辅助液压泵；3、4. 溢流阀；5. 远程调压阀；6、21. 三位四通电液动换向阀；
7. 压力表；8. 二位四通电磁换向阀；9、14. 液控单向阀；10. 背压阀；11. 卸荷阀（带阻尼孔）；
12. 压力继电器；13. 单向阀；15. 副油箱；16. 主液压缸；17. 顶出液压缸；18. 安全溢流阀；
19. 节流阀；20. 背压溢流阀；22. 滑块；23. 活动挡块

图 7－6　YA32 200 型四柱万能液压机液压系统图

（1）系统组成和元件作用。由图 7－6 所示可看出，系统的油源为主液压泵 1 和辅助液压泵 2。主泵为高压大流量压力补偿式恒功率变量泵，最高工作压力为 32MPa，由远程调压阀 5 设定；辅泵为低压小流量定量泵，主要用作电液换向阀 6 及 21 的控制油源，其工作压力由溢流阀 3 设定。系统的两个执行元件为主液压缸 16 和顶出液压缸 17。电液动换向阀 6 和 21 控制两液压缸的换向；带卸荷阀芯的液控单向阀 14 用作充液阀，在主缸 16 快速下行时开启使副油箱向主缸充液；液控单向阀 9 用于主缸 16 快速下行通路和快速回程通路，背压阀 10 为液压缸慢速下行时提供背压；单向阀 13 用于主缸 16 的保压；阀 11 为带阻尼孔的卸荷阀，用于主缸保压结束后换向前主泵 1 的卸荷；节流

284

阀 19 及背压阀 20 用于浮动压边工艺过程时，保持顶出缸下腔所需的压边力，安全阀 18 用于节流阀 19 阻塞时系统的安全保护。压力继电器 12 用作保压起始的发信装置。

表 7-2 为该液压机的电磁铁动作顺序表。

（2）工作原理分析：

① 主缸及滑块：

a. 快速下行。按下启动按钮，电磁铁 1YA、5YA 通电使电液动换向阀 6 切换至右位，电磁换向阀 8 切换至右位，辅泵 2 的控制压力油经阀 8 将液控单向阀 9 打开。此时，主油路的流动路线为：

表 7-2　　　　　　　　YA32 200 型液压机的电磁铁动作顺序表

工　况		1YA	2YA	3YA	4YA	5YA
主液压缸	快速下行	+	−	−	−	+
	慢速加压	+	−	−	−	−
	保压	−	−	−	−	−
	泄压回程	−	+	−	−	−
	停止	−	−	−	−	−
顶出液压缸	顶出	−	−	+	−	−
	退回	−	−	−	+	−
	压边	+	−	−	−	−

进油路：主泵 1→—换向阀 6（右位）→单向阀 13→主缸 16 无杆腔。

回油路：主缸 16 有杆腔→液控单向阀 9→换向阀 6（右位）→换向阀 21 中位→油箱。

此时，主缸及滑块 22 在自重作用下快速下降。但由于变量泵 1 的流量不足以补充主缸因快速下降而使上腔空出的容积，因而置于液压机顶部的副油箱 15 中的油液在大气压及液位高度作用下，经带卸荷阀芯的液控单向阀 14 进入主缸无杆腔。

b. 慢速接近工件、加压。当滑块 22 上的活动挡块 23 压下行程开关 2SQ 时，电磁铁 5YA 断电使换向阀 8 复至左位，液控单向阀 9 关闭。此时主缸无杆腔压力升高，阀 14 关闭，且主泵 1 的排量自动减小，主缸转为慢速接进工件和加压阶段。系统的油液流动路线为：

进油路：同快速下行。

285

回油路：主缸有杆腔→背压（平衡）阀 10→换向阀 6（右位）→换向阀 21（中位）→油箱。

从而使滑块慢速接近工件，当滑块 22 接触工件后，阻力急剧增加，主缸无杆腔压力进一步提高，变量泵 1 的排量自动减小，主缸驱动滑块以极慢的速度对工件加压。

c. 保压。当主缸上腔的压力达到设定值时，压力继电器 12 发出信号，使电磁铁 1YA 断电，电液动换向阀 6 复至中位，主缸上、下油腔封闭，系统保压。单向阀 13 保证了主缸上腔良好的密封性，主缸上腔保持高压。保压时间可由压力继电器 12 控制的时间继电器（图中未画出）调整。保压阶段，除了液压泵低压卸荷外，系统中无油液流动，系统油液流动路线为：

主泵 1→换向阀 6（中位）→换向阀 21（中位）→油箱。

d. 泄压、快速回程。保压过程结束时，时间继电器发出信号，使电磁铁 2YA 通电（定程压制成型时，可由行程开关 3SQ 发信），换向阀 6 切换至左位，主缸进入回程阶段。如果此时主缸上腔立即与回油相通，保压阶段缸内液体积蓄的能量突然释放将产生液压冲击，引起振动和噪声。因此，系统保压后必须先泄压，然后回程。当换向阀 6 切换至左位后，主缸上腔还未泄压，压力很高，带阻尼孔的卸荷阀 11 呈开启状态，因此油液流动线路为：

主泵 1→换向阀 6（左位）→阀 11→油箱。

此时主泵 1 在低压下运行，此压力不足以打开液控单向阀 14 的主阀芯，但能打开阀内部的卸荷小阀芯，主缸上腔的高压油经此卸荷小阀芯的开口泄回副油箱 15，压力逐渐降低（泄压）。泄压过程持续至主缸上腔压力降到使卸荷阀 11 关闭时为止。泄压结束后，主泵 1 的供油压力升高，顶开阀 14 的主阀芯。此时系统的油液流动路线为：

进油路：主泵 1→换向阀 6（左位）→液控单向阀 9→主缸有杆腔。

回油路：主缸无杆腔→阀 14→副油箱 15。

主缸驱动滑块快速回程。

e. 停止。当滑块上的挡块 23 压下行程开关 1SQ 时，电磁铁 2YA 断电使换向阀 6 复至中位，主缸活塞被该阀的 M 型机能的中位锁紧而停止运动，回程结束。此时主液压泵 1 又处于卸荷状态（油液流动同保压阶段）。

②顶出缸：主缸和顶出缸的运动应实现互锁。当电液换向阀 6 处于中位时，压力油经过电液换向阀 6 中位进入控制顶出缸 17 运动的电液换向阀 21。

a. 顶出。按下顶出按钮，电磁铁 3YA 通电，换向阀 21 切换至左位，系统的油液流动路线为：

进油路：主泵 1→换向阀 6（中位）→换向阀 21（左位）→顶出缸 17 无杆腔。

回油路：顶出缸 17 有杆腔→换向阀 21（左位）→油箱。

活塞上升，将工件顶出。

b. 退回。电磁铁 3YA 断电，4YA 通电时，油路换向，顶出缸的活塞下降，此时油液流动线路为：

进油路：主泵 1→换向阀 6（中位）→换向阀 21（右位）→顶出缸 17 有杆腔。

回油路：顶出缸 17 无杆腔→换向阀 21（右位）→油箱。

c. 浮动压边作薄板拉伸压边时，要求顶出缸既保持一定压力，又能随主缸滑块的下压而下降。这时电磁铁 3YA 通电，换向阀 21 切换至左位，这时的油液流动路线与顶出时相同，从而顶出缸上升到顶住被拉伸的工件；然后电磁铁 3YA 断电，顶出缸无杆腔的油液被阀 21 封住。主缸滑块下压时，顶出缸活塞被迫随之下行，从而其油液流动线路为：

顶出缸无杆腔→节流阀 19→背压阀 20→油箱。

16. 试分析 3150kN 插装阀式液压机的液压系统的工作原理。

答： 3150kN 插装阀式液压机的液压系统和电磁铁动作顺序表分别如图 7-7 和表 7-3 所示。由图可见，这台液压机的主液压缸（上缸）能实现"快速下行→慢速下行、加压→保压→释压→快速返回→原位停止"的动作循环；辅助液压缸（下缸）能实现"向上顶出→向下退回→原位停止"的动作循环。

表 7-3　　　　3150kN 插装阀式液压机液压系统电磁铁动作顺序表

	动作程序	1YA	2YA	3YA	4YA	5YA	6YA	7YA	8YA	9YA	10YA	11YA	12YA
主液压缸	快速下行	+		+			+						
	减速下行，加压	+		+				+					
	保压												
	释压					+							
	快速返回		+			+	+						+
	原位停止												
辅助液压缸	向上顶出		+							+	+		
	向下退回		+						+			+	
	原位停止												

该液压机采用二通插装阀集成液压系统，由五个集成块组成，各集成块组成原件及其在系统中的作用见表 7-4。

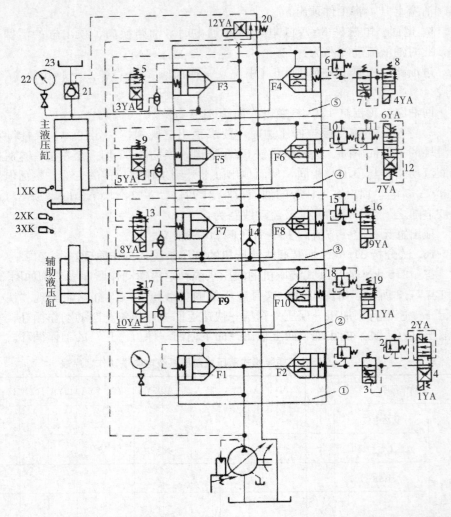

1、2、6、10、11、15、18. 调压阀；3、7. 冲阀；5、8、9、13、16、17、19、20. 二位四通电磁阀；

4、12. 三位四通电磁阀；14. 单向阀；21. 液控单向阀（充液阀）；22. 电接点压力表；23. 副油箱

图 7 - 7　3150kN 插装阀式液压机系统图

　　液压机的液压系统实现空载启动：按下启动按钮后，液压泵启动，此时所有电磁阀的电磁铁都处于断电状态，于是，三位四通电磁阀 4 处于中位。插装阀 F2 的控制腔经阀 3、阀 4 与油箱相通，阀 F2 在很低的压力下被打开，液压泵输出的油液经阀 F2 直接回油箱。

　　（1）主液压缸的工作情况。液压系统在连续实现上述自动工作循环时，主液压缸的工作情况如下：

　　①快速下行。液压泵启动后，按下工作按钮，电磁铁 1YA、3YA、6YA

288

通电，使阀 4 和阀 5 下位接入系统，阀 12 上位接入系统。因而阀 F2 控制腔与调压阀 2 相连，阀 F3 和阀 F6 的控制腔则与油箱相通，所以阀 F2 关闭，阀 F3 和 F6 打开，液压泵向系统输油。这时系统中油液流动情况为：

进油路：液压泵→阀 F1→阀 F3→主液压缸上腔。

回油路：主液压缸下腔→阀 F6→油箱。

表 7－4 　　　　　　　　　　3150kN 液压机液压系统集成块组成原件和作用

集成块序号和名称	组成原件		在系统中的作用
①进油调压集成块	插装阀 F1 为单向阀		防止系统油流向泵倒流
	插装阀 F2	和调压阀 1 组成安全阀	限制系统最高压力
		和调压阀 2、电磁阀 4 组成电磁溢流阀	调整系统工作压力
		和缓冲阀 3、电磁阀 4	减少泵卸荷和升压时的冲击
②辅助液压缸下腔集成块	插装阀 F9 和电磁阀 17 构成一个二位二通电磁阀		控制辅助液压缸下腔的进油
	插装阀 10	和电磁阀 19 构成一个二位二通电磁阀	控制辅助液压缸下腔的回油
		和调压阀 18 组成一个安全阀	限制辅助液压缸下腔的最高压力
③辅助液压缸上腔集成块	插装阀 F7 和电磁阀 13 构成一个二位二通电磁阀		控制辅助液压缸上腔的进油
	插装阀 F8	和电磁阀 16 构成一个二位二通电磁阀	控制辅助液压缸上腔的回油
		和调压阀 15 组成一个安全阀	限制辅助液压缸上腔的最高压力
	单向阀 14		辅助液压缸作液压垫，活塞浮动下行时，上腔补油
④主液压缸下腔集成块	插装阀 F5 和电磁阀 9 组成一个二位二通电磁阀		控制主液压缸下腔的进油
	插装阀 F6	和电磁阀 12	控制主液压缸下腔的回油
		和调压阀 11	调整主液压缸下腔的平衡压力
		和调压阀 10 组成一个安全阀	限制主液压缸下腔的最高压力
⑤主液压缸上腔集成块	插装阀 F3 和电磁阀 5 组成一个二位二通电磁阀		控制主液压缸上腔的进油
	插装阀 F4	和电磁阀 8	控制主液压缸上腔的回油
		和缓冲阀 7、电磁阀 8	主液压缸上腔释压缓冲
		和调压阀 6 组成安全阀	限制住液压缸上腔的最高压力

液压机上滑块在自重作用下迅速下降。由于液压泵的流量较小，主液压缸

上腔产生负压，这时液压机顶部的副油箱 23 通过充液阀 21 向主液压缸上腔补油。

②慢速下行。当滑块以快速下行至一定位置，滑块上的挡块压下行程开关 2XK 时，电磁铁 6YA 断电，7YA 通电，使阀 12 下位接入系统，插装阀 F6 控制腔与调压阀 11 相连，主液压缸下腔的油液经过阀 F6 和阀 11 的调定压力下溢流，因而下腔产生一定背压，上腔压力随之增高，使充液阀 21 关闭。进入主液压缸上腔的油液仅为液压泵的流量，滑块慢速下行。这时系统中油液流动情况为：

进油路：液压泵→阀 F1→阀 F3→主液压缸上腔。

回油路：主液压缸下腔→阀 F6→油箱。

③加压。当滑块慢速下行碰上工件时，主液压缸上腔压力升高，恒功率变量液压泵输出的流量自动减小，对工件进行加压。当压力升至调压阀 2 调定压力时，液压泵输出的流量全部经阀 F2 溢流回油箱，没有油液进入主液压缸上腔，滑块便停止运动。

④保压。当主液压缸上腔压力达到所要求的工作压力时，电接点压力表 22 发出信号，使电磁铁 1YA、3YA、7YA 全部断电，因为阀 4 和阀 12 处于中位，阀 5 上位接入系统；阀 F3 控制腔通压力油，阀 F6 控制腔被封闭，阀 F2 控制腔通油箱。所以，阀 F3、F6 关闭，阀 F2 打开，这样，主液压缸上腔闭锁，对工件实施保压，液压泵输出的油液经阀 F2 直接回油箱，液压泵卸荷。

⑤释压。主液压缸上腔保压一段所需时间后，时间继电器发出信号，使电磁铁 4YA 通电，阀 8 下位接入系统，于是，插装阀 F4 的控制腔通过缓冲阀 7 及阀 8 与油箱相通。在油液缓冲阀 7 节流口的作用下，阀 F4 缓慢打开，从而使主液压缸上腔的压力慢慢释放，系统实现无冲击释压。

⑥快速返回。在液压缸上腔压力下降到一定值后，电接点压力表 22 发出信号，使电磁铁 2YA、4YA、5YA、12YA 都通电，于是，阀 4 上位接入系统，阀 8 和阀 9 下位接入系统，阀 20 左位接入系统；阀 F2 的控制腔被封闭，阀 F4 和阀 F5 的控制腔都通油箱，充液阀 21 的控制腔通压力油。因而阀 F2 关闭，阀 F4、F5 和阀 21 打开。液压泵输出的油液全部进入主液压缸下腔，由于下腔有效面积较小，主液压缸快速返回。这时系统中油液流动情况为：

进油路：液压泵→阀 F1→阀 F5→主液压缸下腔。

回油路：主液压缸上腔→$\begin{cases} 阀\ F4→油箱。 \\ 阀\ 21→副油箱。 \end{cases}$

⑦原位停止。当主液压缸快速返回到终点时，滑块上的挡块压下行程开关 1XK 让其发出信号，使所有电磁铁都断电，于是全部电磁阀都处于中位；阀 F2 的控制腔依靠阀 4 的 d 型中位机能与油箱相通，阀 F5 的控制腔与压力油相

通。因而，阀 F2 打开，液压泵输出的油液全部经阀 F2 回油箱，液压泵处于卸荷状态；阀 F5 关闭，封住压力油流向主液压缸下腔的通道，主液压缸停止运动。

（2）液压机辅助液压缸的工作情况：

①向上顶出。工件压制完毕后，按下顶出按钮，使电磁铁 2YA、9YA 和 10YA 都通电，于是阀 4 上位接入系统，阀 16、17 下位接入系统；阀 F2 的控制腔被封死，阀 F8 和 F9 的控制腔通油箱。因而阀 F2 关闭，阀 F8、F9 打开，液压泵输出的油液进入辅助液压缸下腔，实现向上顶出。此时系统中油液流动情况为：

进油路：液压泵→阀 F1→阀 F9→辅助液压缸下腔。

回油路：辅助液压缸上腔→阀 F8→油箱。

②向下退回。把工件顶出模子后，按下退回按钮，使 9YA、10YA 断电，8YA、11YA 通电，于是阀 13、19 下位接入系统，阀 16、17 上位接入系统；阀 F7、F10 的控制腔与油箱相通，阀 F8 的控制腔被封死，阀 F9 的控制腔通压力油。因而，阀 F7、F10 打开，阀 F8、F9 关闭。液压泵输出的油液进入辅助液压缸上腔，其下腔油液流回油箱，实现向下退回。这时系统油液流动情况为：

进油路：液压泵→阀 F1→阀 F7→辅助液压缸上腔。

回油路：辅助液压缸下腔→阀 F10→油箱。

③原位停止。辅助液压缸到达下终点后，使所有电磁铁都断电，各电磁阀均处于原位；阀 F8、F9 关闭，阀 F2 打开。因而辅助液压缸上、下腔油路被闭锁，实现原位停止，液压泵经阀 F2 卸荷。

（3）性能分析：从上述可知，该液压机液压系统主要由压力控制回路、换向回路、快慢速转换回路和释压回路等组成，并采用二通插装阀集成化结构。因此，可以归纳出这台液压机液压系统的性能特点如下：

①系统采用高压大流量恒功率（压力补偿）变量液压泵供油，并配以由调压阀和电磁阀构成的电磁溢流阀，使液压泵空载启动，主、辅助液压缸原位停止时液压泵均卸荷，这样既符合液压机的工艺要求，又节省能量。

②系统采用密封性能良好、通流能力大、压力损失小的插装阀组成液压系统，具有油路简单、结构紧凑、动作灵敏等优点。

③系统利用滑块的自重实现主液压缸快速下行，并用充液阀补油，使快动回路结构简单，使用原件少。

④系统采用由可调缓冲阀 7 和电磁阀 8 组成的释压回路，来减少由"保压"转为"快退"时的液压冲击，使液压机工作平稳。

⑤系统在液压泵的出口设置了单向阀和安全阀，在主液压缸和辅助液压缸的上、下腔的进出油路上均设有安全阀；另外，在通过压力油的插装阀 F3、

F5、F7、F9 的控制油路上都装有梭阀。这些多重保护措施保证了液压机的工作安全可靠。

17. 汽车起重机的功能结构及液压系统的任务如何？

答：（1）汽车起重机（如图 7-8 所示）是一种行走式起重机械，其主机由汽车、回转台、支腿、变幅缸、动臂、伸缩臂、吊索吊具等组成。汽车用于迁移行车、提供作业动力；支腿用于支承车身及吊起的重物，消除作业时对轮胎的载荷；转台可在 360°范围内回转，用于改变起吊点和停放点位置；吊臂可以伸缩及改变仰角，用于改变起吊重物高度；吊具包括吊钩、吊索、卷扬机等部件，用于升降重物。

图 7-8　汽车起重机图示

（2）液压系统的任务是驱动和控制支腿收放、转台回转、吊臂伸缩和倾角的改变、卷扬机运转吊装等机构。

18. 试分析汽车起重机液压系统的工作原理并归纳其特点。

答：汽车起重机的液压系统原理图如图 7-9 所示，完成的工作循环见表7-5。

（1）系统组成和元件作用：系统的油源为发动机输出传动箱的输出轴驱动的定量液压泵 1。在作业时，发动机可以为液压系统提供全部动力。泵的最高压力由溢流阀 2 设定。

系统的执行元件有支腿液压缸（共四个）、回转马达、伸缩缸、变幅缸和起升马达。其中两个前支腿缸和两个后支腿缸均为并联油路控制，分别由液压锁 7、8 和 5、6 双向锁紧。立置的伸缩缸和变幅缸用于驱动吊臂伸缩和变幅，并分别用平衡阀 9 和 10 支承。转台和卷扬机均由液压马达驱动，液压马达的

表 7-5　　　　　　　　　　　汽车起重机液压系统工作循环

手动阀位置						系统工作状态						
A	B	C	D	E	F	前支腿缸	后支腿缸	回转马达	伸缩缸	变幅缸	起升马达	制动缸
左	中	中	中	中	中	放下	不动	不动	不动	不动	不动	制动
右						收起						
中	左					不动	放下					
	右						收起					
	中	左					不动	正转				
		右						反转				
		中	左					不动	缩回			
			右						伸出			
			中	左		不动			不动	减幅		
				右						增幅		
				中	左					不动	正转	松开
					右						反转	松开

平衡和制动缸制动是互动的。制动缸为弹簧复位的单作用液压缸。各执行元件的启动、停止和换向采用 M 型中位机能的手动换向阀组 4 串联控制，既可顺序操作，也可以单独操作。根据实际情况，操作人员可以控制手动阀的位移量从而控制执行元件的运动速度。

（2）系统工作原理分析：

①支腿收放。当换向阀 A 切换至左位时，泵 1 的压力油经阀 A 的左位、三通接头、液压锁 7、8 中的上侧液控单向阀分别进入前支腿缸的上腔，同时导通下侧液控单向阀。前支腿缸下腔的油液经过液控单向阀、换向阀 A 的左位、其他换向阀的中位回油箱。当前支腿缸使车身升起后，阀 A 复位，液压锁使前支腿缸双向锁死。

当换向阀 B 切换至左位时，泵 1 压力油经过阀 A 的中位、阀 B 的左位、三通接头、液压锁 5、6 中上侧液控单向阀分别进入后支腿缸上腔，同时导通下侧液控单向阀，使后支腿缸下腔的油液回油。

当后支腿缸使轮胎离开地面并使车身水平时，阀 B 复位。液压锁使后支腿缸双向锁死，支承车身并锁死是安全作业的关键。作业完毕时，分别操作换

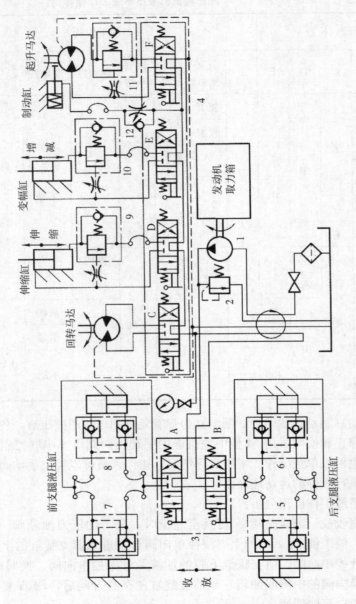

1. 液压泵；2. 溢流阀；3、4. 手动运换向阀组；5～8. 液压锁；
9～11. 平衡阀；12. 单向节流阀；7. 旋转接头；

图 7-9   汽车起重机液压系统原理图

向阀 A、B 切换至右位，即可收回支腿缸。

　　②转台回转。转台由液压马达带动齿轮齿圈减速驱动。操作换向阀 C 左

294

位或右位工作时即可实现正、反转。当阀 C 复位后，马达进出油口闭死停止转动。

③吊臂伸缩。当换向阀 D 切换至右位时，泵 1 的压力油液经阀 A、B、C 的中位、阀 D 的右位、平衡阀 3 的单向阀进入伸缩缸的下腔推动活塞上行，伸缩缸上腔的油液经阀 D 的右位、阀 E、F 的中位回油箱。

当换向阀复位后，伸缩缸由阀 9 平衡支承而不会下滑。

当换向阀切换至左位时，伸缩缸的上腔进油，活塞下行。在上腔压力油作用下，阀 3 的液控顺序阀开启，伸缩缸下腔的油液经阀 9 的液控顺序阀、阀 D 左位、阀 E、阀 F 中位回油箱。

通常，根据一次作业的高度，吊臂伸出后直至作业完毕才缩回。因此，伸缩缸长时间处于伸出状态，并由平衡阀平衡支承而不能自行缩回。

④变幅。变幅缸用以改变吊臂的仰角，其控制回路与吊臂伸缩控制回路完全一样。当换向阀 E 切换至右位时，泵 1 的压力油液经阀 A、B、C、D 的中位，阀 E 的右位、平衡阀 10 中的单向阀进入变幅缸下腔，推动活塞上行增幅。变幅缸的上腔经阀 E、F 回油箱。

当换向阀 E 切换至左位时，变幅缸的上腔进油、下腔回油，经阀 10 的液控顺序阀、阀 E 的左位、阀 F 的中位至油箱。变幅缸的活塞下行而减幅。当换向阀 E 工作在中位时，变幅缸由阀 4 平衡支承而不会下滑。

⑤起重与下降。起重与下降通过液压马达驱动卷扬机完成。当换向阀 F 切换至右位时，泵 1 的压力油液经阀 A、B、C、D、E 的中位，阀 F 的右位，平衡阀 11 中的单向阀进入液压马达。这时，在负载压力作用下，经单向节流阀 12 作用在制动缸的油液使制动闸松开，同时马达经过阀 F 右位回油而转动。这样，马达驱动卷扬机、吊索、吊钩提升重物。

当换向阀 F 切换至左位时，在液控顺序阀产生的背压力作用下，使制动缸缩回松闸。同时，马达的回油经过阀 11 的液控顺序阀、阀 F 的左位回油箱，从而反向转动，重物下降。

当换向阀 F 工作在中位时，液压泵卸荷。制动缸在复位弹簧作用下伸出使马达制动，同时由阀 6 来平衡支承，保证马达不能在重力作用下反向转动。

（3）系统主要特点：

①系统作业时，所有执行元件均处于悬空状态，为此，系统采用了锁紧回路、平衡回路及制动回路，提高了安全可靠性。

②换向阀 A 和 B 装于车身上，其他换向阀装在驾驶室。支腿工作完成后，其他操作全在操作室完成。同时，手动换向阀便于控制阀口开启量，从而在换向的同时可以控制执行元件的运动速度，操作控制方便。

③采用了 M 型中位机能的换向阀串联油路，所有执行元件都不运动时，自行卸荷，减少能量消耗。

19. 在气压传动系统中，工件夹紧气压传动系统动作循环是什么？其工作原理如何？

答：工件夹紧气压传动系统是机械加工自动线和组合机床中常用的夹紧装置的驱动系统。如图7-10所示为机床夹具的气动夹紧系统，其动作循环是：当工件运动到指定位置后，汽缸 A 活塞杆伸出，将工件定位后两侧的汽缸 B 和 C 的活塞杆同时伸出，从两侧面对工件夹紧，然后再进行切削加工，加工完后各夹紧缸退回，将工件松开。

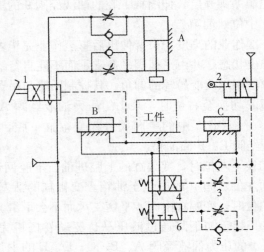

1. 脚踏阀；2. 行程阀；3、5. 单向节流阀；4、6. 换向阀

图 7-10　机床夹具气动夹紧系统

具体工作原理如下：用脚踏下阀1，压缩空气进入缸 A 的上腔，使活塞下降定位工件；当压下行程阀2时，压缩空气经单向节流阀5使二位三通气控换向阀6换向（调节节流阀开口可以控制阀6的延时接通时间），压缩空气通过阀4进入两侧汽缸 B 和 C 的无杆腔，使活塞杆前进而夹紧工件。然后钻头开始钻孔，同时流过换向阀4的一部分压缩空气经过单向节流阀3进入换向阀4右端，经过一段时间（由节流阀控制）后换向阀4右位接通，两侧汽缸后退到原来位置。同时，一部分压缩空气作为信号进入脚踏阀1的右端，使阀1右位接通，压缩空气进入缸 A 的下腔，使活塞杆退回原位。活塞杆上升的同时使机动行程阀2复位，气控换向阀6也复位，由于汽缸 B、C 的无杆腔通过换向阀6、阀4排气，换向阀6自动复位到左位，完成一个工作循环。该回路只有再踏下脚踏阀1才能开始下一个工作循环。

20. 在气压传动系统中，拉门自动开闭系统工作原理如何？

答：拉门自动开闭系统通过连杆机构将汽缸活塞杆的直线运动转换成拉门

开闭运动，利用超低压气动阀来检测行人的踏板动作。在拉门内、外装踏板 6 和 11，踏板下方装有完全封闭的橡胶管，管的一端与超低压气动阀 7 和 12 的控制口连接。当人站在踏板上时，橡胶管里压力上升，超低压气动阀动作。其气动回路如图 7-11 所示。

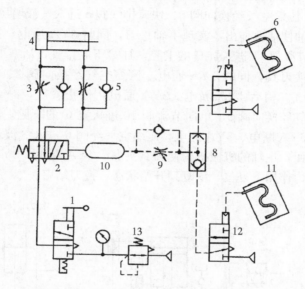

1. 手动阀；2、7、12. 气动换向阀；3、5、9. 单向节流阀；
4. 汽缸；6、11. 踏板；8. 梭阀；10. 气罐；13. 减压阀

图 7-11　拉门自动开闭气压传动系统

首先使手动阀 1 上位接入工作状态，空气通过气动换向阀 2、单向节流阀 3 进入汽缸 4 的元杆腔，将活塞杆推出（门关闭）。当人站在踏板 6 上后，气动控制阀 7 动作，空气通过梭阀 8、单向节流阀 9 和气罐 10 使气动换向阀 2 换向，压缩空气进入汽缸 4 的有杆腔，活塞杆退回（门打开）。当行人经过门后踏上踏板 11 时，气动控制阀 12 动作，使梭阀 8 上面的通口关闭，下面的通口接通（此时由于人已离开踏板 6，阀 7 复位）。气罐 10 中的空气经单向节流阀 9、梭阀 8 和阀 12 放气（人离开踏板 11 后，阀 12 已复位），经过延时（由节流阀控制）后阀 2 复位，汽缸 4 的无杆腔进气，活塞杆伸出（关闭拉门）。

该回路利用逻辑"或"的功能，回路比较简单，很少产生误动作。行人从门的哪一边进出均可。减压阀 13 可使关门的力自由调节，十分便利。如将手动阀复位，则可变为手动门。

21. 在气压传动系统中，数控加工中心气动换刀系统原理如何？

答： 如图 7-12 所示为数控加工中心气动换刀系统原理图，该系统在换刀过程中实现主轴定位、主轴送刀、拔刀、向主轴锥孔吹气和插刀动作。

具体工作原理如下：当数控系统发出换刀指令时，主轴停止旋转，同时4YA 通电，压缩空气经气动三联件 1、换向阀 4、单向节流阀 5 进入主轴定位缸 A 的右腔，缸 A 的活塞左移，使主轴自动定位。定位后压下无触点开关，使 6YA 通电，压缩空气经换向阀 6、快速排气阀 8 进入气液增压气 B 的上腔，增压腔的高压油使活塞伸出，实现主轴松刀，同时 8YA 通电，压缩空气经换向阀 9、单向节流阀 11 进入缸 C 的上腔，缸 C 下腔排气，活塞下移实现拔刀。由回转刀库交换刀具，同时 1YA 通电，压缩空气经换向阀 2、单向节流阀 3 向主轴锥孔吹气。稍后 1YA 断电、2YA 通电，停止吹气，8YA 断电、7YA 通电，压缩空气经换向阀 9、单向节流阀 10 进入缸 C 的下腔，活塞上移，实现插刀动作。6YA 断电、5YA 通电，压缩空气经阀 6 进入气液增压气 B 的下腔，使活塞退回，主轴的机械机构使刀具夹紧。4YA 断电、3YA 通电，缸 A 的活塞在弹簧力作用下复位，恢复到开始状态，换刀结束。

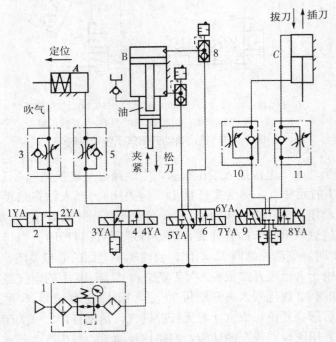

图 7-12　数控加工中心气动换刀系统

第八章　液压系统的维护与密封

1. 液压设备维护保养的要点是什么？

答： 加强设备的维护保养是确保设备正常工作的十分重要的环节。目前，液压设备经常出现四种毛病：一为"精神病"，指液压系统工作时好时坏，执行机构动作时有时无；二为"冒虚汗"，指系统泄漏严重；三为"抖动病"，指执行机构运动时有跳动、振动或爬行；四为"高烧病"，指液压系统工作油液温升过高。如果对上述四种病情进行分析与诊断，寻找产生病根的原因，同时对液压设备进行科学管理，对常见故障采取预防措施，液压系统的故障就可以减少或避免。液压设备的维护保养应注意下列要点：

（1）控制油液污染，保持油液清洁，是确保液压系统正常工作的重要措施。目前由于油液污染严重，造成液压故障频繁发生。据某大型工厂统计，液压系统的故障有80％是由于油液污染引发的。油液污染还会加速液压元件的磨损。

（2）控制液压系统中工作油液的温升是减少能源消耗、提高系统效率的一个重要环节。一台机床的液压系统，若油液温度变化范围较大，其后果是：

①影响液压泵的吸油能力及容积效率。

②系统工作不正常，压力、速度不稳定，动作不可靠。

③液压元件内外泄漏增加。

④加速油液的氧化变质。

（3）控制液压系统泄漏极为重要，因为泄漏和吸空是液压系统常见的故障。要控制泄漏，首先是提高液压元件零部件的加工精度和元件的装配质量以及管道系统的安装质量；其次是提高密封件的质量，注意密封件的安装使用与定期更换；最后是加强日常维护。

（4）防止液压系统振动与噪声。振动影响液压元件的性能，它使螺钉松动，管接头松脱，从而引起漏油，甚至使油管破裂。一旦出现螺钉断裂等故障，又会造成人身和设备事故。因此要防止和排除振动现象。

（5）严格执行日常点检和定检制度。点检和定检是设备维修工作的基础之一。液压系统故障存在着隐蔽性、可变性和难于判断性的三大难关。因此应对液压系统的工作状态进行点检和定检，把可能产生的故障现象记录在日检维修卡上，并将故障排除在萌芽状态，减少重大事故的发生，同时也为设备检修提供第一手资料。

（6）严格执行定期紧固、清洗、过滤和更换制度。液压设备在工作过程中，由于冲击振动，磨损、污染等因素，使管件松动，金属件和密封件磨损，因此必须对液压件及油箱等实行定期清洗和维修，对油液、密封件执行定期更换制度。

（7）严格贯彻工艺纪律。在自动化程度较高的大批量生产的现代化机械加工工厂里，机械设备专业化生产程度较高，生产的节拍性很强，需按照加工要求和生产节拍来调节液压系统的压力和流量，防止操作者为了加快节拍，而将液压系统工作压力调高和运动速度加快的现象。不合理的调节不仅增加功率消耗，油温升高，而且会导致液压系统出现故障。

（8）建立液压设备技术档案。设备技术档案是"管好、用好、修好"设备的技术基础，是备件管理、设备检修和技术改造的原始依据。认真建立液压设备技术档案将有助于分析和判断液压故障的产生原因，并为采取果断措施排除故障提供依据。

（9）要建立液压元件修理试验场所。为确保修理过的液压元件达到原有技术性能要求，或对库存液压元件进行质量抽查，或对进口液压元件在测绘试制之前进行性能测试等，都需要有一个修理试验场所。

2. 液压系统应该达到怎样的清洁度？

答：造成液压系统污染的原因很多，有外部的和内在的。液压元件无论怎样清洁，在装配过程中都会弄脏。在安装管路、接头、油箱、滤油器或者加入新的油液时，都会造成污染物从外部进入，但更多的是液压元件在制造时留下来而未清除干净的污物。除非液压设备或机器在离开工厂前尽可能把污物清除干净，否则很可能会由此引起早期故障，美国汽车工程师协会（SAE）在推荐标准 J 1165《液压油清洁度等级报告》中，把造成严重故障的污垢微粒称为磨损催化剂，因为这类微粒造成的磨损碎屑又会产生新的、更多的碎屑物，即产生典型的"磨损联锁式反应"。对这些微粒必须特别有效地从系统中清除掉，为此国外制造厂家制定了每台设备或机器离开装配线时冲洗液压系统的工艺程序。冲洗的目的是使清洁度达到比在工厂稳定工况时所希望的更好，即达到所谓出厂清洁度，以清除装配时进入污物而造成的早期故障的可能性。

一个液压系统达到什么程度才算清洁？对这个问题，各国液压专家的意见还不一致，但目前一般把 100：1 的微粒密集度范围作为可接受的系统清洁度标准。这一密集度是指每毫升油液中污垢敏感度的差异。要求清洁度标准亦各有所不同。国外设备厂家目前制定的设备清洗启用时的允许污垢量指标一般为每毫升油液中大于 $10\mu m$ 的微粒数在 100～750 等级范围内。这一规定等级限制了各种液压元件清洗后应达到的允许污垢量，可作为制订清洗液压元件的工艺规程。

300

3. 液压系统如何清洗？

答：在现代液压工业中，液压元件日趋复杂，配合精度的要求愈来愈高，所以在安装液压系统时，万一有杂质或金属粉末混入，将会引起液压元件的磨损或卡死等不良现象，甚至会造成重大事故。因此，为了使液压系统达到令人满意的工作性能和使用寿命，必须确保系统的清洁度，而保证液压系统清洁度的重要措施是系统安装和运转前的清洗工作。当液压系统的安装连接工作结束后，首先必须对该液压系统内部进行清洗。清洗的目的是洗掉液压系统内的焊渣、金属粉末、锈片、密封材料的碎片、涂料等。对于刚从制造厂购进的液压装置或液压元件，若已清洗干净可只对现场加工装配的部分进行清洗。液压系统的清洗必须经过第一次清洗和第二次清洗，达到规定的清洁度标准后方可进入调试阶段。

（1）第一次清洗。液压系统的第一次清洗是在预安装（试装配管）后，将管路全部拆下解体进行的。

第一次清洗应保证把大量的、明显的、可能清洗掉的金属毛刺与粉末、砂粒灰尘、油漆涂料、氧化皮、油渍、棉纱、胶粒等污物全部认真仔细地清洗干净。否则不允许进行液压系统的第一次安装。

第一次清洗时间随液压系统的大小、所需的过滤精度和液压系统的污染程度的不同而定。一般情况下为1～2昼夜。当达到预定的清洗时间后，可根据过滤网中所过滤的杂质种类和数量，再确定清洗工作是否结束。

第一次清洗主要是酸洗管路和清洗油箱及各类元件。管路酸洗的方法有以下几种：

①脱脂初洗。去掉油管上的毛刺，用氢氧化钠、硫酸钠等脱脂（去油）后，再用温水清洗。

②酸洗。在20%～30%的稀盐酸或10%～20%的稀硫酸溶液中浸渍和清洗30～40min（其溶液温度为40℃～60℃）后，再用温水清洗。清洗管子必须经常振动或敲打，以便促使氧化皮脱落。

③中和。在10%的苛性钠（苏打）溶液中浸渍和清洗15min（其溶液温度为30℃～40℃），再用蒸汽或温水清洗。

④防锈处理。在清洁干燥的空气中干燥后，涂上防锈油。

各类元件的清洗方法如下：

a. 常温手洗法：这种方法采用煤油、柴油或浓度为2%～5%的金属清洗液在常温下浸泡，再用手清洗。这种方法适用于修理后的小批零件，适当提高清洗液温度可提高清洗效果。

b. 加压机械喷洗法：采用2%～5%的金属清洗液，在适当温度下，加压0.5～1.0MPa，从喷嘴中喷出，喷射到零件表面，效果较好，适用于中批零件的清洗。

c. 加温浸洗法：采用 2%~5% 的金属清洗液，浸洗 5~15min。为提高清洗效果，可以在清洗液中加入表 8-1 所示的常用添加剂，以提高防锈去污和清洗能力。

表 8-1　　　　　　　　　　　　　清洗液常用添加剂

名　称	化学分子式	用量（%）	使用场合
磷酸钠	Na_3PO_4	2~5	适用于钢铁、铝、镁及其合金的清洗防锈
磷酸氢钠	Na_2HPO_4	2~5	适用于钢铁、铝、镁及其合金的清洗防锈
亚硝酸钠	$NaNO_2$	2~4	适用于钢铁制件工序间、中间库或封存防锈
无水碳酸钠	Na_2CO_3	0.3~1	配合亚硝酸钠，适用于调整 pH 值
苯甲酸钠	C_6H_5COONa	1~5	适用于钢铁及铜合金工序间和封存包装防锈

d. 蒸汽清洗法：采用有机溶剂（如三氯乙烯、三氯乙烷等）在高温高压下，有效地清除油污层。这种方法是一种生产率高而三废少的清洗法。

e. 超声波清洗法：这种清洗法目前在国内液压元件生产厂普遍应用。超声波的频率比声波高，它可以传播比声波大得多的能量。在液体中传播时，液体分子可得到几十万倍至几百万倍的重力加速度，使液体产生压缩和稀疏作用。压缩部分受压，稀疏部分受拉，受拉的地方就会发生断裂而产生许多气泡形状的小空腔。在很短的瞬间又受压而闭合产生数千至数万个大气压，这种空腔在液体中的产生和消失现象叫作空化作用。借助于空化作用的巨大压力变化，可将附着在工件上的油脂和污垢清洗干净。超声波清洗机就是根据空化作用的原理制成的。图 8-1 所示为超声波清洗机的工作示意图。

当所有管道、油箱及元器件确认清洗干净后，即可进行第一次安装。

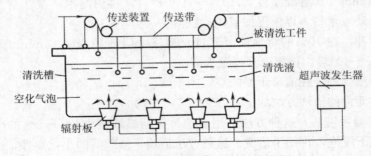

图 8-1　超声波清洗机工作示意图

（2）第二次清洗。液压系统的第二次清洗是在第一次安装连成清洗回路后进行的系统内部循环清洗。第二次清洗的目的是把第一次安装后残存的污物，如密封碎块、不同品质的洗油和防锈油以及铸件内部冲洗掉的砂粒、金属磨合下来的粉末等清洗干净，而后再进行第二次安装组成正式系统。以保证顺利进行正式的调整试车和投入正常运转。对于刚从制造厂购进的液压设备，若确实已按要求清洗干净，可仅对在现场加工、安装的部分进行清洗。

第二次清洗的步骤和方法如下：

①首先将环境和场地清扫干净。

②清洗油的准备。清洗油可选择被清洗的机械设备的液压系统工作用油或试车油，也可选用低黏度的具有溶解橡胶能力的专用清洗油。不允许使用煤油、汽油、酒精或蒸气等作清洗介质，以免腐蚀液压元件、管道和油箱。清洗油的用量通常为油箱内油量的 60%～70%。

③滤油器的准备。清洗管道上应接上临时的回油滤油器。通常选用滤网精度为 80 目、150 目的滤油器，供清洗初期和后期使用，以滤出系统中的杂质与脏物，保持油液干净。

④清洗油箱。液压系统清洗前，首先应对油箱进行清洗。清洗后，用绸布或乙烯树脂海绵等将油箱内表面擦干净，才能加入清洗用油，不允许用棉布或棉纱擦油箱。有些企业用面团清理油箱，也可得到较为理想的清理效果。

⑤加热装置的准备。若将清洗油加热到 50℃～80℃，则管道内的橡胶泥渣等杂物容易清除。因此，在清洗时要对油液分别进行大约 12h 的加热和冷却，故应准备加热装置。

⑥清洗操作过程。清洗前应将安全溢流阀在其入口处临时切断。将液压缸进出油口隔开，在主油路上连接临时通路，组成独立的清洗回路，如图 8-2 所示。对于较复杂的液压系统，可以适当考虑分区对各部分进行清洗。

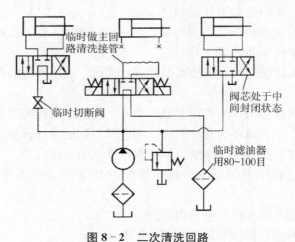

图 8-2 二次清洗回路

清洗时，一边使泵运转，一边将油加热，使油液在清洗回路中自动循环清洗，为提高清洗效果，回路中换向阀可作一次换向，泵可作转转停停的间歇运动。若备有两台泵时，可交换运转使用。为了提高清洗效果，促使脏物的脱落，在清洗过程中可用锤子对焊接部位和管道反复、轻轻地敲打，锤击时间为清洗时间的 10%～15%。在清洗初期，使用 80 目的过滤网；到预定清洗时间的 60% 时，可换用 150 目的过滤网。清洗时间根据液压系统的复杂程度而定，所需的过滤精度因液压系统的污染程度不同而有所不同，当达到预定的清洗时间后，可根据过滤网中所过滤出的杂质种类和数量，确定是否达到清洗目的。

第二次清洗结束后，泵应在油液温度降低后停止运转，以避免外界气温变化引起的锈蚀。油箱内的清洗油液应全部清洗干净，不得有清洗油液残留在油箱内。同时按上述清洗油箱的要求将油箱再次清洗一次，最后进行全面检查，符合要求后再将液压缸、阀等液压元件连接起来，为液压系统第二次安装组成正式系统后的调整试车做好准备。

最后按设计要求组装成正式的液压系统，如图 8-3 所示。在正式调整试车前，加入实际运转时所用的工作油液，用空运转断续开车（每隔 3～5min），这样进行 2～3 次后，可以空载连续开车 10min，使整个液压系统进行油液循环。经再次检查，回油管处的过滤网中应没有杂质，方可转入试车程序。

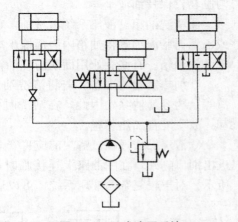

图 8-3　正式液压系统

4. 液压系统如何调试？

答：不管是新制造的液压设备还是经过大修后的液压设备，都要对液压系统进行各项技术指标和工作性能的调试，或按实际使用的各项技术参数进行调试。液压系统的调试主要有以下几方面内容：

①液压系统各个动作的各项参数，如力、速度、行程的始点与终点、各动作的时间和整个工作循环的总时间等，均应调整到原设计所要求的技术指标。

②调整全线或整个液压系统，使工作性能达到稳定可靠。

③在调试过程中要判别整个液压系统的功率损失和工作油液温升变化状况。

④要检查各可调元件的可靠程度。

⑤要检查各操作机构的灵敏性和可靠性。

⑥凡是不符合设计要求和有缺陷的元件，都要进行修复或更换。

液压系统的调试一般应按泵站调试、系统调试（包括压力和流量即执行机构速度调试以及动作顺序的调试）顺序进行。各种调试项目，均由部分到系统整体逐项进行，即部件、单机、区域联动、机组联动等。

（1）泵站调试。

①空载运转 10～20min，启动液压泵时将溢流阀旋松或处在卸荷位置，使系统在无压状态下作空运转。检查卸荷压力的大小，运转是否正常，有无刺耳的噪声，油箱中液面是否有过多的泡沫，油面高度是否在规定范围内等。

②调节溢流阀，逐渐分挡升压，每挡 3～5MPa，每挡运转 10min，直至调整到溢流阀的调定压力值。

③密切注意滤油器前后的压差变化，若压差增大则应随时更换或冲洗滤芯。

④连续运转一段时间（一般为 30min）后，油液的温升应在允许规定值范围内（一般工作油温为 35℃～60℃）。

（2）系统压力调试。系统的压力调试应从压力调定值最高的主溢流阀开始，逐次调整每个分支回路的压力阀。压力调定后，须将调整螺杆锁紧。

①溢流阀的调整压力，一般比最大负载时的工作压力大 10％～20％。

②调节双联泵的卸荷阀，使其比快速行程所需的实际压力大 15％～20％。

③调整每个支路上的减压阀，使减压阀的出口压力达到所需规定值，并观察压力是否平稳。

④调整压力继电器的发信压力和返回区间值，使发信值比所控制的执行机构工作压力高 0.3～0.5MPa；返回区间值一般为 0.35～0.8MPa。

⑤调整顺序阀，使顺序阀的调整压力比先动作的执行机构工作压力大 0.5～0.8MPa。

⑥装有蓄能器的液压系统，蓄能器工作压力调定值应同它所控制的执行机构的工作压力值一致。当蓄能器安置在液压泵站时，其压力调整值应比溢流阀调定压力值低 0.4～0.7MPa。

⑦液压泵的卸荷压力，一般控制在 0.3MPa 以内；为了运动平稳增设背压阀时，背压一般在 0.3～0.5MPa 范围内；回油管道背压一般在 0.2～0.3MPa 范围内。

（3）系统流量调试（执行机构调速）。

①液压马达的转速调试。液压马达在投入运转前，应和工作机构脱开，在空载状态先点动，再从低速到高速逐步调试，并注意空载排气，然后反向运转。同时应检查壳体温升和噪声是否正常。待空载运转正常后，再停机将马达与工作机构连接；再次启动液压马达，并从低速至高速负载运转。如出现低速爬行现象，可检查工作机构的润滑是否充分，系统排气是否彻底，或有无其他机械干扰。

②液压缸的速度调试。速度调试应逐个回路（是指带动和控制一个机械机

构的液压系统）进行，在调试一个回路时，其余回路应处于关闭（不通油）状态。调节速度时必须同时调整好导轨的间隙和液压缸与运动部件的位置精度，不致使传动部件发生过紧和卡住现象。如果缸内混有空气，速度就不稳定，在调试过程中打开液压缸的排气阀，排除滞留在缸内的空气；对于不设排气阀的液压缸，必须使液压缸来回运动数次，同时在运动时适当旋松同油腔的管接头，见到油液从螺纹连接处溢出后再旋紧管接头。

在调速过程中应同时调整缓冲装置，直至满足该缸所带机构的平稳性要求。如液压缸的缓冲装置为不可调型，则须将该液压缸拆下，在试验台上调试处理合格后再装机调试。

双缸同步回路在调速时，应先将两缸调整到相同起步位置，再进行速度调试。

速度调试应在正常油压与正常油温下进行。对速度平稳性要求高的液压系统，应在受载状态下，观察其速度变化情况。

速度调试完毕，然后调节各液压缸的行程位置、程序动作和安全联锁装置。各项指标均达到设计要求后，方能进行试运转。

5. 如何防止油温过高？

答：工程机械液压传动系统油液的工作温度一般在 30℃～80℃ 的范围内，而机床液压系统中油液的温度则须控制在 30℃～60℃ 的范围内。如果油温超过这个范围，将给液压系统带来许多不良的影响。油温升高后的主要影响有以下几点：

（1）油温升高使油的黏度降低，因而元件及系统内油的泄漏量将增多，这样就会使液压泵的容积效率降低。

（2）油温升高使油的黏度降低，这样将使油液经过节流小孔或缝隙式阀口的流量增大，这就使原来调节好的工作速度发生变化，特别对液压随动系统，将影响工作的稳定性，降低工作精度。

（3）油温升高黏度降低后相对运动表面间的润滑油膜将变薄，这样就会增加机械磨损，在油液不太干净时容易发生故障。

（4）油温升高将使机械元件产生热变形，液压阀类元件受热后膨胀，可能使配合间隙减小，因而影响阀芯的移动，增加磨损，甚至被卡住。

（5）油温升高将使油液的氧化加快，导致油液变质，降低油的使用寿命。油中析出的沥青等沉淀物还会堵塞元件的小孔和缝隙，影响系统正常工作。

（6）油温过高会使密封装置迅速老化变质，丧失密封性能。

引起油温过高的原因很多：有些是属于系统设计不正确造成的，例如油箱容量太小，散热面积不够；系统中没有卸荷回路，在停止工作时液压泵仍在高压溢流；油管太细太长，弯曲过多；或者液压元件选择不当，使压力损失太大等。有些是属于制造上的问题，例如元件加工装配精度不高，相对运动件间摩擦发热过多；或者泄漏严重，容积损失太大等。从使用维护的角度来看，防止油温过高应注意以下几个问题：

①注意保持油箱中的正确液位，使系统中的油液有足够的循环冷却条件。

②正确选择系统所用油液的黏度。黏度过高，增加油液流动时的能量损失，黏度过低，泄漏就会增加，两者都会使油温升高。当油液变质时也会使液压泵容积效率降低，并破坏相对运动表面间的油膜，使阻力增大，摩擦损失增加，这些都会引起油液的发热，所以也需要经常保持油液干净，并及时更换油液。

③在系统不工作时液压泵必须卸荷。

④经常注意保持冷却器内水量充足，管路通畅。

6. 液压回路和系统有哪些常见的故障类型？如何进行故障诊断？

答：（1）液压回路和系统常见的故障类型有执行元件动作失常、系统压力失常、系统流量失常、振动与噪声大、系统过热等。对液压系统进行故障诊断常用简易故障诊断法和逻辑分析法。

（2）简易故障诊断法是目前液压系统故障诊断的一种方便易行、最普遍的方法，它是凭维修人员个人的经验，利用简单仪表，客观地按所谓"望→闻→问→切"的流程来进行。此法可以在液压设备工作状态下进行，也可在不工作状态下进行。

（3）逻辑分析法诊断液压系统故障时，可分为两种情况：

①对较为简单的液压系统，可以根据故障现象，按照液压源→控制元件→执行元件的顺序在液压系统原理图基础上，逐项检查并根据已有检查结果，排除其他因素，逐渐缩小范围，直至正确推理分析出故障原因并排除。

②对于较为复杂的液压系统，通常可根据故障现象按控制油路和主油路两部分进行分析，逐一将故障排除。

（4）故障诊断中的一般注意事项如下：

①全面正确了解液压系统。为了准确、快速地进行故障诊断和排除，一般应首先通过观察和询问现场工作人员，全面了解液压系统及主机的构成、功能、主要技术参数（如液压泵和液压马达的转速、转矩、压力、流量）、电源情况、正确的动作循环及状态等，并清楚地了解每个液压元件特别是电液伺服阀、比例阀、数字阀的结构、工作特性和技术参数，特别要询问故障现象。应索取并结合故障现象认真研究液压系统原理图和有关技术文件，并对上述工作做好记录和标记，以备参考。倾听液压系统启动、工作、制动和停车过程中的声音，管内的流动或感觉管子的温热，往往可以查明流动情况。务必不能在上述工作不够充分、毫无分析和把握的情况下，随意拆卸或打开某个元件。实践表明，全面正确地了解液压系统是故障诊断成功的重要基础。

②充分注意系统污染。由于液压系统出现故障的原因 80% 与液压油液的

污染有关，所以，在故障诊断和排除中应当首先从检查和分析液压油液的污染情况着手，然后再考虑其他可能因素，并采取相应的措施。

③容易忽视的细节。在液压系统故障诊断中，容易忽视的细节有：系统中的每个元件必须与系统适应并形成系统的一个整体部分，例如，泵进口装一个尺寸不正确的过滤器可能引起汽蚀使泵损坏；所有管子必须有适当的口径，并且不能有扁弯管，口径不够或扁管会造成管路本身压降；某些元件必须装在相对于其他元件或管路的指定位置，例如柱塞泵壳体必须保持充满油液，以提供润滑；足够的测压点对系统工作来说虽然并不重要，但却便于故障诊断等。

④安全。在进行液压系统故障诊断时，应遵循安全第一的原则。

7. 溢流阀压力不稳定、并伴随有振动噪声的故障分析排除举例。

答：某设备安装升降台液压系统如图8-4所示，用双泵双回路控制二顶升液压缸，实现双缸同时动作或单缸动作，二回路对应的液压元件规格和管路通径相同。使用中发现定量泵1和2同时启动，溢流阀3和4压力不稳定并伴随有振动和噪声。试分析解决之。

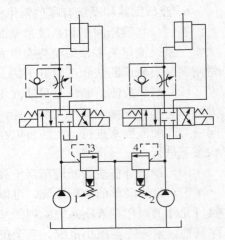

1、2. 定量泵；3、4. 溢流阀

图8-4 升降台液压系统原理图

（1）问题原因分析：试验表明，单泵启动单缸动作时，溢流阀调整的压力稳定，也没有明显的振动和噪声，但当双泵同时启动，即两个溢流阀同时工作时就出现上述故障。分析液压系统可以看出，两个溢流阀除了有一个共同的回油管路外，并没有其他联系。显然，故障原因是由于共用同一个回油管路造成的。如果总回油管路仍按单独回路的通径设计和选取，则必使双泵同时供油时溢流阀回油口背压增高。两个溢流阀共用一个回油管，由于双泵同时工作时两股油流的相互作用，极易产生压力波动，同时溢流阀回油口背压明显地增大，在这两个因素的相互作用下，必然造成系统压力不稳定，并产生振动和噪声。

（2）解决方法：方法之一是将两个溢流阀的回油管路分别接回油箱，避免相互干扰；方法之二是将合流后的总回油管路通径加大，并将两个溢流阀均改为外部泄漏型，即将经过先导阀阀口的油流与主阀回油腔隔开，单独接回油箱。

8. 液压马达转速失常的故障分析及排除实例。

答：如图8-5所示为毛呢织物生产中卷绕工序中的毛呢罐蒸机卷绕部分的运动联系图，它由一整体式液压变速器驱动和控制。卷绕部分用于将经剪绒之后卷在胶辊 9 上的毛呢织物均匀地卷绕到胶辊 7 上。按卷绕工艺，要求该液压变速器能通过由齿轮、同步齿形带等机构零件组成的机械系统Ⅱ正、反向启动胶辊 9 及 7；且能通过该变速器输入和输出端的变量调节机构使两个胶辊的转速从 0~1500r/min 得到无级调节；同时还应能通过起反馈作用的机械系统Ⅰ与汽缸 5 及小轮的配合，使两个胶辊之间织物的线速度基本恒定，以保证适当张力，实现均匀卷绕。使用中发现卷绕速度失常，胶辊转速调节不到高速区上，即只能在低速区（约 500r/min）工作，大大影响了生产率。试解决之。

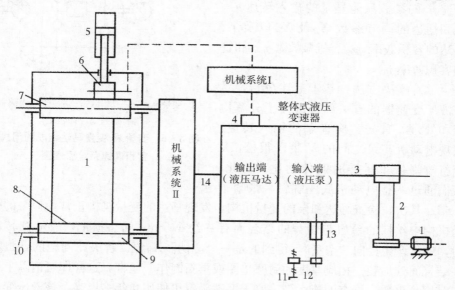

1. 电动机；2. V 带；3 输入轴；4. 输入端变量调节机构；5. 汽缸；6. 小轮；7、9. 胶辊
8. 毛呢织物；10. 输出轴；11. 手轮；12. 链传动机构；13. 输出端变量调节机构

图 8-5　毛呢罐蒸机卷绕部分的运动联系图

（1）原因分析：首先会同有关人员概略检查了暴露在外的机械系统Ⅰ和油箱液位，发现这几部分均正常。因此，推断是液压变速器内部发生了某种故障。故转而分析故障原因，寻求排除方法。从机器的使用说明书中并结合实物了解到该整体式液压变速器的输入端和输出端分别为双向变量的叶片泵和叶片马达。泵和马达轴均为水平安装。输入端前部和输出端后部的凸出部位分别是泵和马达的变量调节机构 13 和 4，泵和马达通过外壳固定在附有紫铜薄壁散热管油箱的顶部。由于原技术文件中无该液压变速器的系统原理图，所以经仔细分析推断认为，该液压变速器实质是一个变量泵和变量马达组成的闭式容积调速系统，根据推断绘出的液压原理图如图 8-6 所示。该变速器驱动功率（即电动机输入功率）为 5kW，但其整体尺寸（含油箱）仅约长×宽×高＝600mm×200mm×700mm。液压泵和液压马达的变量调节机构采用丝杠-螺母

组成的螺旋副，并分别通过手轮和链传动进行手动和自动调节；调压部分采用 6 片碟形弹簧组；变速器输入端与动力源采用柔性联系（液压泵与驱动电机通过两根 V 带传动）。由如下变量泵-变量马达液压系统转速特性公式可知

$$n_{\mathrm{m}}=\frac{q_{P\max}X_{P}n_{p}}{q_{m\max}X_{m}}\eta_{PV}\eta_{1V}\eta_{mV}$$

而本系统中的液压泵和马达的最大排量 $q_{P\max}$ 和 $q_{m\max}$ 均为常数，故影响输出转速 n_{m} 的参数只能是泵的输入转速 n_{p}、泵和马达的调节参数 X_{P} 及 X_{m} 以及泵、马达的容积效率 η_{PV}、机械效率 η_{mv} 和管路容积效率 η_{1V}。

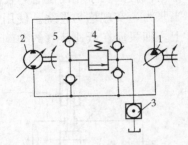

1. 变量泵；2. 变量马达；3. 真空吸入阀；
4. 溢流阀；5. 单向阀

图 8-6　变量泵-变量马达组成的闭式容积调速系统原理图

（2）解决方法：基于上述分析，对该液压变速器的有关部位进行了分解检查和处理。首先，检查泵的输入转速，发现电动机与泵之间的 V 带已很松，V 带打滑降低了运转时的传动比。为此，我们通过调整电动机底座螺钉，张紧了 V 带。其次，检查马达和泵的变量机构，发现马达的变量机构正常。但泵的变量机构中丝杠的台肩与端盖的结合面有一约 1.5mm 的磨损量，故丝杠转动时，螺母产生径向“空量”，得到的是一个“伪” X_P 值。解决此问题的办法是在结合面处加装一相应厚度的耐磨垫圈或重新制作一丝杠，这样即可消除上述“空量”。再次，检查油液污染。鉴于毛呢罐蒸机使用 4 年多以来，该液压变速器一直未更换过液压油液的情况，将原系统中所有油液排出，发现其中有少量织物纤维，油箱底部还附着大量颗粒状污物。考虑到这些杂质易引起液压元件堵塞和磨损，可能会导致各容积效率及吸油量下降，故对系统进行了彻底清洗。最后，重新组装并按使用要求加足新液压油液，一次试车成功，排除了上述故障，使罐蒸机及液压变速器恢复了正常工作状态，生产效率得以提高。

9. 液压缸不能按要求锁紧而窜动的故障分析排除实例。

答：如图 8-7（a）所示为集装箱桥式起重机吊具定位液压系统，它实现集装箱吊具的移动及定位。要求液压缸 5 在水平方向左行、右行并在任意位置准确定位，不得有漂移或窜动，其运动速度应能调节。为满足吊具定位要求，该系统在液压缸 5 的进出油口设置了外泄式（带卸荷阀芯）双液控单向阀 4，用以锁紧液压缸。为了调节液压缸的速度，系统中采用了调速阀 3 和四个单向阀，实现进回油双向调速。活塞向右运动时为回油节流调速，活塞向左运动时为进油节流调速，速度均由调速阀调节。由于采用了四个单向阀，活塞无论向何方向运动，油液都能沿同一方向流经调速阀，故活塞的往复速度相等。系统

工作压力由溢流阀1调定。系统使用中发现，当手动换向阀2处于中位后，液压缸不能准确定位停止，出现窜动现象。试诊断排除。

（1）原因分析：系统采用液控单向阀锁紧时，液控单向阀的控制油路不能保持压力，这样才能使液控单向阀有效封闭，起到锁紧作用。

由于系统中换向阀2的中位机能是O型的，故当阀2切换至中位时，液压缸5和换向阀2间的油路被闭死，仍保持一定压力，即液控单向阀的控制油路仍有压力存在，使其不能立即关闭。直至由于换向阀内泄使控制油路压力油泄压后，液控单向阀才关闭。故从换向阀处于中位到运动尚有一段时间，出现了液压缸不能准确定位的窜动现象。

（2）解决方法：将原系统中中位机能为O型的换向阀改换为Y型的换向阀［如图8-7（b）所示］，当换向阀处于中位时，液控单向阀的控制油路立即与油箱接通，压力迅速下降，故液控单向阀能及时关闭，起锁紧作用。

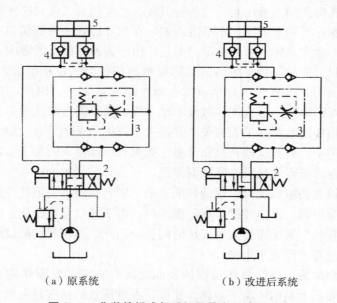

（a）原系统　　　　　　（b）改进后系统

图 8-7　集装箱桥式起重机吊具定位液压系统

10. 液压系统的泄漏主要有哪几种形式？

答：液压系统的泄漏主要有缝隙泄漏、多孔隙泄漏、黏附泄漏和动力泄漏4种形式。

（1）缝隙泄漏。缝隙泄漏是指缝隙中的液体在两端压力差的作用下流动，便产生泄漏。液压元件中，不宜采用密封件而利用缝隙进行密封的结合面较多，而且缝隙的形式是多种多样的。通常把液体在缝隙中流动简化为平板缝隙流动（两平板平行或倾斜，相对运动或静止）、环形缝隙流动（组成缝隙的两个内外圆表面同心或偏心，相对运动或静止）和平板缝隙辐射状流动等类型。例如，齿轮泵齿轮端面与侧板之间，齿顶圆与壳体内圆表面之间，叶片泵叶片端面与配流盘之间，叶片顶端与定子内圆表面之间，径向柱塞泵的转子衬套与配流轴之间等，都形成近似为两平行板间的缝隙。

液压元件工作时，液体从高压腔流经这些相对运动的平板缝隙向低压腔泄漏。阀芯与阀孔表面之间，柱塞与缸孔之间，液压缸活塞与缸孔内壁之间，液压泵转轴与轴承盖孔之间等，油液在缝隙中轴向流动遵循环形缝隙泄漏规律。在轴向柱塞泵中，压力腔液体经过缸体端面与配流盘之间缝隙泄漏，类似于两平行板间的放射状流动。缝隙泄漏是液压元件泄漏的主要形式，泄漏量大小与缝隙两端压力差、液体黏度、缝隙长度、宽度和高度有关。由于泄漏量与缝隙高度的三次方成正比，因此，在结构及工艺允许的条件下，应尽量减小缝隙高度。

（2）多孔隙泄漏。液压元件的各种盖板、法兰接头、板式连接等，通常都采取紧固措施，当结合表面无不平度误差，在相互理想平行的状态下紧固，其结合面之间不会在总体上形成缝隙。但是，由于表面粗糙度的影响，两表面不会各点都接触。例如，精车表面的实际接触面积仅为理论接触面积的15%左右，精磨表面为30%～50%，精研的表面才能达到90%。因此，在两表面上不接触的微观凹陷处，形成许多截面形状多样、大小不等的孔隙，孔隙的截面尺寸与表面粗糙度的实际参数有关，并远大于液体分子的尺寸。因此，液体在压力差的作用下，通过这些孔隙而泄漏。如果表面残留下的加工痕迹与泄漏方向一致，泄漏液流阻力减小，则泄漏严重。

另外，铸件的组织疏松、焊缝缺陷夹杂、密封材料的毛细孔等产生的泄漏均属于多孔隙泄漏。液体经过多孔隙泄漏时，由于液道弯弯曲曲、时而通时而又不通、路程长、所受阻力大及经历时间长，因此，做密封性能试验时，需经一定的时间过程才能表现出来。

（3）黏附泄漏。黏性液体与固体表面之间有一定的黏附作用，两者接触后，在固体表面上黏附一薄层液体。比如，在液压缸的活塞杆上就黏附一层液体，由于有此层液体，可以对密封圈起润滑作用。但是，当黏附的液层过厚时，就会形成液滴或当活塞杆缩进缸筒时被密封圈刮落，产生黏附泄漏。防止黏附泄漏的基本办法是控制液体黏附层的厚度。

（4）动力泄漏。在转动轴的密封表面上，若留有螺旋形加工痕迹时，此类痕迹具有"泵油"作用。当轴转动时，液体在转轴回转力作用下沿螺旋形痕迹的凹槽流动。若密封圈的唇边上存在此类痕迹时（模具上的螺旋痕迹复印给密封圈），其结果与上述现象相同，仍有"泵油"作用而产生动力泄漏。动力泄漏的特点是：轴的转速越高，泄漏量越大。

为了防止动力泄漏，应避免在转轴密封表面和密封圈的唇边上存在"泵油"作用的加工痕迹，或者限制痕迹的方向。

实际液压设备泄漏情况是复杂的，往往是各种原因和情况的综合。

11. 造成液压系统泄漏的相关因素有哪些?

答：造成液压系统泄漏的相关因素有以下几方面：

（1）工作压力。在相同的条件下，液压系统的压力越高，发生泄漏的可能性就越大，因此应该使系统压力的大小符合液压系统所需要的最佳值，这样既能满足工作要求，又能避免不必要的过高的系统压力。

（2）工作温度。液系统所损失的能量大部分转变为热能，这些热能一部分通过液压元件本身、管道和油箱等的表面散发到大气中，其余部分就贮存在液压油中，使油温升高。油温升高不仅会使油液的黏度降低，使油液泄漏量增加，还会造成密封元件加快老化、提前失效，引起严重泄漏。

（3）油液的清洁程度。液压系统的液压油常常会含有各种杂质，例如液压元件安装时没有清洗干净，附在上面的铁屑和涂料等杂质进入液压油中；侵入液压设备内的灰尘和脏物污染液压油；液压油氧化变质所产生的胶质、沥青质和碳渣等。液压油中的杂质能使液压元件滑动表面的磨损加剧，液压阀的阀芯卡阻、小孔堵塞，密封件损坏等，从而造成液压阀损坏，引起液压油泄漏。

（4）密封装置的选择。正确地选择密封装置，对防治液压系统的泄漏非常重要。密封装置选择的合理，能提高设备的性能和效率，延长密封装置的使用寿命，从而有效地防止泄漏。否则，密封装置不适应工作条件，造成密封元件地过早地磨损或老化，就会引起介质泄漏。

此外，液压元件的加工精度、液压系统管道连接的牢固程度及其抗振能力、设备维护的状况等，也都会影响液压设备的泄漏。

12. 排除泄漏的基本措施有哪些?

答：排除泄漏的基本措施有以下几种：

（1）合理选择密封圈及密封槽尺寸。要做到合理地选择密封装置，必须熟悉各种密封装置的形式和特点、密封材料的特性及密封装置的使用条件，如工作压力的大小、工作环境的温度、运动部分的速度等。把实际的使用条件与密封件的允许使用条件进行比较，必须保证密封装置有良好的密封性能和较长的使用寿命。

密封材质要与液压油相容，其硬度要合适。胶料硬度要根据系统工作压力高低进行选择。系统的压力高则选择胶料硬度高的密封件，压力过高，还需设计支承环。为使密封可靠、寿命长，在设计密封槽时，要有适当的压缩率和拉伸量，压缩率不能过大也不能过小。过大则压缩应力增加，摩擦力增大，加快密封磨损，亦易产生扭曲破坏，寿命缩短，有时造成装配困难；过小则密封性不好，产生泄漏。

O形密封圈由于结构简单、易于安装、密封性能好及工作可靠，作静密封时几乎无泄漏，所以是当前应用比较广泛的密封件。拉伸量是对以内圆和外圆起密封作用的 O 形圈而言，从提高寿命考虑，设计时应尽量避免密封圈线径的中心线被拉伸，因此密封圈应尽量按国标进行选用，而密封槽也应该按相应的标准进行设计。在不得已的情况下才自行设计，但尺寸公差要严格控制，粗糙度要符合要求，因为密封槽的宽度过大或深度过深都会造成压缩量不够而引起泄漏。

（2）零件及管路结构设计要合理。零件设计时要有导向角，以免装配时损伤密封件。在有锐边和沟槽的部位装配密封圈时，要使用保护套，以免损伤密封件。

设置液压管路时应该使油箱到执行机构之间的距离尽可能短，管路的弯头、特别是 90°的弯头要尽可能少，以减少压力损失和摩擦。

液压系统中应尽量减少管接头，系统漏油有 30%～40%是由管接头漏出的。

（3）要控制液压系统的油温。油温过高，润滑油膜变薄，摩擦力加大，磨损加剧，密封材料老化增快，使之变硬变脆，并可能很快导致泄漏。

控制液压系统温度的升高，一般从油箱的设计和液压管道的设置方面着手。为了提高油箱的散热效果，可以增加油箱的散热表面，把油箱内部的出油和回油用隔板隔开。油箱液压油的温度一般允许在 55℃～65℃，最高不得超过 70℃。当自然冷却的油温超过允许值时，就需要在油箱内部增加冷却水管或在回油路上设置冷却器，以降低液压油的温度。

（4）选择合适结构的液压元件和管接头。选择合适的液压元件，如电磁换向阀。若系统不要求有快速切换，则应选择湿式电磁阀。因为湿式电磁阀寿命长，冲击小，推杆处无动密封，消除了推杆部位引起的泄漏。液压系统中常用的管接头有扩口式、卡套式和焊接式三类。这三种接头各有特点，应根据工作可靠性和经济性进行选择。扩口接头一般较为便宜，卡套接头能承受较大的振动，焊接接头用于能承受高压、高温及机械负载大和强烈振动的场合。

（5）严格控制制造质量。严格控制密封槽的尺寸公差、表面粗糙度要达到图纸规定要求。槽边不能有毛刺和碰伤，装配前要清洗干净。

密封盖尺寸和法兰盖螺孔要保证质量，间隙不能太大，以避免密封件被挤出。

另外，在生产中，要加强维护管理，有计划地定期检查、修理液压设备，保护液压设备，防止机械振动和冲击压力，及时发现设备的泄漏，从而减少故障和油液的漏损，延长机器寿命，提高设备的完好率。

13. 液压系统压力失常的原因及诊断、排除方法有哪些？

答：液压系统压力失常的原因及诊断排除方法，见表 8-2。

表 8-2　　　　　　　　　　　　液压系统压力失常的故障诊断及排除方法

故障现象	产 生 原 因	排 除 方 法
无压力	无流量	按表8-3检修
压力过低	存在溢流通路	
	减压阀调压值不当	重新调整到正确压力
	减压阀损坏	维修或更换
	液压泵或执行元件损坏	
压力过高	系统中的压力阀（溢流阀、卸荷阀与减压阀或背压阀）调压不当	重新调整到正确压力
	变量液压泵或马达的变量机构失灵	维修或更换
	压力阀磨损或失效	
	油液中混有空气	找出故障部位，清洗或研修，使阀芯在阀体内运动灵活自如
	溢流阀磨损	维修或更换
压力不规则	油液污染	更换堵塞的过滤器滤芯，给系统换油
	蓄能器充气丧失或蓄能器失效	检查充气阀的密封状态；充气到正确压力；蓄能器失效则大修
	液压泵、执行元件及液压阀磨损	检修液压泵、液压缸、液压阀内部易损件磨损情况和系统各连接处的密封性

14. 液压系统流量失常的原因及诊断排除方法有哪些？

答：液压系统流量失常的原因及诊断排除方法，见表8-3。

表 8-3　　　　　　　　　　　　液压系统流量失常的故障诊断及排除方法

故障现象	产 生 原 因	排 除 方 法
无流量	电动机不工作	大修或更换
	液压泵转向错误	检查电动机接线，改变旋转方向
	联轴器打滑	更换或找正
	油箱液位过低	注油到规定高度
	方向控制设定位置错误	检查手动位置；检查电磁控制电路；修复或更换控制泵
	全部流量都溢流	调整溢流阀
	液压泵磨损	维修或更换
	液压泵装配错误	

故障现象	产 生 原 因	排 除 方 法
流量不足	液压泵转速过低	在一定压力下把转速调整到需要值
	流量设定过低	重新调整
	溢流阀、卸荷阀调压值过低	
	流量被旁通回油箱	拆修或更换；检查手动位置；检查电磁控制电路；修复或更换控制泵
	油液黏度不当	检查油温或更换黏度适合的油液
	液压泵吸油不良	加大吸油管径，增加吸油过滤器的流通能力，清洗过滤器滤网，检查是否有空气进入
	液压泵变量机构失灵	拆修或更换
	系统外泄漏过大	旋紧漏油的管接头
	泵、缸、阀内部零件及密封件磨损，内泄漏过大	拆修或更换
流量过大	流量设定值过大	重新调整
	变量机构失灵	拆修或更换
	电动机转速过高	更换转速正确的电动机
	更换的泵规格错误	更换规格正确的液压泵
流量脉动过大	液压泵固有脉动过大	更换液压泵或在泵出口增设吸收脉动的蓄能器
	原动机转速波动	检查供电电源状况，若电压波动过大，待正常后工作或采取稳压措施；检查内燃机运行状态，使其正常

15. 如何诊断排除液压执行元件动作失常故障?

答：液压执行元件（液压缸、液压马达和摆动液压马达）动作失常是液压系统最容易直接观察到的故障，例如系统正常工作中，执行元件突然动作变慢、爬行或不动作。液压执行元件动作失常的故障诊断及排除方法，见表 8-4。

表 8-4　　　　　　　　　　　液压执行元件动作失常的故障诊断及排除方法

故障现象	产 生 原 因	排 除 方 法
无动作	系统无流量或压力	按表8-2和表8-3检修
	执行元件磨损	维修或更换
	限位或顺序装置调整不当或不工作	
	电液控制阀不工作	
	电液伺服、比例阀的放大器无指令信号	修复指令装置或连线
	电液伺服、比例阀的放大器不工作或调整不当	调整、修复或更换
动作过慢	流量不足	按表8-3检修
	液压介质黏度过高	检查油温和介质黏度，需要时要换油
	执行元件磨损	维修或更换
	液压阀控制压力不当	按表8-2检修
	主机导轨缺乏润滑	润滑
	伺服阀卡阻	清洗并调整或更换伺服阀；检查系统油液和过滤器状态
	电液伺服、比例阀的放大器失灵或调整不当	调整、修复或更换
动作过快	流量过大	按表8-3检修
	超越负载作用	平衡或布置其他约束
	反馈传感器失灵	维修或更换
	电液伺服、比例阀的放大器失灵或调整不当	调整、修复或更换

故障现象	产 生 原 因	排 除 方 法
动作不规则	压力不规则	按表 8-2 检修
	液压介质混有空气	按表 8-2 检修
	主机导轨缺乏润滑	控制流量脉动在允许范围内
	执行元件磨损	调整或更换
	指令信号不规则	重新测定蓄能器性能
	反馈传感器失灵	更换黏度合适的液压抽
	电液伺服、比例阀的放大器失灵或调整不当	调整、修复或更换

16. 液压系统过热的原因及诊断排除方法有哪些?

答:液压系统过热的原因及诊断排除方法,见表 8-5。

表 8-5   液压系统过热的故障诊断及排除方法

故障现象	故 障 原 因	排 除 方 法
液压泵	汽蚀	清洗过滤器滤芯和进油管路;改正液压泵转速;维修或更换补油泵
	油中混有空气	给系统放气;旋紧漏气的接头
	溢流阀或卸荷阀调压值过高	调至正确压力
	过载	找正并检查密封和轴承的状态;布置并纠正机械约束,检查工作负载是否超过回路设计
	泵磨损或损坏	维修或更换
	油液黏度不当	检查油温或更换液压油液
	冷却器失灵	维修或更换
	油液污染	清洗过滤器或换油

故障现象	故 障 原 因	排 除 方 法
液压马达	溢流阀或卸荷阀调压值过高	调至正确压力
	过载	找正并检查密封和轴承的状态；布置并纠正机械约束，检查工作负载是否超过回路设计
	马达磨损或损坏	维修或更换
	油液黏度不当	检查油温或更换液压油液
	冷却器失灵	维修或更换
	油液污染	清洗过滤器或换油
溢流阀	选用规格过小	更换
	设定值错误	调至正确压力
	液压阀磨损或损坏	维修或更换
	油液黏度不当	检查油温或更换液压油液
	冷却器失灵	维修或更换
	油液污染	清洗过滤器或换油
电磁阀	电源错误	更正
	油液黏度不当	检查油温或更换液压油液
	冷却器失灵	维修或更换
	油液污染	清洗过滤器或换油
液压管路	管路过细过长、弯曲过多	加大管径、缩短长度并减少弯曲
周围环境	温度过高	改善周围通风条件或增设冷却装置

17. 液压系统异常振动和噪声产生的原因及防止和排除方法有哪些？

答：液压系统异常振动和噪声产生的原因及防止和排除方法，见表 8-6。

表 8-6　　　　　　　　　　　液压系统异常振动和噪声的防止和排除方法

部位	产　生　原　因	防止和排除方法
液压油	液位低	按规定补足
	油液污染	净化或更换
液压泵	内部零件卡阻或损坏	修复或更换
	轴颈油封损坏	清洗、更换
	进油口密封圈损坏	
溢流阀	阻尼孔被堵死	清洗
	阀座损坏	修复
	弹簧疲劳或损坏，阀芯移动不灵活	更换弹簧，清洗、去毛刺
	远程调压管路过长，产生啸叫声	在满足使用要求情况下，尽量缩短该管路长度
电液阀	电磁铁失灵	检修
	控制压力不稳定	选用合适的控制油路
液压管路	液压脉动	在液压泵出口增设蓄能器或消声器
	管长及元件安装位置匹配不合理	合理确定管长及元件安装位置
	吸油过滤器阻塞	清洗或更换
	吸油管路漏气	改善密封性
	油温过高或过低	检查温控组件工作状况
	管夹松动	紧固
机械部分	液压泵与原动机的联轴器不同心或松动	重新调整、紧固螺钉
	原动机底座、液压泵支架、固定螺钉松动	紧固螺钉
	机械传动零件（皮带，齿轮，齿条，轴承、杆系）及电动机故障	检修或更换

18. 密封故障的现象有哪些?

答: 密封故障的现象主要有以下三种:

(1) 密封本身的损坏。主要是因流体被污染、超载,不合格的沟槽尺寸和不合格的密封安装面,密封件质量不合格,以及在超出密封材质所允许的压力、温度范围外使用等原因所引起的。损坏的主要形式为磨损、挤出破裂和压缩永久变形等,具体说明如下。

混入空气的液体会产生"气泡型损坏"和"柴油效应损坏"。当液体中的气泡经过密封唇部时,气泡被压缩为原来尺寸的几分之一,泡内压力增高,而此气泡到达密封的非压力侧时,便迅速体积膨胀而释放能量,使密封唇部立即破损,呈现出特有的喇叭形轴向沟槽;当含有一定比例的油蒸气的气泡,由于施加压力而达到足够的温度时,会产生类似于柴油发动机内燃方式的自燃,很可能烧坏防挤出环或支承环,发生密封件的碳化和烧坏,密封磨损加剧。

挤出破损主要是由密封沟槽或密封件尺寸偏差所造成的挤出间隙过大引起的,例如密封沟槽的径向截面尺寸过大,而防挤出环的尺寸过小等。另外环境温度过高会使密封件软化,使得在高压下更加"液化"而流动,使它能挤入比平常温度下不能挤入的更小缝隙中,而反向压力油作用时,被楔入间隙中的密封部分便被切掉而产生挤出破损。高温可使密封橡胶件软化,大大降低其抗磨性,其显著表现为密封表面被磨得光滑发亮。

污物的进入也是产生密封磨损拉伤的主要原因之一,因为此时摩擦力很大。

(2) 密封漏油。密封破损是漏油的主要原因。

密封件无明显损坏而产生漏油主要是密封沟槽和密封件本身尺寸不合适,而产生过盈量不够,以及超出密封使用的温度范围所致。

密封件的初始过盈量不够是引起低压泄漏的主要原因。这可能是密封沟槽尺寸过大或密封件径向截面尺寸过小的结果。在这种情况下,流体被迫在密封变形前便通过密封唇部;温度过低也可以使过盈量减小,这时密封失去弹性而变形;另外密封沟槽上微细拉伤裂纹也引起密封件的低压泄漏。

引起高压泄漏的原因除了密封沟槽不合格外,也可能是密封沟槽与密封件间的轴向间隙不够的结果。在这类密封中,为了保证全压作用,必须留有一点间隙。轴向间隙不够可能是由于沟槽尺寸过小,或是密封件轴向尺寸过大造成的。

(3) 由密封不当产生爬行现象。密封件故障是引起液压缸或液压马达爬行的众多因素中的重要因素之一。因密封原因而产生爬行的原因主要有:

①受密封材质和油温等因素的影响,密封的动静摩擦因数之差过大。

②金属零件的密封表面粗糙度过大。

③在密封接触表面上不能充分形成润滑油膜。

④密封沟槽尺寸不对，或因安装与运行方向不同心，密封在槽内扭曲翻转，造成摩擦阻力变化。

⑤因密封不好进空气或因为内外泄漏增大时均有可能产生爬行。

⑥高压低速时。

⑦密封压缩余量过大。

总之，上述三种密封故障原因较为复杂，有密封本身引起的，也有其他原因产生的。实际诊断主要在于经验和技巧。而密封的漏油原因更多，漏油问题至今为止可以说是液压技术中最难解决的难题。漏油涉及的面很多，有技术问题，有管理问题。有时因忽视"小问题"而出现大漏的"大问题"。只要去掉头脑里一个"难"字，加强技术攻关，加强管理，重视漏油，问题不一定难以解决。

19. O 形密封圈的故障如何排除？

答：O 形密封圈具有结构简单、易于制造、成本低廉等优点，因而它是液压中应用最普遍的动密封和静密封件。O 形密封圈装入密封槽中，其截面通常产生 15％～20％的压缩变形（δ_1 与 δ_2），所以它就对接触表面产生足够大的接触应力，从而起到阻止液体泄漏而产生密封作用，如图 8-8 所示。导致 O 形密封圈漏

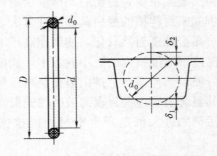

图 8-8　O 形密封圈和装入沟槽情况示意图

油等故障的原因包括设计、加工和装配使用等方面。

（1）O 形圈沟槽设计不好引起的泄漏等故障。O 形圈沟槽尺寸各参数的设计与选用，对密封性能和使用寿命影响很大。合理设计是保证可靠密封的前提，应高度重视。

O 形密封形式分为径向密封（包括液压气动用动、静密封）、轴向密封（包括受内压密封、受外压密封）。O 形圈密封设计时主要是沟槽形状、尺寸及公差、表面粗糙度的设计。

沟槽的形状可按表 8-7 选取，一般选用矩形槽，密封形式和沟槽结构如图 8-9 所示。设计加工时，沟槽尺寸 d_{10} 和 d_6、d_9 和 d_3 之间的同轴度公差，对于直径为 50mm 或 50mm 以下的不允许超过 ϕ 50.05mm；直径大于 50mm 的不允许超过 ϕ 0.10mm。沟槽的外边口一般采用较小的圆角半径 $r_2 = 0.1$～0.2mm，这样可避免该处形成锋利的刃口而切破密封，还可防止挤出间隙切破 O 形圈。动密封时槽底圆角 r_1 可取 $r_1 = 0.3$～1.0mm，静密封沟槽取 $r_1 =$

$d_0/2$（d_0 为自由状态下 O 形圈截面直径）。

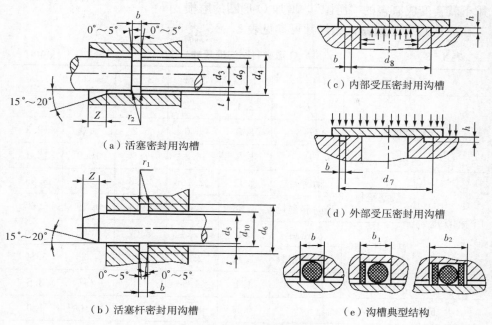

图 8−9　密封形式和沟槽结构

表 8−7　　　　　　　　　　　　常用沟槽形状和适用情况

	形　　　状	适用情况
矩形沟槽		适用于动密封和静密封，应用最普遍
V 形沟槽		只适用于静密封或低压下的动密封，摩擦阻力大，容易挤入间隙，一般不推荐使用
半圆形沟槽		仅用于旋转密封，且不普遍
燕尾形沟槽		适用于低摩擦密封，工艺性差，一般不采用
三角形沟槽		仅用于法兰盘及螺栓头部较窄处

　　沟槽宽度 b 和深度 h 是密封沟槽的重要结构参数。沟槽的深度取决于 O 形圈所要求的压缩率，至少必须小于 d_0；沟槽宽度一般取 $b=(1.1\sim1.5)\,d_0$，静密封 b 取大值，动密封取小值。如有挡圈，则相应增加其宽度尺寸，保证装

配后的 O 形圈与槽壁之间留有适当间隙，但不能过大，否则在交变压力的作用下就会变成有害的"游隙"，增加 O 形圈的磨损。

关于 O 形密封圈沟槽尺寸可参见表 8-8、表 8-9。

表 8-8   O 形密封圈沟槽尺寸   （mm）

O 形密封圈截面尺寸 d_0			1.80	2.65	3.55	5.30	7.00
沟槽宽度		b	2.4	3.6	4.8	7.1	9.5
		b_1	3.8	5.0	6.2	9.0	12.3
		B_2	5.2	6.4	7.6	10.9	15.1
沟槽深度 t	活塞密封	动密封	1.42	2.16	2.96	4.48	5.95
		径向静密封	1.38	2.07	2.74	4.19	5.67
	活塞杆密封	动密封	1.47	2.24	3.07	4.66	6.46
		径向静密封	1.42	2.15	2.85	4.36	5.89
最小倒角长度 Z_{min}			1.1	1.5	1.8	2.7	3.6
最大槽底圆角半径 r_{1max}			0.5	0.5	1.0	1.0	1.0
最大槽棱圆角半径 r_{2max}			0.1~0.3			0.2~0.4	

表 8-9   O 形密封圈轴向密封沟槽尺寸   （mm）

O 形密封圈截面尺寸 d_0	1.80	2.65	3.55	5.30
沟槽宽度 b	2.60	3.80	5.00	7.30
沟槽深度 t	1.28	1.97	2.75	4.24
槽底圆角半径 r_1	0.2~0.4		0.4~0.8	
槽棱圆角半径 r_2	0.1~0.3			

为了确保密封，O 形圈沟槽尺寸必须严格按标准设计。密封表面的粗糙度也很重要，选择不当，往往导致摩擦发热和增加泄漏量，更造成 O 形圈的老化和龟裂，但过低的表面粗糙度实践证明也不是件好事。

密封沟槽的同轴度对密封圈的密封性能影响也不可忽视。如图 8-10 所示，当 $h_1 < h_2$，偏心量 e 太大时，会导致上半部分 O 形圈的压缩量大，下半部分压缩量过小或根本无压缩，造成密封不良甚至密封失效，而且容易造成 O 形圈的扭曲现象。扭曲是导致 O 形圈损坏和泄漏的重要原因。

O 形圈的压缩余量 ε 的大小直接影响 O 形圈的密封性能和使用寿命，过小过大均不利。考虑压缩余量大小的因素有：足够的密封面接触压力（大于液体工作压力）；摩擦力尽量小；尽量避免压缩永久变形等。这些因素往往彼此间是有矛盾的，需根据不同情况做出合理设计。回转动密封时，一般旋转用 O 形圈的内径宜比轴径大 3%～5%，半径的压缩率 $\varepsilon = 3\% \sim 8\%$；对低摩擦运动用 O 形圈为了减少摩擦力，一般应选取较小的压缩率，即 $\varepsilon = 5\% \sim 8\%$；低温与高温交替变化时，压缩率推荐为 25%。考虑压缩率时，还要考虑实际购得的 O 形圈线径实际尺寸，密封圈不合格，沟槽再符合标准也无用。

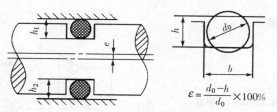

$$\varepsilon = \frac{d_0 - h}{d_0} \times 100\%$$

ε—压缩余量（压缩率）

图 8-10　沟槽的同轴度对密封性能的影响

（2）O 形圈沟槽加工不良造成的泄漏。所谓加工不良，包括上述沟槽尺寸、密封表面粗糙度及密封沟槽的同轴度等未达到设计图纸要求。

密封沟槽加工好后，应按图纸尺寸严格检查，不要只注意大零件的其他尺寸，而忽略密封沟槽小范围内的尺寸，不合格者要返修或者报废。另外要注意下述问题：

①避免已加工好的密封沟槽碰伤或留有机加工刀痕。若铣刀加工后，留下的刀痕可用车削加工修整掉，不能留下图 8-11 所示的刀痕。这种刀痕是产生漏油的祸根，其刀痕方向刚好与泄漏方向一致。如果是轴向密封，轴向刀纹就容易成为轴向泄漏的原因。

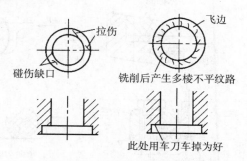

图 8-11　加工表面碰伤及不平

②平面静密封时，因 O 形圈沟槽凹坑深度 h 加工尺寸太深（大于 d_0），或上下油孔偏心造成泄漏，如图 8-12 所示。

325

③焊接变形造成泄漏。由于焊接加工会产生变形，所以若先加工好 O 形圈凹槽再焊接，则可能出现因焊接变形而产生泄漏。但若先焊再加工 O 形圈沟槽又有所不便。此时可按图 8 - 13 所示，A 部尺寸先有意识凹下 $0.1 \sim 0.3\mathrm{mm}$，焊后便可保证 A 与 B 齐平。加工时，O 形圈配合尺寸（圆圈）适当放大点。对需要焊接的零件，即使是在低压下使用，也应采用支承环的结构。对线径大的 O 形圈，最好使用动密封用 O 形圈。

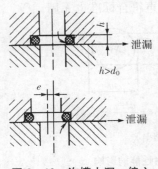

图 8 - 12　沟槽太深、偏心

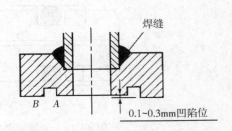

图 8 - 13　焊接结构示意图

④因加工不好，密封盖尺寸或法兰盖尺寸超差，使间隙过大造成密封圈挤出现象，或者因沟槽尺寸过窄过浅而切破密封（被咬伤），导致泄漏，如图 8 - 14 所示。这种现象对动、静密封圈都存在。除了采用加挡圈的方式防止密封圈挤出外，另外要注意保证法兰盖等的尺寸公差，注意安装螺钉要有足够的强度，不要因螺孔太浅和螺钉过长而出现小量的顶底现象，这样容易出现高低压交变作用，将挤入间隙的 O 形圈咬坏。选择合理的密封间隙和选用硬度稍高的 O 形圈对缓解挤入间隙是最有效的方法。

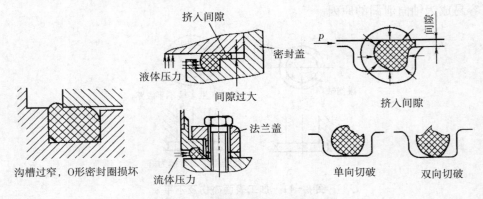

图 8 - 14　沟槽尺寸不合理的危害

（3）起因于装配不良产生的泄漏：

①装入不合格的O形密封圈，例如装入线径不合格、密封表面有拉伤和沟纹、缸口和飞边以及变形、老化、龟裂的O形密封圈。特别是目前市售的密封圈，线径不是过大就是过小。过小则压缩余量不够；过大装配时只好硬挤装入，会切破密封圈。飞边过大的O形圈可用图8-15所示的工具修磨掉。

②装配时O形圈脱落错位，压紧后往往被压扁或切破，并且偏离被密封的位置，不能起密封作用。另外在水平方向（如大型液压缸缸盖）处装O形圈时，O形圈会因自重松弛下垂，必须注意因此现象而造成切破密封的现象。为避免此类现象发生，可采取涂上黄油黏住O形圈以及立起来装配的方法（如图8-16所示）。另外，为了防止在装配时出现O形圈下掉和挤出现象，在设计时就应考虑好将O形圈设置在哪一位置上（如图8-17所示），才可有效防止装配时O形圈的下掉和挤出。

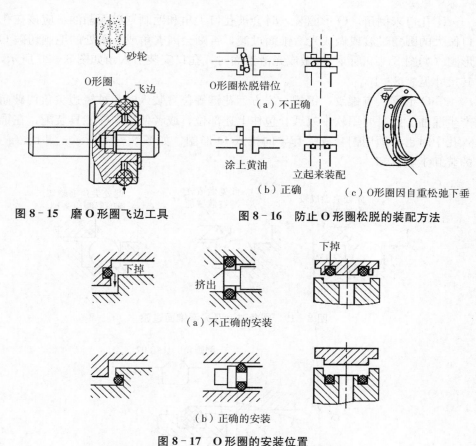

图8-15　磨O形圈飞边工具　　　　图8-16　防止O形圈松脱的装配方法

图8-17　O形圈的安装位置

③采用螺纹旋紧的缸盖，当缸体的螺纹内径比O形圈（装在缸盖上）的外径小，装配时，牙尖将损坏O形圈。另外从螺纹部分到滑动部位的过渡处，

327

倒角不够大或者未去毛刺以及表面很粗糙时，若强行拧入缸盖，也经常会出现损坏O形圈，造成不密封而漏油的情况（如图8-18所示）。对于前者，可适当修改螺纹的内径尺寸；对后者，可加工一平滑锥面滑坡过渡，并注意仔细倒角和去毛刺。

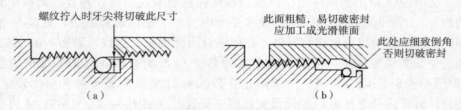

图8-18 装配时O形圈易被切破的情况

④孔口未倒角，O形圈装入时会被孔口尖角和毛刺划破而漏油。应该在孔口做大的圆角过渡或做成光滑锥面过渡，否则会因夹角或夹角处的毛刺切破O形圈（如图8-19所示）。做成光滑锥面时，孔口安装引入角如图8-20所示，其尺寸见表8-10。

⑤O形圈从有螺纹、键槽、扁方、花键等位置装入时，被锐边尖角切破而产生漏油。此时要用软带或纸套包住上述部位，或者使用引导工具装配，在推入孔中时也必须用铜套或铝套导向推入O形圈，如图8-21所示，并用专门的装卸工具拆卸。

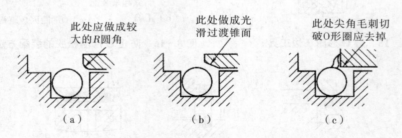

图8-19 圆角过渡及光滑锥面过渡

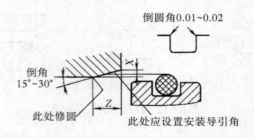

图8-20 孔口安装引入角结构图

328

表 8 - 10   O 形圈引入角尺寸

O 形圈截面直径（mm）	X_{min}（mm）	Z 参考值		O 形圈截面直径（mm）	X_{min}（mm）	Z 参考值	
		15°	30°			15°	30°
1.9±0.08	0.9	3.4	1.6	3.5±011	1.1	4.1	1.9
2.4±0.09	0.9	3.4	1.6	5.7±0.14	1.3	4.9	2.3
3.1±0.10	1.1	4.1	1.9	8.6±0.16	1.5	5.6	2.6

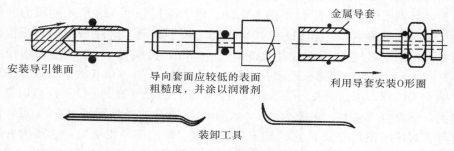

图 8 - 21　O 形圈装配导向工具

⑥向有横孔的工件内装入 O 形圈时，也会产生切破 O 形圈的现象。此时要将有横孔 1 的部位加工成双倒角形状，如图 8 - 22 所示；或者用软木条塞住，装配时慢慢推入；或者将横孔孔口倒成不少于 O 形圈的实际外径 D，坡口斜度一般为 $\alpha = 120° \sim 140°$，如图 8 - 23 所示。否则容易切破 O 形圈产生漏油。

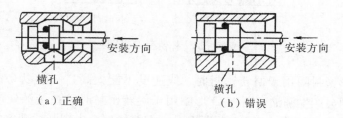

图 8 - 22　双倒角形状

（4）使用条件不当造成的泄漏：

①被密封的压力过高或因冲击压力过大造成 O 形圈的泄漏。一般不加挡圈的 O 形圈，静密封时压力可较大，但用于动密封，如果压力超过 4MPa，则可能漏油，所以一般要加挡圈。

压力冲击会使局部瞬时压力比正常压力高好几倍，可能使 O 形圈瞬时失

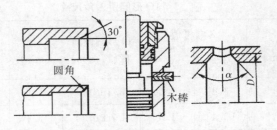

图 8-23   密封进入有横孔的孔内的处理

去密封性能。如果是高压（>25MPa）的动密封，可改用 Y、U、V 形等唇形密封，否则不能可靠保证 O 形圈不漏油。也可采用图 8-24 所示的压力补偿型。形圈沟槽的结构，能保证在 16MPa 压力下不泄漏。这种 O 形密封圈沟槽尺寸为：槽宽 b 比 O 形圈线径大 0.2～1.0mm，槽底径 D 比 O 形圈内径小 0.2～2mm；在活塞端部靠近槽底钻 2～4 只直径为 ϕ 2～4mm 的小孔，单作用缸钻一头，双作用钻两头。活塞外径与缸径配合间隙可放大，O 形圈截面直径越大，间隙也可越大，一般为 0.1～0.5mm。通常的密封圈接触在 A 点，而这种密封接触在 C 点及 B 点。随着压力增高，C 侧面贴得更紧，起压力补偿作用。同时活塞加工尺寸公差没有什么更大要求，表面粗糙度为 Ra 6.3～3.2μm 便可。

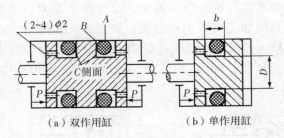

（a）双作用缸   （b）单作用缸

图 8-24   补偿型 O 形圈

②O 形密封圈用于回转密封时，线速度不能太高，一般以 0.3～0.5m/s 为宜，否则会产生漏油。因为 O 形圈用于旋转密封时，在接触处产生的摩擦热随转速的增高而增大，温度不断上升，在接触处会出现断油现象，造成磨损加剧和促使老化。且处于拉伸状态的橡胶遇热会产生收缩现象，大大加剧了橡胶老化、龟裂和磨损的速度，而导致密封失效，产生泄漏。为此，一般将 O 形圈内径设计成与转轴直径相等或稍大一些（3%～5%）。在安装时使 O 形圈从外向里压缩，并将断面的压缩余量也设计得小一些，约为 5%。此外，尽量使用耐热的 O 形圈材料，并采取改善 O 形圈的散热和加强润滑措施，或采用斜置安装 O 形密封圈的方式，如图 8-25 所示。

③使用中灰尘和污物侵入密
封部位，损坏密封造成泄漏。可
采用防尘措施，如图 8-26 所示，
在此同时还应防止液压油的污染，
以免硬性污物随油液流至密封部
位，拉伤运动副和密封部位，造
成泄漏。

④使用中 O 形圈拧扭或扭曲，
造成泄漏。O 形圈在做往复运动
的同时，相对于滑动面还会因摩
擦力产生扭矩而本身回转，产生

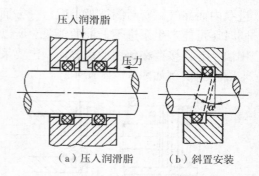

（a）压入润滑脂　　（b）斜置安装

图 8-25　提高 O 形圈 pv 值的措施

（a）采用记尘圈防尘　　（b）采用毛毡圈防尘　　（c）用防尘罩防尘

图 8-26　防尘措施

此回转的转矩主要是由于活塞、活塞杆和缸体的间隙不均匀、偏心过大、O 形
圈截面直径不均匀，使接触处的面压力不均匀（单边）等原因，导致 O 形圈
局部位置摩擦力过大而造成的。O 形圈的回转及往复运动的合成造成拧扭现
象，导致 O 形圈断裂破损而漏油。

防止 O 形圈拧扭现象的措施有：

a. 正确设计和加工密封沟槽，保证加工精度和安装精度。

b. 在装配 O 形圈时，不要扭曲地装在沟槽内，装前可在 O 形圈沟槽内涂
敷润滑脂。

c. 对即使是低压下也易产生拧扭现象的地方，也要设置密封挡环的结构。

d. 运转过程中，O 形圈的接触面上要能保证有充足的润滑油。

e. 使用不易产生拧扭现象的密封圈，如 D 形、T 形圈等，并采用低摩擦
因数的材料作 O 形圈。

⑤与漏油现象相反，O 形圈在使用中还有一个漏气的问题。例如液压泵进
油口如果是自吸的泵，进油口是负压。如果采取 O 形圈平面密封（如法兰连
接），应采取图 8-27（c）所示中负压密封形式的沟槽，否则泵容易进气。原
因是在一定真空度下如采用图 8-27（a）所示的形式，则 O 形圈有可能被吸

进泵内而漏气。密封圈被吸走后，一方面导致泵吸进空气的可能性大大加大，同时还可能产生泵进不上油的现象。所以在类似于泵进口处（或进口管路）采用法兰等连接存在负压的位置，一定要采取负压密封沟槽的结构形式。常见 O 形圈密封实例如图 8-27 所示。

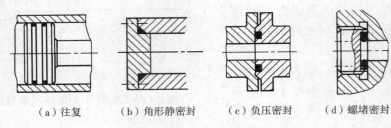

（a）往复　　（b）角形静密封　　（c）负压密封　　（d）螺堵密封

图 8-27　O 形圈密封示例

20. V 形密封圈漏油的原因有哪些？其故障如何排除？

答：V 形密封圈是由多层涂胶织物压制而成的，通常由三个（或多个）环叠在一起使用，如图 8-28 所示。一般当压力小于 10MPa 时，使用三个组成的一套已足够保证密封性。当压力更高时，只需适当增加中间密封环的数量。

V 形密封圈漏油的原因主要有以下几方面：

（1）压紧力不够，或者不能调节其大小。V 形密封是靠压环将密封环压在支承环上，使密封环略为胀开而实现密封的。当密封环磨损后便要漏油，可以通过调大压紧力来进行补偿。所以 V 形密封装置一定要设置压紧力调节装置，否则会产生漏油。常用的压紧力调节方式有图 8-29 所示的几种方法。

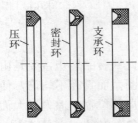

图 8-28　V 形密封圈

（2）夹布橡胶 V 形圈在低压区泄漏。V 形密封圈是为解决高压下耐压密封而设计的，但这种密封在中低压区（如 0～6.3MPa）往往会产生漏油。作为解决办法可在不增加 V 形密封之密封环数量

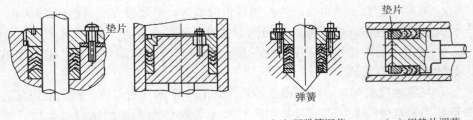

（a）用螺纹或螺栓调节压紧力　　　（b）用弹簧调节　　（c）用垫片调节

图 8-29　调节 V 形密封圈压紧力的几种方法

的情况下，采用非夹布的耐油橡胶密封环与带夹布的橡胶密封环组合使用的方法，如图 8-30 所示。前者在压力较低时起密封作用，后者在压力较高时起密封作用，这样在全压力范围内均可达到良好的密封。

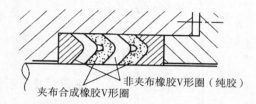

图 8-30　非夹布的耐油橡胶密封环与带夹布的橡胶密封环组合使用示意图

（3）当压紧力过大或不均匀时，容易出现局部温升和磨损，而产生漏油。这种磨损往往也是引起 V 形密封圈泄漏的主要原因之一。此时，应根据情况，适当减小压紧力，并使压紧力在圆周方向上做到分布均匀。

（4）在采用金属制造的压紧环和支承环时，其内孔与密封圈之间的间隙过大，此时 V 形密封圈也会产生挤入间隙的现象，而造成密封破损。为防止这种现象的发生，支承环和压紧环的内径与被密封件的间隙要严格控制。

（5）密封圈因污物毛刺拉伤唇部而漏油。此时除换新密封圈外，还需对油液的清洁度采取措施。

（6）其他原因，如密封材质与液压油不相容等造成泄漏。

参考文献

[1] 董林福等. 液压元件与系统识图. 北京：化学工业出版社，2009
[2] 王洁. 液压元件. 北京：机械工业出版社，2013
[3] 张利平. 液压气动技术速查手册. 北京：化学工业出版社，2007
[4] 宁辰校. 液压气动图形符号及识别技巧. 北京：化学工业出版社，2012
[5] 姚春东. 液压识图 100 例. 北京：机械工业出版社，2011
[6] 徐从清. 液压与气动技术. 西安：西北工业大学出版社，2009
[7] 张平格. 液压传动与控制. 北京：冶金工业出版社，2004
[8] 曹桃. 液压元件原理与结构彩色立体图集. 上海：上海翻译出版公司，1988
[9] 隗金文，王慧. 液压传动. 沈阳：东北大学出版社，2001
[10] 胡玉兴. 液压传动. 北京：中国铁道出版社，1980
[11] 张应龙. 液压识图. 北京：化学工业出版社，2007
[12] 卢光贤. 机床液压传动与控制. 西安：西北工业大学出版社，2006
[13] 杨永平. 液压与气动技术基础. 北京：化学工业出版社，2006
[14] 王守城. 液压与气压传动. 北京：北京大学出版社，2008
[15] 张磊. 实用液压技术 300 题. 北京：机械工业出版社，1988
[16] 吴博. 液压系统使用与维修手册. 北京：机械工业出版社，2012